大红山铁铜矿床地质特征及矿体定位机制研究

金廷福　李佑国　著

北　京
冶　金　工　业　出　版　社
2022

内 容 简 介

本书选取云南省新平县境内大红山铁铜矿床作为研究对象，围绕其矿床研究的赋矿岩石、成矿年代学、成矿物质来源、矿床成因机制四个关键问题进行系统深入的研究。通过对矿区主要赋矿岩石宏观地质详细观察、室内光学显微镜和电子探针（EPMA）分析，厘定主要赋矿岩石并非火山岩，而是交代蚀变岩。同时运用X射线荧光光谱仪（ME-XRF26）、电感耦合等离子体质谱仪（ICP-MS、ME-MS81）、LA-ICP-MS锆石U-Pb定年、Re-Os、Sm-Nd等方法对矿区主要赋矿岩石、矿石进行地球化学和年代学综合分析研究，认为矿床属成因为壳幔流体参与形成的交代型矿床。

本书可供从事岩石学、矿物学、矿床学、地层学、大地构造、地球化学等研究工作的科研人员阅读，也可供高等院校地质学、资源勘查等专业师生参考。

图书在版编目(CIP)数据

大红山铁铜矿床地质特征及矿体定位机制研究/金廷福，李佑国著．—北京：冶金工业出版社，2022.7

ISBN 978-7-5024-9250-2

Ⅰ.①大…　Ⅱ.①金…　②李…　Ⅲ.①铁矿床—地质特征—研究—玉溪　②铜矿床—地质特征—研究—玉溪　③铁矿床—找矿—定位法—玉溪　④铜矿床—找矿—定位法—玉溪　Ⅳ.①P618.31　②P618.41

中国版本图书馆CIP数据核字(2022)第141280号

大红山铁铜矿床地质特征及矿体定位机制研究

出版发行	冶金工业出版社	**电　话**	(010)64027926
地　址	北京市东城区嵩祝院北巷39号	**邮　编**	100009
网　址	www.mip1953.com	**电子信箱**	service@mip1953.com

责任编辑　李培禄　卢　蕊　美术编辑　彭子赫　版式设计　郑小利

责任校对　王永欣　责任印制　李玉山

北京建宏印刷有限公司印刷

2022年7月第1版，2022年7月第1次印刷

710mm×1000mm　1/16；13.5印张；262千字；200页

定价60.00元

投稿电话　(010)64027932　投稿信箱　tougao@cnmip.com.cn

营销中心电话　(010)64044283

冶金工业出版社天猫旗舰店　yjgycbs.tmall.com

（本书如有印装质量问题，本社营销中心负责退换）

前　言

扬子地块西南缘（俗称康滇铜成矿带）是我国重要的铁铜金多金属矿产资源产区之一，产出许多大型—超大型的铁铜多金属矿床，如大红山、迤纳厂、拉拉等矿床，其大地构造位置地处特提斯-喜马拉雅与太平洋两大全球巨型构造域结合部位以东，东南部与华夏板块比邻，西北以青藏高原板块为界，北部与华北克拉通为秦岭-大别山-苏鲁造山带分割。大红山铁铜多金属矿床作为其成矿带内典型超大型矿床，已查明铁和铜金属储量分别为约 4.55 亿吨和约 144 万吨，从 1959 年被发现至今，矿床研究存在的诸多争议或者不足主要表现在赋矿岩石、成矿年代学、成矿物质来源和矿床成因机理四个方面。

目前学者们对大红山矿床成因认识不同，本质归结于对矿床中铁、铜矿体的赋矿岩石（或称含矿岩系）岩性认识不同所造成，例如：(1) 古海相火山喷发（喷溢)—沉积矿床，认为含矿岩系为一套细碧角斑岩建造；(2) 铁矿属岩浆型矿床，认为红山组中的铁矿体的含矿岩系不是细碧角斑岩（即红山组的岩性并非火山岩)，而是一个复合的侵入体；(3) 铁矿属隐爆角砾岩型矿床，红山岩组（即原红山组）主要为一套隐爆角砾岩；甚至近年有少数学者根据矿床中矿石矿物组合将矿床归属为铁氧化物—铜—金型（IOCG）矿床。因此在大红山矿床成矿机理研究中，对矿区铁、铜矿体的赋矿岩石系统深入研究的重要性不言而喻。

另外，矿区普遍发育硫化物石英脉和矿化方解石脉穿插或切割较早形成的铁、铜矿体和围岩，限于大红山矿床主体成矿时代古老，后期又受多期岩浆-热液事件和变质作用的影响，致使在现有测试技术条件下能成功获得矿石矿物精确形成年龄的难度大，至今仍然未能建立系统的铁、铜成矿年代学框架，不仅在很大程度上限制矿床关键的成因认识，同时对铁、铜成矿物质来源的深入研究和精细刻画也有很多不足，矿床成矿精确的年代学、成矿年代学研究是必要的。

本书总共7章。第1章介绍了世界铁、铜矿床类型及分布、地幔流体及成矿作用和大红山铁铜矿床研究现状，同时聚焦大红山铁铜矿区赋矿岩石类型及成岩时代、成矿年代学、成矿物质来源、矿床类型研究现状，并以此确定研究内容、思路和分析方法等。第2章系统阐述了区域成矿地质背景，包括区域地层、岩浆岩、构造、地球物理、遥感构造、地球化学、矿产等。第3章系统介绍了矿区地层、构造、矿床赋矿岩石类型与岩石特征、矿体特征、矿石特征、围岩蚀变和成矿期次划分，对矿床主要赋矿岩石类型及地质产状、显微结构、矿物组成及晶体化学进行系统深入的研究，将铁铜矿体主要赋矿岩石暂时归属为交代蚀变岩。第4章对矿区岩石、矿石进行了系统的主量、微量稀土、构造环境、岩石成因和成矿元素等地球化学分析。第5章对矿区岩浆岩成岩年代、铁铜矿体成矿年代进行系统分析，以确定矿床成岩成矿时代。第6章对成矿物质来源、矿物中铁元素含量变化、成矿期与超大陆关系进行分析，同时在结合前5章研究基础上，综合分析矿体形成机制、成矿过程和矿体定位机制。第7章总结本书取得的主要成果。本次研究虽系统采集了矿区不同成矿阶段铁铜矿石磨制包体片，但因包体片中能观察到的原生包裹体少、实验条件限制等原因未能对流体包裹体的均一温度、成分进行研究，所以未能对不同阶段铁铜成矿流体进行深入研究。

完成本书的编写工作要特别感谢我的导师李佑国教授。师从李老师4年来，李老师在学习和生活上给予我谆谆教诲和悉心关怀，李老师渊博的学识、严谨的治学态度、一丝不苟的敬业精神、勤俭的生活态度以及谦和的待人品格精神时刻感染着我，深深地影响着我，激励着我奋发进取。本书从选题到方法实施，样品采集到实验完成，数据分析到成书，无一不凝聚着李老师的心血，正是李老师细心的指导，本书才得以顺利完成。在此，谨向李老师致以衷心的感谢和崇高的敬意，祝李老师身体健康、万事如意。感谢中国地质大学（北京）罗照华教授，在本书编写工作中给予的莫大帮助。感谢野外地质调查、资料收集工作中得到昆钢大红山矿业公司领导和覃龙江、徐德庆工程师的帮助，感谢张燕老师在光薄片鉴定工作中的帮助，还要感谢同门师兄罗伟、李冬玉及师姐包凤琴对我的帮助和指导。本书得到中国地质地调局项目（12120113094900）和毕节市科学技术项目（毕科合字〔2019〕22 号）的联合资助。

由于本书作者水平有限，书中难免有不妥之处，恳请广大读者批评指正。

金廷福

2022 年 6 月

本书导读

大红山铁铜矿床位于云南省新平县境内，地处扬子地块东南缘（俗称康滇铜成矿带）南西端，作为其成矿带内典型超大型矿床，矿床在赋矿岩石、成矿年代学、成矿物质来源和矿床成因机理四个关键方面的研究仍然存在诸多争议和不足，很大程度上限制了扬子西南缘元古宙铁铜多金属成矿的研究，同时也制约了该区下一步找矿工作开展。本书通过系统研究区域成矿地质背景、矿区主要赋矿岩石岩石学、地球化学、年代学和同位素地球化学，探讨矿床成因、成矿过程、矿体空间定位机制，主要取得以下几点认识：

（1）大红山矿区铁、铜矿体的主要赋矿岩石的岩性并非火山岩，而是富硅碱和碳酸盐流体呈含量不等组合交代其原地层（主要是曼岗河岩组、红山岩组中原来的岩石地层）不同层位的不同岩石产物，主要有钠长石岩、铁铝榴石矽卡岩、钠长石碳酸岩、蚀变辉长岩。矿区广泛分布的所谓“辉长辉绿岩”主体实际上是蚀变辉长岩。

（2）矿区蚀变辉长岩及其他交代蚀变岩的化学成分主要属于碱性系列，而酸性石英斑岩主要为钙碱性系列。矿区的所谓“石英钠长石斑岩”实际上为石英斑岩。

（3）铁矿化钠长石岩（DFe1413）中岩浆锆石年龄数据的$^{207}Pb/^{206}Pb$加权平均年龄为（1656±16）Ma，代表钠长石岩中被捕获的岩浆锆石结晶的年龄；蚀变辉长岩（DFe1406）年龄数据的$^{207}Pb/^{206}Pb$加权平均年龄为（1643±19）Ma，代表辉长岩的侵位年龄；石英斑岩（DFe14106）年龄数据的$^{207}Pb/^{206}Pb$加权平均年龄为（1673±20）Ma，代表其侵位年龄；蚀变辉长岩（DFe1454）中变质锆石获得$^{207}Pb/^{206}Pb$加权平均年龄为（748.9±5.7）Ma，代表大红山岩群经历的变质作用发生于距今大约 750Ma 的新元古代时期。推断矿区辉长岩（1659～1643Ma）为与 Columbia 超大陆裂解有关的大陆裂谷环境形成。

（4）磁铁矿 $\delta^{18}O$ 值为 2.3‰～5.5‰，与磁铁矿共生的石英的 $\delta^{18}O$ 平均值为 10.1‰，计算获得的磁铁矿平衡水的 $\delta^{18}O$ 值为 7.3‰～11.7‰，磁铁矿化的方解石脉中方解石 $\varepsilon_{Nd(818Ma)}$ 为-6.3～-6.2，平均值为-6.21，接近于0，上述特征表明铁成矿物质为地幔来源。铁铜矿石中黄铜矿 $\delta^{34}S$ 值为-3.3‰～12.4‰，平均值为 5.88‰，石英脉中黄铜矿的 Re 含量（0.260×10^{-9}～77.513×10^{-9}）变化较大、低的普通 Os 含量（0.0092×10^{-9}～0.051×10^{-9} Os）、高放射性的 ^{187}Os 及高的 $^{187}Re/^{187}Os$ 比值（85.9～70917），表明铜成矿物质具壳幔混合来源特征，且以地壳物质为主。

（5）矿区铁矿石的铂族元素地球化学、磁铁矿元素地球化学显示主成矿期中磁铁矿成矿早期受岩浆作用主控，晚期热液作用逐渐增强，叠加矿化期的脉状矿化阶段中磁铁矿则受热液作用主控。

（6）大红山铁铜矿床为两期叠加矿化所形成。钠长石碳酸岩与磁铁矿石表现出“不混溶”的特点，推断岩浆活动与流体活动几乎是同时的，铁矿化的钠长石岩中被捕获的岩浆锆石 U-Pb 同位素年龄约为 1656Ma，可大致代表主期成矿年龄。石英脉中黄铜矿 Re-Os 年龄为（1115±28）Ma（MSWD＝0.12），具磁铁矿、黄铜矿矿化的方解石脉中方解石 Sm-Nd 同位素等时线年龄为（818±3）Ma（MSWD＝1.3），反映矿床经历过 1100～800Ma 的矿化叠加。

（7）该矿床主成矿期（约 1656Ma）成矿可能与 Columbia 超大陆裂解有关，处大陆裂谷环境，属壳幔流体参与交代成矿的产物，富硅碱和富碳酸盐流体（富含矿质）伴随基性岩浆活动，并沿基性岩浆通道分批贯入构造膨大部位、地层薄弱带或交代不同层位的不同岩石，铁矿化 + 铜矿化在空间上叠加形成。

Summary

The Dahongshan iron-copper deposit in Yunnan province, China, which is located in the southwest margin of the Yangtze block, known as the Kangdian copper metallogenic belt, is one typical large-type of Fe-Cu deposit. Tectonic location of the Dahongshan iron-copper deposit is located in the integration to the east of the Tethys-Himalayan and the Pacific two giant global tectonic region, adjacent to the Cathaysia Plateto thesoutheast, bounded by the Tibet plateau plate to the northwest. The Yangtze block is separated from the north China cration to the north by the Qinling-Dabie Mountains-Sulu orogenic belt.

In this paper, based on the macroscopic geological observation of the main ore-hosted rocks of the Fe-Cu orebodies in the mining area and the identification of the indoor microscope, the minerals in the typical samples were selected for electron probe analysis to determine the rock type; ICP-MS method for the main oxides, rare earths and trace elements of the altered gabbro, metamorphic altered rocks, quartz porphyry and iron ore in the mining area, combined with the previously reported data of the mining area, inferred the alteration growth length through research Possible source areas of rocks and iron ore, tectonic setting of protoliths (gabbro) of altered gabbro, complex geochemical processes that may be experienced during gabbroal magmatism; the previous Dahongshan group reported by the mining area in the past, the isotope age data of magmatic rocks were supplemented by quartz porphyry in the top of the Manganghe rock Formation, iron ore-bearing albite rock (iron-poor ore), and altered gabbro in the Hongshan Formation. The zircon U-Pb isotopic dating of the rocks defines the emplacement age of the gabbro and quartz porphyry in the mining area, and it is speculated that the gabbro formation in the mining area may be related to the break-up of the Columbia supercontinent; Based on the cutting relationships of different ore types in the field, the ore-forming period roughly divided, and selectting the useful isotopic dating methods, including Re-Os of chalcopyrite and Sm-Nd of calcite isotopicdating for the vein mineralization stage (late overprinted mineralization period) ores, and determing the mineralization age of the late superimposed mineralization period. In addition, the related research on the petrology, geochemistry and chronology of the metasomatic altered rock, through the U-Pb isotope dating of magmatic zircon, roughly represents the main-stage mineralization (the crust-mantle fluidsinvoleving in the metasomatic mineralization period) age of the deposit; Combined with the existed research data of the Dahongshan deposit, mainly adding some researchs of iron ores platinum group element geochemistry, chalcopyrite sulfur isotope, magnetite oxygen isotope in the iron ore distict to determine the source of iron and copper minerals; On the basis of ore-hosted rocks petrology study and combining with those charateristics of magnetite element geochemistry, changes of iron-bearing minerals and Fe contents of magnetite in the mining, determing genesis, and analyzingthe ore-forming processes for iron-copper orebodies in the Dahongshan deposit.

Through the studies, our can obtain some conclusions as follow: (1) The main ore-hosted rocks of the Fe-Cu orebodies in the Dahongshan mining area are not volcanic rocks. Which were Actually formed by various amount of CO_2-rich fluid and silicon-alkaline-rich fluid altered products of different strata and rocks of the Dahongshan rock group that mainly of the Manganghe and Hongshan rock formations. The rock types are mainly albite altered rock, brecciatedaltered rock, albite carbonatite, and altered gabbro. (2) The chemical compositions of the altered gabbroand other altered rocks in the ore district mainly belong to alkaline series, and acidic quartz porphyry of mining area mostly plotin calc-alkalic series region. The "quartz albite porphyry" in the mining area is actually an quartz porphyry. (3) The captured magmatic zircons $^{207}Pb/^{206}Pb$ weighted mean age of (1656±16) Ma for the iron mineralized albite altered rock (DFe1413) represents for the captured magmatic zircon crystal age; The weighted average age of $^{207}Pb/^{206}Pb$ for the age data of the altered gabbro (DFe1406) is (1643 ± 19) Ma, which represents the emplacement age of the gabbro; The weighted average age of $^{207}Pb/^{206}Pb$ for the age data of quartz porphyry (DFe14106) is (1673±20) Ma, which represents the emplacement age of quartz porphyry. The weighted average of $^{207}Pb/^{206}Pb$ is (748.9±5.7) Ma in the metamorphic zircons in the altered gabbro (DFe1454), which represents the metamorphic age in Neoproterozoic of the Dahongshan rock group; It is concluded that the gabbros in the ore district (1659~1643Ma) wasrelated to the break-up of the Columbia supercontinent. (4) The $\delta^{18}O$ value of magnetite is 2.3‰ ~ 5.5‰, and the average $\delta^{18}O$ of quartz for with magnetite symbiosis is 10.1‰. The calculated $\delta^{18}O$ value of the magnetite equilibrium is 7.3‰ ~ 11.7‰. The calcite $\varepsilon_{Nd(818Ma)}$ is −6.3 ~ −6.2, with an average value of −6.21, which is close to 0, which indicates that Ore-forming materials of iron is a source of mantle. The $\delta^{34}S$ value of chalcopyrite in the iron-copper ore is −3.3‰ ~ 12.4‰, the average value is 5.88‰, and the Re content (0.260×10^{-9} ~ 77.513×10^{-9}) changes in the larger, low normal Os content, high radioactive ^{187}Os (0.0092×10^{-9} ~ 0.051×10^{-9} Os) and high $^{187}Re/^{187}Os$ ratio (85.9 ~ 70917), which indicated that the copper mineralization was mixed with crust and mantle Source characteristics, and it is mainly crustal materials. (5) The studies of both geochemies of the platinum group elements and magnetite in the iron ore deposits indicate that the early main ore-formingperiod was dominated by magmatism during, and the late hydrothermal processes gradually increased, whereas the vein mineralization phase in overprinting-forming period mineralization wasmainly controlled by hydrothermal fluid. (6) Formation of the Dahongshan iron-copper deposit can be divided by two period overprinting of mineralization. Between the CO_2-rich fluid and the silicon-rich and alkali-rich fluid (iron-rich) have obvious "non-mixing" features, and combined to geochemistry and geochronology of altered gabbro and iron ores in the ore district that our could infer the magma event coeval with the fliuds activity. The captured magmatic zircon U-Pb isotopic age ~1656Ma of Fe mineralization albite altered rock (or called poor iron ore) can roughly represent for the ore-forming age of the main periodin the Dahongshan Fe-Cu deposit. Chalcopyrite in quartz vein Re-Os age is (1115 ±28) Ma (MSWD = 0.12), magnetite and chalcopyrite mineralization of calcite vein of calcite Sm-Nd isotopic isochron age is (818±3) Ma (MSWD = 1.3), those ages reflecting that the Dahongshan was overprinted by iron-copper mineralization events during 1100 ~ 800Ma. (7) Main-stage mineralization age (~1656Ma) of the deposit may be related to the break-up of the Columbia Supercontinent, which wasformed in the late Paleoproterozoic continental rift setting. It is a product thatthe involvement of the continental mantle and crustal fluidsand altered metallogenic product. A silicon-rich and alkali fluid (rich in minerals) and a CO_2-rich fluid accompanied with the gabboric magma activity, and along the gabbric magma channel into the weak zone of both strata and structure for the different parts of the rock in the Dahongshan rock group (main of the previous Manganghe and Hongshan rock formations). The Dahongshan iron-copper deposit was formed by the iron and copper mineralizations are spatially superposed.

目　　录

1 引　言

1.1 选题依据、目的及研究意义

据我国铁、铜矿床资料（陈毓川，2000；赵一鸣等，2005；曹圣华，2012）显示：铁预测资源量1900亿吨，探明储量矿区有1992处，总计探明储量715亿吨，位居世界第五；铜矿产区主要为云南省、西藏以及江西三省（区），矿区有1000余处，已查明的储量有7419万吨。此外，我国铁、铜矿床具有如下特点：（1）铁矿床：1）矿床规模上以中小型矿床为主，大型或超大型矿床少；2）从矿石品位上看，以贫矿石为主，富矿石少，矿石中铁矿平均品位为30%；3）受限于现有的技术条件，有三分之一以上的铁被划分为难选型铁矿石。（2）铜矿床：1）从矿床规模上看，超大型铜矿床少（陈毓川，2002）；2）铜矿石平均品位约0.87%，品位高于1%的铜矿石仅占35%，多为贫铜矿石。

据中国地质科学院战略研究中心（2008）研究，我国在2008年消耗铁矿石约6亿吨，铜矿石约410万吨，而依靠进口的铁、铜矿石分别约3.5亿吨和约350万吨，显示我国铁、铜矿石对外依存度分别高达60%和80%。

我国如此巨大的铁、铜资源需求以及对国际铁、铜矿石如此高的依存度，致使我国的经济发展受国际铁、铜矿石价格波动制约。扬子地块西南缘“康滇铜成矿带”内云南大红山铁铜矿床，查明的铁矿石储量4.55亿吨，铜金属储量144万吨，属超大型矿床，为成矿带内典型铁铜矿床之一。近年研究表明，云南超大型大红山铁铜矿床中的主要赋矿岩石、岩矿石地球化学、成岩成矿年代、矿床成因方面仍有诸多争议。因此，对扬子地块西南缘“康滇铜成矿带”内超大型的云南大红山铁铜矿床研究，可为该区铁铜矿床的进一步找矿工作提供一些理论依据，已然成为该地区地质工作者研究的热点。

本书依托《川滇黔成矿带基底铜多金属成矿带成矿模式及其找矿模型研究》（项目编号：12120113094900），基于云南大红山铁铜矿床的地质特征，重点开展矿区的主要赋矿岩石、岩矿石地球化学、成岩成矿年代以及补充成矿物质来源方面研究，在综合分析的基础上，拟确定矿床成因类型，并分析矿床中铁、铜矿体成矿过程及空间定位机制。

1.2 铁、铜矿床类型及分布研究现状

1.2.1 铁矿床分类及分布特征

目前，国内外铁矿由于在生产经验方面的一些差异，铁矿床类型的划分上仍然难以统一。然而，从铁矿床的成因上看，张承帅等（2011）统计国内外大型铁矿床发现，主要矿床类型涵盖岩浆型、夕卡岩型、火山岩型、沉积型、BIF 型与风化壳型（张承帅等，2011）。

我国铁矿床从成因类型上看，可划分为岩浆型、夕卡岩型、火山岩型、热液型、沉积变质型、沉积型、风化淋滤型与复合成因型（姚培慧，1993；程裕淇，2005；沈保丰等，2005，2006；陈毓川等，2010）。各类型铁矿床时代上具有一定特点（刘峰，2009；常印佛等，1991；翟裕生，2004），具体表现为：（1）沉积变质型铁矿床，又称为 BIF 型矿床（太古代—早元古代）；（2）岩浆型与海相沉积型铁矿床（古生代）；（3）火山岩型铁矿床（中生代）；（4）风化淋滤型或者残坡积型铁矿床（新生代）。此外，我国铁矿物类型丰富，已发现的铁矿物合计 300 余种，常见的铁矿物约 170 余种（蒋睿卿，2011；程裕淇等，1994；陈毓川等，1981）。在现有的技术条件下，能被利用的铁矿物主要有磁铁矿、赤铁矿、钛铁矿、镜铁矿、菱铁矿与氧化形成褐铁矿等 7 种。

前寒武纪铁矿床，主要为 BIF 型铁矿床，是我国重要的铁矿来源之一，主要赋存于前寒武纪富铁的化学沉积岩地层中，而 BIF 型铁矿床又可划分为两个亚类：阿尔戈马型（Algoma type）、苏必利尔型（Superior type）。（1）阿尔戈马型：主要分布在我国鞍本地区、冀东—密云—迁安地区、五台山—恒山地区与鲁西地区等，成矿与海相火山作用关系密切，成矿时代主要为晚太古代，代表性矿床如五台山、鞍山、弓长岭、韩旺铁矿床等，矿区内高温的水—岩地球化学现象普遍（Derry and Jacobsen，1990；Danielson，1992），古构造环境处于岛弧、弧后盆地或者克拉通内部断裂带（Gross，1983；Veizer，1983）。（2）苏必利尔型：主要分布在我国山东济宁地区、山西吕梁地区与云南澜沧江地区等，矿体主要赋存于绿岩带中上部的火山碎屑岩中，围岩属被动大陆边缘浅海环境形成（Trendall，1968；Trendall and Morris，1983；Simonson and Hassler，1996），代表矿床如山东济宁、山西袁家村和惠民铁矿床等（赵振华，2010；沈其韩等，2011）。此外，前寒武纪岩石地层多经历不同程度的变质，变质相可达绿片岩相至角闪岩相不等，磁铁矿由于经历变质重结晶，其颗粒较粗，与此同时，多数矿床也经历表生的淋滤富集阶段叠加，有利于工业开采（沈保丰等，2005；Clout and Simonson，2005）。

夕卡岩型铁矿床（接触交代型铁矿床），也是我国重要的铁矿来源之一。赋矿围岩以碳酸盐岩为主，碎屑岩、凝灰岩次之。此外，与成矿有关的侵入岩涵盖

基性至酸性、碱性侵入岩，且主要与中—酸性的闪长岩—二长岩类关系密切。夕卡岩型铁矿据与成矿有关的侵入岩可划分为三个亚类（程裕淇，2005）：（1）与中性侵入体有关的铁矿床，又称为“邯郸式”铁矿床，侵入岩为闪长岩、二长岩，成矿围岩主要为含泥质的碳酸盐岩，岩体、矿体受断裂与层间构造控制明显，围岩钠长石化、夕卡岩化蚀变强烈；（2）与中酸性侵入体有关的铁矿床，又称“大冶式”铁矿床，侵入岩为花岗闪长岩、花岗岩，主要以小岩株产出，赋矿围岩为碳酸盐岩，矿化以铁、铜矿化为主，围岩钾长石、钠长石化普遍；（3）与酸性侵入体有关的铁矿床，又称“黄岗式”铁矿床，侵入岩为偏酸、高碱性的钾长花岗岩和黑云母花岗岩，主要呈岩基或者岩株产出，多具锡矿化伴生，围岩钠长石、钾长石化普遍。

岩浆型铁矿床，也是我国重要的铁矿资源之一，主要分布于我国四川攀枝花和河北承德地区，代表性矿床如攀枝花钒钛磁铁矿床、大庙铁矿床，含矿岩体主要为辉长岩、辉绿岩、苏长岩、斜长岩等，成矿作用有岩浆结晶分异，残余岩浆铁质富集形成不混熔的铁矿浆，铁矿体据成因可划分为结晶分异型贫铁矿和贯入型富铁矿，成矿时间为岩浆演化晚期。

风化淋滤型铁矿床，孙启帧（1993）研究认为该类铁矿床的形成可能受以下三个因素影响：（1）火山喷发过程中由强变弱；（2）矿体产出位置由还原环境转变为氧化环境；（3）雨季与旱季交替频繁，气候炎热等影响。

火山岩型铁矿床，可细分为与陆相、海相火山活动有关的铁矿床（程裕淇等，2005；沈保丰等，2005）。其中，陆相火山岩型铁矿床主要分布在庐枞、宁芜等地区；海相火山岩型铁矿床主要分布于扬子地块西南缘、内蒙古等地区，代表性矿床有云南大红山铁铜矿床、内蒙古温都尔庙铁矿床。铁矿体多赋存于偏基性的钠质火山岩中（程裕淇等，2005），各时代火山岩中均有发育，成矿物质与同期的火山岩有关，矿体主要产于火山喷发口附近且受断裂和火山机构控制明显，成矿多为火山活动的间歇期形成（姚培慧，1993）。

复合型铁矿床，以规模较大、成矿作用复杂、矿床数量相对少为特征。矿床由于地质作用过程复杂，具有多期多阶段成矿特征，多具有益组分伴生，成因类型仍未统一，如 Hitzman 等（1992）认为内蒙古白云鄂博稀土-铌-铁矿床为 IOCG 型矿床，但目前争议较大。其他矿床如海南石碌铁铜钴、辽宁翁泉沟硼铁矿床等，也有学者将其归属为沉积变质热液改造型铁矿床（董连慧等，2009）。

铁氧化物-铜-金矿床（IOCG），指含有大量磁铁矿或赤铁矿的矿床，伴有一定量黄铜矿或斑铜矿，矿物组合变化复杂，与一定的构造环境下形成的同期岩浆-热液活动关系密切（Sillitoe，2003）。IOCG 矿床具有如下特点：（1）矿体类型复杂，有角砾岩型、夕卡岩型、沿层交代型、脉状和它们的复合型；（2）矿区一般发育基-中性侵入岩，但矿体与侵入岩关系不清，侵入岩普遍钠长石化、钾长石化，且蚀变分带明显，一般表现为由岩体内向外具磁铁矿—阳起石—磷灰石—镜铁矿—绿泥石—绢云母，具有 Cu-Au-Co-Ni-As-Mo-U-REE 等元素伴生矿化；（3）形成时代为太古代至新生代，典型矿床分布于奥林匹克坝、Cloncurry 等地区；（4）矿床中铁矿石具有低 Ti 特征。近年，国内一些学者认为的 IOCG 矿床，如扬子地块西南缘“康滇铜成矿带”中矿床，包括会理拉拉铜矿床、东川地区等铁铜矿床（宋昊，2014；Zhao，2010）。然而，毛景文等（2008）认为我国的一些矿床，如海南省的石碌铁铜钴矿、白云鄂博稀土-铌-铁矿、蒙库铁（铜）矿、新疆的雅满苏铁（铜）矿以及云南大红山铁铜矿床等，是否属 IOCG 型矿床，值得重新思考，需研究其形成过程，最终厘定其成因类型。

1.2.2 铜矿床类型及分布特征

Meinert 等（2005）、Sillitoe（2010）和 Ying 等（2014）统计世界主要铜矿，将其划分为热液型、火山沉积—变质改造型、沉积型、风化型（表生型）、岩浆型、火山岩型、夕卡岩型和斑岩型。

我国铜矿床，依据成因可划分为斑岩型、夕卡岩型、层状型、火山沉积型与铜镍硫化物型（陈毓川等，2010）。近年，通过更为系统的研究，一些学者认为我国铜矿床的成矿时代主要有前寒武纪、古生代、中生代与新生代四个成矿期，并进一步将我国铜矿床划分为岩浆岩型、斑岩型、夕卡岩型、火山岩型、热液型、沉积型、沉积变质型与成因未知型（王登红等，2010，2014；应立娟等，2014）。

（1）斑岩型铜矿床，以矿床规模大、储量巨大为特征，矿床主要集中产于四个成矿带，分别为环太平洋成矿带、喜马拉雅成矿带、中亚蒙古成矿带与阿尔卑斯成矿带，成矿时代为寒武纪—第三纪，且主要集中于喜马拉雅期、燕山期（茵宗瑶，1984；王登红等，2005）。

（2）矽卡岩型铜矿床，规模多为中小型，主要产于我国长江中下游地区，与成矿有关的岩体主要为燕山期的花岗闪长岩，围岩以古生代以来海相沉积形成的碳酸盐岩地层为主，铜矿石品位较高，富矿体较为发育。

（3）层状型铜矿床，依据矿体赋存岩石差异，又可分为变质岩层状铜矿与含铜砂页岩型铜矿床。其中，变质岩层状铜矿床，成矿时代主要集中于元古代、中生代，矿床主要产于中条山、康滇与狼山地区，变质岩主要为海相沉积岩遭受变质形成；含铜砂页岩型铜矿床，具铜、金矿化，常伴生 Pb、Zn、Ag、Co 等元素，成矿时代为中生代—第三纪，集中产于滇中盆地。

（4）火山沉积型铜矿床，可细分为海相、陆相火山沉积型铜矿床，成矿时代主要为古生代、古元古代，矿体多产于火山岩地层的薄弱带或者火山岩与上覆沉积地层接触界面，呈层状、透镜状成群产出。

（5）铜镍硫化物型铜矿床，成矿时代主要集中于古元古代，与超基性-基性岩体关系密切，主要产于我国东天山、龙首山等地区。

1.3 地幔流体及成矿作用研究现状

1.3.1 地幔流体的提出

可追溯至20世纪60年代，由Roedder和Coombs（1967）首次发现地幔岩中存在含CO_2的流体包裹体，随后其他学者在麻粒岩中也发现富含CO_2的流体包裹体（Touret and Bottinga，1979），博茨瓦纳地区发现金刚石中的显微流体包裹体，代表了其区内金刚石生长环境中的流体介质（Navon et al.，1988），上述发现表明地球深部（地幔）也有流体（或流体活动）存在。此外，毛景文等（2005）认为深部（地幔）流体是来源于地幔的流体，并且这些流体可为矿床或者矿集区提供物质及热能。此后，深部（地幔）流体在地幔物质组成、地幔流体作用、成矿作用、岩浆作用等方面的研究逐渐成为热点。

1.3.2 地幔流体特征

Spera（1987）认为地幔由于温度、氧逸度等因素改变，发生脱气作用，并排出C、H等元素。此外，地幔中的H_2O多与洋壳俯冲将大量的地壳常量元素、挥发分带入地幔有关，部分来自地幔含水矿物（Bolfan-Casanova，2005；罗照华等，2009；赵甫峰，2009）。

地幔中的流体实际上是一种高密度流的超临界流体，具有可压缩、气液相态不分、既接近气体又类似于流体的性质，与一般的流体比较，它具有异常强的萃取、运载能力，因而表现为高温、富硅碱及挥发分的含矿地幔流体（刘丛强等，2001；毛景文等，2005）。此外：（1）杜乐天（1998）将上述流体视为幔汁，强调其流体富含挥发分、碱质、热，并认为地幔流体作用实际上是一种碱交代作用；（2）地幔流体为一种富含原始气体元素（如^3He、^{36}Ar等）、挥发分（如陨石S、地幔CO_2、深源H_2O等）与富碱（如Li、Na、K等）的硅酸盐熔体（曹荣龙和朱寿华，1995）；（3）地幔流体为一种富含地球内部原始成分以及地壳再循环物质的超临界挥发分系统（Shmulovich and Churakov，1998）；（4）幔源C-H-O是一种具有高温、高密度性质的超临界流体，可以溶解大量的常量和微量元素，挥发分以H_2O、CO_2为主，并含有一定量的惰性气体，如F、Cl、P、S等；（5）Schrauder和Navon（1994）的实验结果表明地幔流体具有多样性，它既可以是富H_2O的流体，也可以是熔体。

近年，在地幔流体迁移方面的研究也取得了一些进展，例如：（1）地幔流体主要以平衡孔隙流动和扩散作用方式迁移，主要受外界的温度、压力控制（张鸿翔和黄智龙，2000）；（2）胡书敏等（2006）通过实验，认为含金属的深部流体中金属的迁移与堆积与否和所处的深度（温度、压力）有关；（3）岩石圈中地幔流体的运移方式可能包括孔隙渗透、沿深大断裂和自身的水压破裂向上运移（孙丰月和石准立，1995）。

1.3.3 地幔流体作用与成矿理论

地幔流体作用包括地幔交代作用与地幔流体交代作用，对于深部地质过程、幔源的成岩成矿机制研究有重大意义，目前在地幔流体作用定义的描述上仍存在争议。“地幔交代作用”一词为D. K. Bailey于20世纪70年代提出的，并将其定义为深部地幔中的流体与岩石、矿物的交代作用，且不包括地幔局部部分熔融。20世纪80年代，J. B. Dawson（1984）依据地幔交代作用造成的结果不同，进一步将其细分为显交代作用与隐交代作用。20世纪90年代，随着研究的不断深入，地幔交代作用又被扩展为流体作用和熔体作用，且将有些“富集事件”与地幔交代作用关联（徐学义，1996）；而喻学惠（1995）将原始地幔转化为富集地幔的过程理解为由地幔交代作用造成。上述研究表明，深部地质过程，如地幔部分熔融、地幔岩浆产生与地幔流体性质演化等可能均受到了地幔交代作用的制约。

曹荣龙和朱寿华（1995）依据地幔流体交代作用发生的部位将其划分为地幔中、运移过程中及地壳中的交代作用，并认为地幔中交代作用能使流体从地幔萃取大量成矿物质，而运移过程中和地壳中交代作用可引发壳幔混染，使不同深度的成矿物质活化、运移。刘显凡等（2010）认为地幔流体作用包括地幔交代作用和地幔流体交代作用，其中地幔交代作用指在地幔中发生的流体作用过程，既可使大离子不相容元素、许多金属成矿元素局部富集形成富集地幔，也可以引发地幔部分熔融形成幔源碱性岩浆；地幔流体交代作用指地幔流体向上运移至地壳过程中的交代作用，随着环境的改变，地幔流体从熔浆性质-热液性质演变，伴随产生壳幔混染和沿途成矿物质的活化运移。

此外，丁振举等（1997）将地幔流体在成矿过程中的贡献划分为：（1）地幔流体活化地幔中的成矿物质；（2）富含成矿物质的地幔流体向上运移至浅部地壳有利部位成矿；（3）地幔流体在运移过程中沿途活化萃取大量成矿物质成矿。刘丛强等（2001）认为地幔流体在成矿过程中的贡献主要表现为：（1）自身直接成矿；（2）供给大量成矿元素；（3）作为流体的一部分；（4）提供了重要矿化蚀变物质（如硅化、碱质交代作用等）；（5）持续的能量供给。孙丰月和石准立（1995）也提出了地幔流体在陆壳内成矿的五个表现，分别为：（1）对金刚石矿床成岩、成矿至关重要；（2）自身携带与沿途活化的成矿物质在地壳浅部适宜部位成矿；（3）沿途活化运移地壳中成矿物质至有利部位成矿；（4）提供热液成矿所需的大量硅质、碱质等；（5）供给大量能量，引发深浅流体循环以及壳幔混染。

1.3.4 透岩浆流体作用与成矿理论

“透岩浆流体”一词，最初为苏联岩石学家科尔任斯基提出，并将其定义为岩浆活动及演化过程中存在的那部分自由流体。近年，我国地质科学家罗照华等（2007）将透岩浆流体概念与岩浆活动有关的成矿作用理论结合，开创性地创立了透岩浆流体成矿作用理论模型。透岩浆流体成矿作用模型依据岩体含矿性对比以及高温成矿岩浆的实际，提出最为合理的模型应该是成矿流体与岩浆熔体为两种不同的且各自独立的地质体系，因所处物理化学环境的改变，两者可以发生耦合或者解耦，在岩浆作用或者活动过程中可透过岩浆进行成矿作用，由此而形成与岩浆作用有关的不同类型矿床。

此外，罗照华等（2008a，2007）将深部或者地幔流体纳入透岩浆流体范畴，为岩浆内部包含及穿透岩浆的深部或地幔流体。透岩浆成矿流体活动机制主要基于如下 4 种：（1）岩浆扩散作用；（2）泡沫的搬运；（3）多孔泡沫网络对流体的渗透；（4）岩浆对流作用（罗照华等，2009）。在上述流体活动机制假设基础上，并根据成矿流体系统与岩浆流体系统的不同耦合或解耦过程，将透岩浆成矿作用划分为五大成矿体系（图 1-1）。

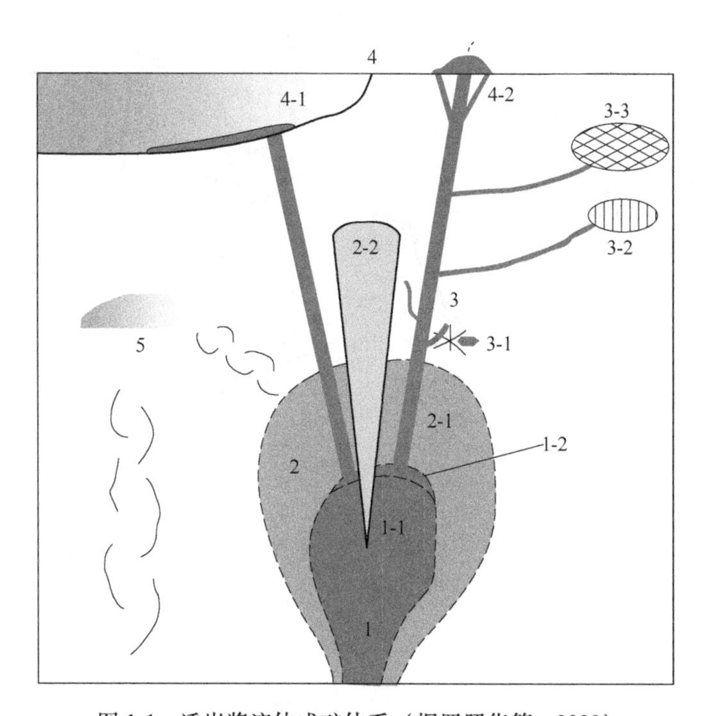

图 1-1 透岩浆流体成矿体系（据罗照华等，2009）

1—正岩浆成矿体系：正岩浆成矿亚体系（1-1）和边缘伟晶岩成矿亚体系（1-2）；
2—接触带成矿体系：接触交代成矿亚体系（2-1）和爆破角砾岩成矿亚体系（2-2）；
3—远程热液成矿体系：破碎带蚀变岩成矿亚体系（3-1）、热液脉状成矿亚体系（3-2）及微细浸染成矿亚体系（3-3）；4—火山热液成矿体系：水底喷流沉积成矿亚体系（4-1）与次火山成矿亚体系（4-2）；5—无机油气成藏体系

1.4 大红山铁铜矿床研究现状

1.4.1 研究区交通位置

大红山铁铜矿床，位于云南省新平县城西 119km 的戛洒镇，地处于哀牢山脉东侧，戛洒镇距昆明公路里程 340km，交通方便，地理坐标为东经 101°39′、北纬 24°06′，见图 1-2。

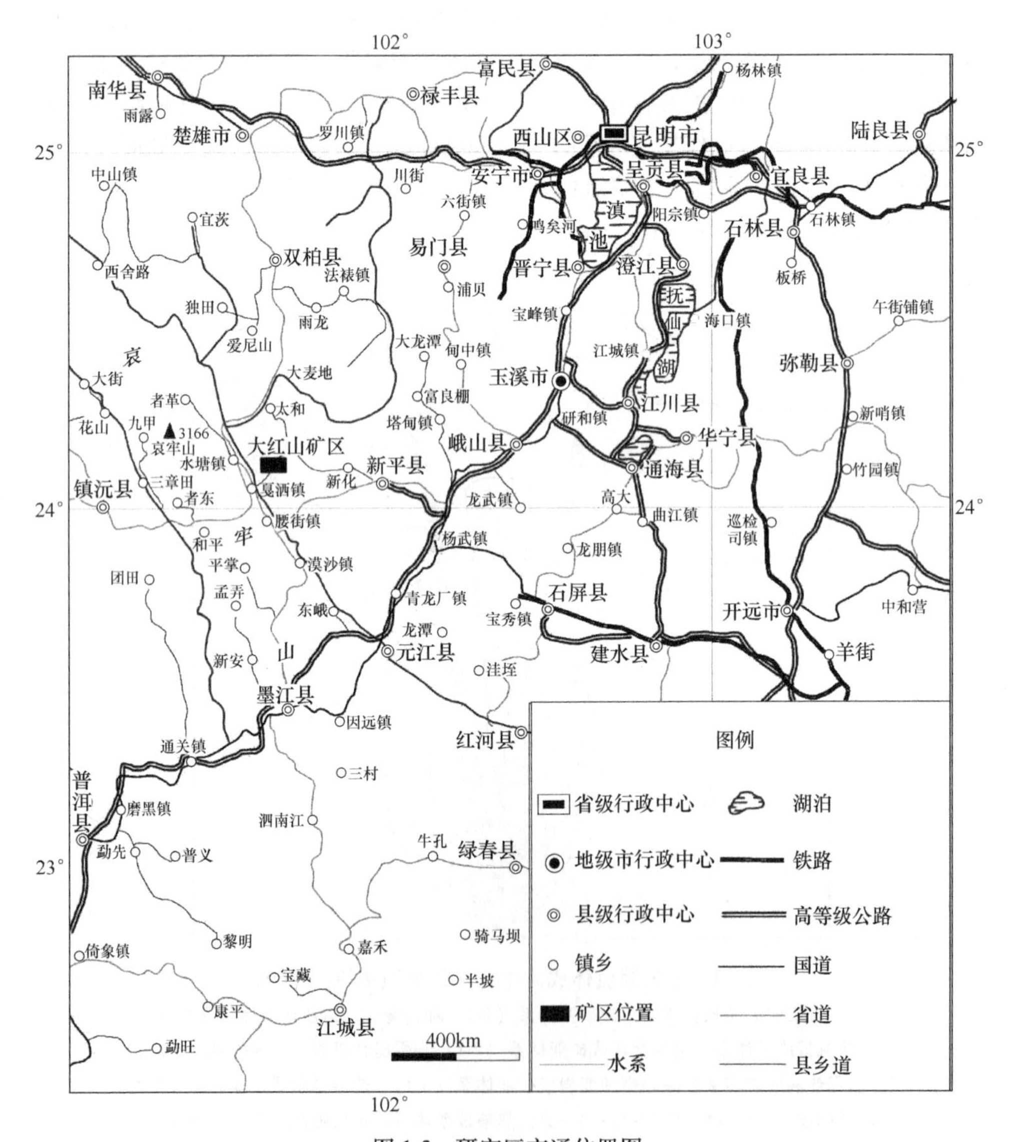

图 1-2 研究区交通位置图

区内海拔500~1850m，属红河水系流域区，发育有老厂河、曼岗河等，均汇入戛洒江。区内属亚热带气候，夏季和秋季较为炎热，冬季和春季较为温和，最高气温可达45℃，最低可达1℃，平均为23℃。雨季主要集中于6~9月，年降雨量平均为930.8mm。

1.4.2 研究区勘查程度概况

大红山铁铜矿区的勘查可追溯至1959年，至今具体的勘查工作如下：

（1）航磁异常：原地质部902航测队于1959年通过航磁测量，发现在大红山铁铜矿区有范围广、强度大、形态规则的M-24磁异常。

（2）物探异常：云南省地质局物探队二测队于1965年对大红山铁铜矿区开展物探工作，探测出地面磁场强度高达7500nT，并在矿区找到铁矿露头。

（3）矿区岩石方面：原地质部华北地质科学研究所第二研究队于1966年对大红山铁铜矿区开展含矿岩系划分工作，提出矿区含矿岩石为火山岩，并对其火山岩进行初步分类和命名；中国地质科学研究院矿床地质研究所与华北地质研究所于1968年对铁铜矿区岩石进行重新分类和命名；云南省原第九地质队于1975年对滇中地区的大红山岩群进行了层序划分以及地层特征对比研究，并建立了扩区构造体系。

（4）矿区地质背景、岩石、构造特征、矿床成因综合研究方面：云南省地质矿产局于1983年研究分析了矿区的区域地质背景、地层、构造特征与矿床成因等，并提交《云南大红山古火山岩铁铜矿》研究报告；云南省地质矿产局第一地质大队于1989年通过对矿区铜矿首采区进行钻探施工，提交了《云南省新平县大红山铁铜矿区铜矿首采区勘探地质报告》；昆明工学院孙家聪、秦德先等于1993年从矿区层、相、变、构等成矿条件角度出发对大红山铜矿外围地区进行研究和成矿预测；原易门矿务局（现为玉溪矿业公司）于2002年对大红山铁铜矿床地质特征进行分析，总结了大红山地区成矿规律，并提交相关报告；玉溪南亚勘探有限责任公司，2004~2005年提交了《云南省新平县大红山铜矿二期补充生产探矿地质工作报告》和《云南省新平县大红山铜矿资源潜力调查报告》，在此期间，有色地质局三一三地质队编写了《云南省新平县大红山铜矿综合地质报告》。

1.4.3 矿区岩浆岩及年代学研究现状

1.4.3.1 *岩性方面*

大红山岩群出露于红河断裂剪切带北部，曾被认为是扬子地块西南缘最古老的地层单元（Greentree，2007；Zhang et al.，2006；Qiu et al.，2000），为一套低角闪岩相的变质火山-沉积岩系列（秦德先，2000），岩性主要为变质砾岩、石英云母片岩/片麻岩、钠长石岩、石英岩、碳酸盐岩和角闪岩，局部可见混合岩（Wu et al.，1990）。钱锦和和沈远仁（1990）将大红山岩群由下至上可划分为5个组，包括老厂河组、曼岗河岩组、红山岩组、肥味河组及坡头组，并认为岩性分别为：（1）老厂河组岩性主要为碳酸盐岩、石榴子石-白云母片岩、石英岩以及局部发育的变质砾岩组成；（2）曼岗河岩组和红山岩组主要由变钠质熔岩、变钠质凝灰角砾岩、石榴黑云母片岩及条带状的碳酸盐岩组成，石榴子石呈破碎的自形粒状，尤其在原曼岗河岩组中石榴子石破碎、变形程度较高；（3）肥味河组岩性为碳酸盐岩、炭质板岩组成；（4）坡头组为白云岩、炭质板岩、石榴子石云母片岩以及少量的石英岩组成。

1.4.3.2 *角砾岩方面*

大红山岩群的岩石，以往被认为是古火山机构形成产物，包括火山角砾岩、集块岩、凝灰岩、枕状熔岩与变钠质熔岩，各种类型的矿床围绕喷发中心展布，配套出现，构成古海底火山喷发成矿系列（颜以彬，1981）。而近年，云南地调院提出原大红山群为一套陆相火山—次火山岩系，其红山岩组岩性主要为隐爆角砾岩；陆蕾等（2014）通过对大红山铁铜矿区角砾岩研究，指出大红山铁铜矿区角砾岩为隐爆角砾岩。

1.4.3.3 *成岩时代方面*

前人对大红山岩群中以往的岩浆岩成岩年龄报道有：杨红等（2012）获得老厂河组变质中酸性岩中锆石U-Pb年龄为（1711±4）Ma，变质基性岩U-Pb年龄为（1686±4）Ma；Greentree和Li（2008）获得曼岗河岩组的凝灰岩锆石U-Pb年龄为（1675±8）Ma，Zhao（2010）报道曼岗河岩组的变质火山岩年龄为（1681±13）Ma；红山岩组的变钠质熔岩中一个锆石U-Pb年龄为（1665+14/−13）Ma，全岩Sm-Nd年龄为（1657±82）Ma（Hu et al.，1991）。此外，侵位于曼岗河岩组的辉长辉绿岩锆石U-Pb年龄为（1659±16）Ma，红山岩组的辉长辉绿岩年龄为（1645±25）Ma（Zhao et al.，2011）。

1.4.4 成矿年代学研究现状

目前，大红山矿床的成矿年龄资料较为缺乏。吴健民等（1998）获得矿石的Pb同位素年龄为1087.18Ma；宋昊（2014）获得矿床中磁铁矿的Re-Os等时线年龄为（1325±170）Ma，黄铜矿Re-Os等时线年龄为（1083±45）Ma，但受限于年龄谐和度较差和误差大，仅认为该矿床成矿与Rodinia超大陆拼合有关；Zhao等（2011）认为赋存于曼岗河岩组铁铜矿体为辉长辉绿岩切穿，其辉长辉绿岩的锆石U-Pb年龄为（1659±16）Ma，代表铁铜矿体的形成年龄应早于约1659Ma。

1.4.5 成矿物质来源研究现状

1.4.5.1 石英、磁铁矿氧同位素特征

吴孔文（2008）另选取了大红山铜矿区磁铁矿石中的6件磁铁矿和3件石英做氧同位素分析，得出磁铁矿 $\delta^{18}O$ 值在3.0‰~5.5‰之间，石英 $\delta^{18}O$ 值范围为10.4‰~11.4‰，与黄铜矿共生石英 $\delta^{18}O$ 值对比，可以发现其与磁铁矿矿石中石英具有一致的氧同位素特征，暗示了两者具有一致的来源，据陈骏和王鹤年（2004）标准计算磁铁矿-石英平衡温度，表明大红山矿床磁铁矿石可能形成于500~800℃。

1.4.5.2 硫同位素特征

Chen 等（1992）、吴孔文（2008）、Zhao X F（2010）和宋昊（2014）等研究获得该矿床中硫化物如黄铁矿、黄铜矿 $\delta^{34}S$ 值为-3.4‰ ~ 12.4‰，范围变化大，平均值为4.42‰。其中，黄铜矿 $\delta^{34}S$ 值为3.3‰ ~ 12.4‰，平均值为4.77‰；黄铁矿 $\delta^{34}S$ 值为-3.4‰ ~ 11.6‰，平均值为3.0‰。硫来源的认识统一，均认为大红山矿床硫源为海水硫酸盐（或地层中的蒸发岩）和岩浆-幔源硫的共同贡献特征。此外，吴孔文（2008）选取大红山铜矿区内的脉状黄铜矿石中三对密切共生的黄铜矿-黄铁矿，利用硫同位素温度计计算其形成温度，分别求得三个温度（227℃、294℃和398℃），表明其硫化物形成温度在230 ~ 400℃之间。

据矿区内以往用于硫同位素分析的黄铜矿石统计发现，研究主要针对于铜矿区内的黄铜矿石，且具有如下特点：（1）浸染状、纹层状矿石，矿石中磁铁矿常见；（2）石英脉中浸染状黄铜矿或黄铁矿、方解石脉中的浸染状黄铜矿或黄铁矿。

1.4.5.3 铅同位素特征

大红山矿床的铅同位素分析是诸多同位素研究中研究较早、发展较快、资料较为丰富，其成果也较显著的同位素分析之一。据已有的铅同位素资料，从分析结果可知，所测定硫化物中的铅同位素变化范围为：$^{206}Pb/^{204}Pb$ = 18.985~23.318，极差4.333，均值为21.222；$^{207}Pb/^{204}Pb$ = 15.581~15.904，极差0.323，均值为15.747；$^{208}Pb/^{204}Pb$ = 39.803~45.652，极差5.848，均值为42.540；$^{206}Pb/^{207}Pb$ = 1.216~1.466。很明显，陈贤胜（1995）、黄崇轲和白冶（1999）、秦德先等（2000）与吴孔文（2008）均认为大红山矿床硫化物样品极富含放射性成因铅，吴孔文（2008）通过研究认为大红山矿床晚期脉体中硫化物是早期硫化物（主要呈浸染状产出）的改造富集产物，大体继承了早期硫化物的铅源，并在热液改造过程中带入了含矿岩系的放射性成因铅。

1.4.6 矿床类型

大红山矿床从1959年发现至今，矿床成因认识一直争论不休。矿床成因的不同认识具体如下。

1.4.6.1 古海相火山喷发（喷溢）—沉积型矿床

沈远仁（1982）认为大红山铁铜矿床成矿受火山喷发（喷溢）作用主控，即成矿受火山机构控制，含矿岩系为一套细碧角斑岩-绿色片岩及大理岩（由碳酸盐岩变质形成），并将大红山铁铜矿床划分为4个成矿阶段，包括：（1）火山喷发（喷溢）—沉积成矿阶段；（2）火山气液交代充填富化阶段；（3）区域变质阶段；（4）晚期钠交代阶段。随后，沈远仁（1982）以及钱锦和等（1990）依据成矿作用类型将该矿床细分为4种亚矿床类型：（1）火山喷发（喷气）—沉积变质铁铜矿床；（2）受变质的火山喷溢熔浆（矿浆）铁矿床；（3）受变质的火山气液交代（充填）富化铁矿床；（4）岩浆期后热液钠化交代磁铁矿床。

此外，他们认为大红山矿床中铁矿是古海相火山岩型铁矿，其矿床构造也被认为是一个典型的含矿火山口构造，含矿岩系为一套细碧角斑岩建造（沈远仁，1982；钱锦和等，1990）。

1.4.6.2 受变质的火山喷气—沉积矿床

杨应选等（1988）认为，中元古代时期处于拉张环境的陆壳向洋壳转化，并伴随这种拉张，引发海底火山喷溢活动，长期持续的喷出基性-中基性的含矿火山热液，促使成矿物质得以源源不断供应，在适当的氧化还原条件下，在适当的地层位置中形成大红山铜矿的雏形，经后期变质改造形成了铜铁矿床格架。

1.4.6.3 火山—沉积变质型、岩浆熔离型及接触交代型（多成因复合型）矿床

孙家骢（1985）认为大红山铁铜矿床不属于古海相火山岩型矿床，应该解释为火山—沉积变质型、接触交代型与岩浆熔离型等多成因复合形成的大红山大型铁铜矿床。此外，孙家骢（1985）也认为赋存在红山岩组中的铁矿床为岩浆型矿床，其铁矿床构造不是破火山口，实际上是一种特殊的复合构造形式，而赋存在这种构造中的含矿岩系也不是细碧角斑岩（即红山岩组的岩性并非火山岩），而是一个复合的侵入体。

1.4.6.4 海底火山喷发沉积—热液改造型矿床

秦德先等（2000）认为大红山矿床成矿作用演化经历了火山喷流热水沉积、区域变质及后期改造三大成矿阶段，可详细划分为：（1）火山喷流热水沉积变质含铁铜矿——I_2、I_3矿体；（2）次火山侵入热液铜矿——II_4矿体群；（3）变质期后构造改造铜多金属脉状矿。吴孔文等（2008）认为大红山矿床的形成主要包括两个阶段，早期火山喷流作用形成了层状铜矿矿胚，而后期热液对原先的矿胚进行了改造和富集。

1.4.6.5 火山成因块状硫化物矿床（VMHS）

侯增谦等（2003）、高棣文（2014）认为大红山矿床属于古海相火山—沉积岩系相关的火山成因块状硫化物矿床（VMHS），成矿环境处于拉张裂谷/拗拉槽，其拉张环境可能与 Columbia 超大陆的裂解有关，火山岩系列具有双峰式的特点。

1.4.6.6 古火山型矿床

钱锦和和沈远仁（1990）、陈贤胜（1995）与王凯元（1996）认为大红山矿床属古火山岩型矿床，矿体主要赋存于火山喷发形成的浅色变钠质熔岩中，可细分为：（1）海相火山—沉积—交代型矿床；（2）矿浆型矿床。

1.4.6.7 隐爆角砾岩型矿床

近年，云南省地质调查研究院提出大红山群为一套陆相火山岩，并认为红山岩组主要为一套隐爆角砾岩，赋存在红山岩组中铁矿床为隐爆角砾岩型矿床。

1.4.6.8 铁氧化物—铜—金型矿床（IOCG）

Zhao（2010）和宋昊（2014）认为大红山铁矿床属于 ICOG 矿床。关于“铁氧化物—铜金型矿床”（IOCG）一词，为 Hitzman 等（1992）首先提出的，为一种岩浆-热液成因的低 Ti 氧化物（包括磁铁矿或赤铁矿）、铜的硫化物的矿化组合，范畴较为宽泛（Hitzman et al.，1992；Sillitoe，2003；Williams et al.，2005）。除铁和铜之外，IOCG 矿床亦富集多金属，如 Au、Ag、U、Mo、REE 等（Hitzman et al.，1992）。

1.5 存在问题

1.5.1 主要赋矿岩石类型及成岩时代

（1）岩性方面：我们通过近几年对大红山矿区地表和坑道的仔细观察发现，曼岗河岩组顶部所谓的大理岩的空间分布不完整，层位不稳定，往往呈断续分布的条带状，难以用以往海相沉积的观点解释。此外，初步研究发现，曼岗河岩组和红山岩组中所谓的岩石，如石榴黑云片岩、变钠质凝灰角砾岩、石榴绿泥角闪片岩等，通过镜下鉴定后发现，岩石由较多较大的石榴子石晶体或团块和全晶质细粒物质（斜长石 + 碳酸盐矿物 + 石英）构成，但较大的石榴子石晶体或团块不具可拼性而区别于隐爆角砾岩；红山岩组中所谓的变钠质熔岩主要由较大的浑圆状的斜长石、部分石英和全晶质微细粒的斜长石-碳酸盐矿物-石英等矿物组合构成，构成所谓的斑状结构，但这种结构特征似乎又与传统的火山岩和侵入岩有所区别。此外，这种全晶质微细粒的斜长石-碳酸盐矿物-石英等矿物组合也与原曼岗河岩组中所谓的大理岩的矿物组成一致。

因此，以往认为曼岗河岩组和红山岩组由石榴黑云片岩、变钠质凝灰角砾岩、石榴绿泥角闪片岩、变钠质熔岩、大理岩等组成，或者红山岩组主要为一套隐爆角砾岩构成的认识，目前仍有诸多局限。考虑到上述岩石为铁铜矿体的主要赋矿岩石，进一步研究是必要的。

（2）成岩时代方面：据统计发现，大红山岩群中以往获得的岩浆岩成岩年龄为1711～1645Ma，成岩时代处于古元古代晚期。但对于部分主要赋矿岩石，如红山岩组中所谓的变钠质熔岩的年龄仍少有报道；侵位于红山岩组，被以往矿区地质工作者所称为的辉长辉绿岩，在铁矿区可见它对铁矿体进行圈闭，其侵位年龄的限定似乎是必要的。

1.5.2 矿床成矿时代

大红山铁铜矿床成矿年龄方面的研究一直以来都是一个难点，从以往的成矿年龄资料来看：（1）矿石的Pb同位素年龄1087.18Ma（吴健民等，1998）可能代表部分Pb丢失，形成意义不大的混合年龄；（2）宋昊（2014）获得矿床中磁铁矿的Re-Os等时线年龄为（1325±170）Ma，黄铜矿Re-Os等时线年龄为（1083±45）Ma，由于黄铜矿矿石的产状不清、磁铁矿和黄铜矿Re-Os同位素体系在大于500℃的后期构造-热液事件中依然保持封闭性还不清等原因，外加同位素年龄本身误差大，造成对矿床成矿年龄指示意义不清；（3）Zhao等（2011）认为赋存于曼岗河岩组中的铁铜矿体被辉长辉绿岩切穿，因此推断铁铜矿体的形成年龄应早于约1659Ma。上述这种穿插关系与我们近几年对矿区野外、坑道仔细观察得到的现象不符，表现为我们在矿区很难见到被以往矿区地质工作者所称为的“辉长辉绿岩”直接穿插铁铜矿体，反而在铁矿区可见其对铁矿体进行圈闭。

1.5.3 成矿物质来源

吴孔文（2008）、Chen（1992）、杨应选（1988）、秦德先等（2000）及宋昊（2014）主要对大红山铜矿床中方解石脉中黄铜矿、石英脉中黄铜矿、磁铁矿中石英、黄铁矿、碳酸盐矿物等进行碳氧同位素、硫同位素、铅同位素研究，得出大红山矿床成矿流体为幔源、海水硫酸盐（或地层蒸发岩）及含矿火山岩系混合产物。考虑到已有的氧同位素、硫同位素研究主要针对于铜矿区，铁矿区的有关研究则相当缺乏，可作一定补充。

1.5.4 铁铜矿床成因

大红山铁铜矿床的研究可追溯至1959年，矿床成因认识仍未统一，主要有海相火山喷流沉积-后期改造型矿床、海相火山成因块状硫化物矿床（VMHS），陆相火山系统形成的隐爆角砾岩型矿床与铁氧化物-铜-金矿床（IOCG）四种观点，且目前均对该矿床中存在的一些现象仍难以解释。

（1）古海相火山喷流沉积—后期改造型矿床、海相火山成因块状硫化物矿床（VMHS），从矿床形成构造环境上看，这与近年研究显示矿床形成属于与Columbia超大陆裂解有关的大陆裂谷环境的认识不符。从矿床中矿石成分上看，VMHS矿床中主要矿石组分为Cu、Pb、Zn，缺失铁氧化物，这与大红山铁铜矿床中富铁氧化物、铜硫化物不符，且大红山铁铜矿床也不具VMHS矿床蚀变分带特征。

（2）云南地调院近年提出大红山岩群为一套陆相火山岩，红山岩组主要为一套隐爆角砾岩，并认为大红山铁铜矿床属隐爆角砾岩型矿床。而我们初步研究发现红山岩组岩石中确实具有较多较大的矿物晶体或团块，但它们之间并不具可拼性，因而不同于隐爆角砾岩。

（3）铁氧化物-铜-金矿床（IOCG）：目前，对于IOCG矿床的定义范畴较宽泛。一般IOCG矿床由磁铁矿（或赤铁矿）和铜的硫化物组成，具有低Ti特征，矿体空间分布上与热液溶蚀成因或者岩浆成因的角砾岩关系密切，与侵入体关系不明。而大红山铁铜矿床中矿石Ti含量明显高于IOCG矿床，且在铁矿区可见铁矿体被以往矿区地质工作者所称为的“辉长辉绿岩”圈闭。

1.6 研究思路、方法及创新点

1.6.1 研究内容

本书以云南大红山铁铜矿床为研究对象，对其矿区开展系统及详细的野外地质观察，全面收集矿床已有的资料，并在综合分析的基础上，针对大红山矿床目前研究中仍存在的争议、不足，拟定研究方向及目标。研究内容主要包括以下4点：

（1）矿区主要赋矿岩石类型以及岩矿石地球化学、成岩年龄的研究，旨在确定主要赋矿岩石类型及形成的时代、构造环境。

（2）大红山铁铜矿床的成矿时代方面，基于矿床地质特征研究的基础上，划分成矿期，并选择适合的同位素定年方法分别对主成矿期、叠加矿化期矿石进行研究，确定矿床成矿年龄。

（3）大红山铁铜矿床物质来源方面，考虑到铁矿区研究相对薄弱，为此结合矿床已有的研究资料，主要针对以往铁矿区研究相对薄弱的铁矿石铂族元素地球化学、磁铁矿地球化学、黄铜矿硫同位素、磁铁矿氧同位素研究进行补充，明确铁、铜成矿物质的来源。

（4）大红山铁铜矿床成因方面，以往提出的如火山型、岩浆型、海相喷流沉积型、陆相火山隐爆角砾岩型、IOCG型等成因类型认识仍不能较好解释该矿床成因。因此，基于铁铜矿区系统野外地质调查的基础上，结合矿区主要赋矿岩石的岩石学、地球化学、年代学、铁铜成矿物质来源研究与流体可能的源区及性质等探讨，并在综合分析的基础上，重新拟定矿床成因类型，分析铁铜矿体成矿过程。

1.6.2 研究方法及思路

1.6.2.1 *主要赋矿岩石类型、地球化学、成岩时代*

（1）岩石学：在对矿区详细的宏观地质观察及追索的基础上，采集矿区铁、铜矿体的主要赋矿岩石："辉长辉绿岩"，红山岩组的"变钠质熔岩""石榴绿泥角闪片岩"，曼岗河岩组的"石榴黑云片岩""变钠质凝灰角砾岩"，矿区"石英钠长岩""白云石钠长岩"和曼岗河岩组的"大理岩"。外加矿区内局部可见的"石英钠长石斑岩"。通过镜下鉴定分析后，选取典型样品进行矿物电子探针、BSE分析，对上述岩石的结构构造、矿物组成的详细研究，结合地球化学、年代学、元素地球化学等相关研究，并综合分析和探讨，最终厘定其岩石类型。

（2）岩矿石地球化学：运用ICP-MS方法对矿区蚀变辉长岩、交代蚀变岩、石英斑岩及铁矿石进行主量氧化物以及稀土、微量元素分析，并结合矿区以往报道的相关地球化学资料，通过研究推断蚀变辉长岩、铁矿石可能的源区，蚀变辉长岩原岩（辉长岩）形成的构造环境、基性岩浆作用过程中可能经历的复杂地球化学过程。

（3）成岩年代：据矿区报道的大红山岩群以往所认为的岩浆岩的同位素年龄资料，补充如曼岗河岩组的"石英钠长石斑岩"（石英斑岩）、红山岩组的"变钠质熔岩"（铁矿化钠长石岩）、红山岩组的"辉长辉绿岩"（蚀变辉长岩）中锆石U-Pb同位素定年研究。限定矿区辉长岩、石英斑岩的侵位年龄，并推测矿区辉长岩形成可能与Columbia超大陆裂解有关。

1.6.2.2 *矿床成矿时代*

基于矿区野外不同产状类型矿石的分布与穿插关系，初步划分成矿期次，并选择适合同位素定年方法，拟定矿床的矿化时代。

（1）壳幔流体参与交代成矿期（主成矿期）年龄：大红山铁矿区见有磁铁矿石（矿石中脉石矿物为钠长石、石英）与钠长石碳酸岩相互包裹与穿插，交代蚀变岩中常见全晶质的微粒钠长石-白云石/铁白云石-石英-磁铁矿、少量黑云母、普通角闪石等呈含量不等组合，反映大红山矿床中存在富硅碱和碳酸盐流体（富含铁），且两者表现出"不混溶"特点。同时结合蚀变辉长岩、铁矿石地球化学以及蚀变辉长岩、铁矿化钠长石岩中岩浆锆石年代学研究，推测岩浆活动与流体活动几乎是同时的，其铁矿化钠长石岩中被捕获的岩浆锆石结晶的年龄可大致代表矿床中铁铜矿体主体的形成年龄。

（2）叠加矿化期中脉状矿化年龄：矿区常见具矿化石英、方解石脉穿插矿区内的赋矿围岩和主成矿期铁铜矿体的现象，说明了脉状矿化明显晚于主成矿期铁铜矿体的形成可能是事实。此外，矿区普遍发育含黄铜矿化的石英脉、含铁铜矿化的方解石脉，但对矿区的地质观察并未发现两者有明显的穿插，且脉中石英、方解石常常有伴生现象。因此，运用石英脉中黄铜矿 Re-Os 同位素定年、含铁铜矿化的方解石脉中方解石 Sm-Nd 同位素定年，可以确定矿床后期矿化叠加的时间。

1.6.2.3 *矿床铁、铜成矿物质来源*

该矿床已有的相关研究资料显示，铁矿区的研究相对匮乏。因此，本次研究主要针对于铁矿区，补充一定的铁矿石铂族元素地球化学、磁铁矿元素地球化学、黄铜矿硫同位素、磁铁矿氧同位素研究。其中硫同位素研究则选择主成矿期矿石中与磁铁矿伴生的黄铜矿、叠加矿化期中脉状矿化阶段的黄铜矿，磁铁矿元素地球化学、磁铁矿氧同位素研究则选择不同产状的铁矿石，如主成矿期、叠加矿化期中脉状矿化阶段的铁矿石中磁铁矿。旨在研究铁、铜成矿物质来源。

1.6.2.4 *矿体定位机制*

基于矿床地质特征，结合矿区主要赋矿岩石的岩石学、岩矿石地球化学、成岩年代、成矿年代、成矿物质来源、流体可能源区及性质方面探讨，综合分析，最终拟定矿床属 Columbia 超大陆裂解期间的陆相壳幔流体参与交代成矿的产物，并分析矿床中铁铜矿体成矿过程及空间定位机制。

1.6.3 本书工作量及技术路线

（1）本书完成的主要工作量见表 1-1。

表 1-1 本书完成的主要工作量统计

工作项目	单位	工作量	工作项目	单位	工作量
野外地质调查	天	120	微量元素分析	件	28
样品采集	件	200	稀土元素分析	件	31
照相	张	1000	成矿元素分析	件	55
磨制薄片	片	77	铂族元素分析	件	3
磨制光片	片	45	黄铜矿 Re-Os 等时线测年	件	1
磨制探针片	片	8	方解石 Sm-Nd 等时线测年	件	1
挑选单矿物	件	14	黄铜矿硫同位素分析	件	3
锆石制靶	件	4	磁铁矿氧同位素分析	件	5
锆石阴极发光（CL）	件	4	矿物电子针分析	点	44
U-Pb 锆石测年	件	4	矿物能谱及 BSE	张	15
化学全分析	件	28	磁铁矿稀土、微量元素分析	件	8

（2）技术路线见图 1-3。

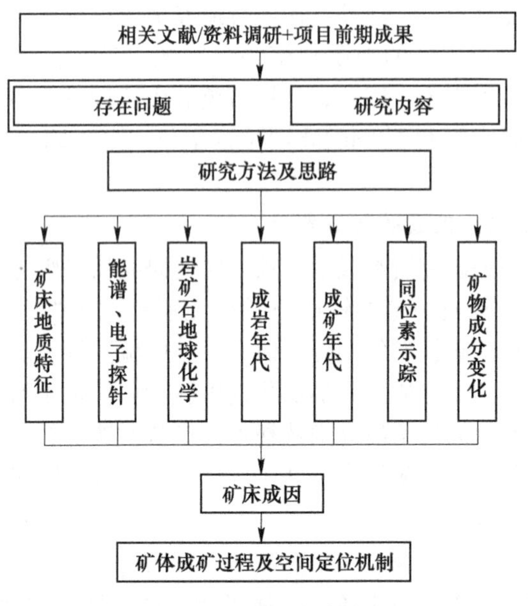

图 1-3 本书技术路线图

1.6.4 本书创新点

（1）大红山矿区铁、铜矿体的主要赋矿岩石的岩性并非火山岩，而是由伴随基性岩浆上升的不混溶富硅碱和碳酸盐流体交代混染辉长岩岩体或原地层岩石在大红山岩群的某些部位形成产物，即交代蚀变岩（包括蚀变辉长岩）。

（2）大红山铁铜矿床由两期矿化叠加所形成。富 CO_2 的流体与富硅碱流体（富含铁）表现出“不混溶”，岩浆活动与流体活动几乎是同时的，通过岩浆锆石 U-Pb 同位素定年，可以大致代表矿床中的主期成矿年龄约为 1656Ma。石英脉中黄铜矿 Re-Os 与具矿化的方解石脉中方解石 Sm-Nd 同位素定年，反映矿床经历过 1100~800Ma 的矿化叠加。

2 区域地质背景

扬子准地台位于特提斯—喜马拉雅与太平洋两大全球巨型构造域结合部位以东，东南部与华夏板块比邻，西北以青藏高原板块为界，北部与华北克拉通为秦岭—大别山—苏鲁造山带分割。本次研究的大红山铁铜矿床位于扬子地块西南缘“康滇铜成矿带”内，是该成矿带内典型的超大型铁铜矿床之一。

2.1 区域地层

区域地层从时代上有早元古代—新生代地层，出露较全，以前震旦系、三叠系-白垩系的陆相沉积形成的岩石地层为主，而区内其他时代地层仅有零星分布，详见图 2-1。

(1) 早元古代 (Pt_1)：分布于安宁河断裂带及绿汁江断裂以西地区，出露在德昌县—会理县—元谋县—新平县以西地区，有康定群 (Pt_1k)、河口群 (Pt_1hk)、下村群 ($Pt_{1-2}xc$)、普登群 (Pt_1p)、大红山岩群 (Pt_1d)、清水河组 (Pt_1q) 与小羊街组 (Pt_1x) 等群组，主要为一套浅变质的火山—沉积岩系构成，主要岩性包括片岩、片麻岩、变粒岩与大理岩等（李佑国，2007；刘恒，2014）。

(2) 中元古界 (Pt_2)：分布于四川、云南等地区，出露在四川会理—盐源、云南武定—易门—东川一带，有会理群 (Pt_2h)、峨边群 (Pt_2e)、盐边群 (Pt_2yb)、大龙口组 (Pt_2d)、鹅头厂组 (Pt_2e)、富良棚组 (Pt_2f)、黑山头组 (Pt_2hs)、落雪组 (Pt_2l)、美党组 (Pt_2m)、因民组 (Pt_2y)、大营盘组 (Pt_2dy)、黄草岭组 (Pt_2h)、柳坝塘组 (Pt_2lb)、龙川岩群 (Pt_2l)、绿汁江组 (Pt_2lz)、麻地组 (Pt_2md) 与小河口组 (Pt_2x) 等群或组，岩性为浅变质的火山-沉积岩系，以沉积岩为浅海相沉积成因的碎屑岩、碳酸盐岩为主，次为酸-基性的火山岩、火山碎屑岩（李佑国，2007；刘恒，2014）。

(3) 震旦系 (Z) 或上元古界 (Pt_3)：分布较广，有大河边岩组 (Pt_3d)、罗坪山岩组 (Pt_3l)、澄江组 (Z_1c)、列古六组 (Z_1lg)、陆良组 (Z_1l)、南沱组 (Z_1n)、牛头山组 (Z_1nt)、灯影组 (Z_2d)、观音崖组 (Z_2g) 与公养河群 (Z_1c) 等群组，岩性主要为浅海相沉积形成的浅变质的碎屑岩、碳酸盐岩与少量火山岩、凝灰岩。

(4) 古生界：分布较广，为寒武纪—二叠纪浅海相沉积的碎屑岩、碳酸盐

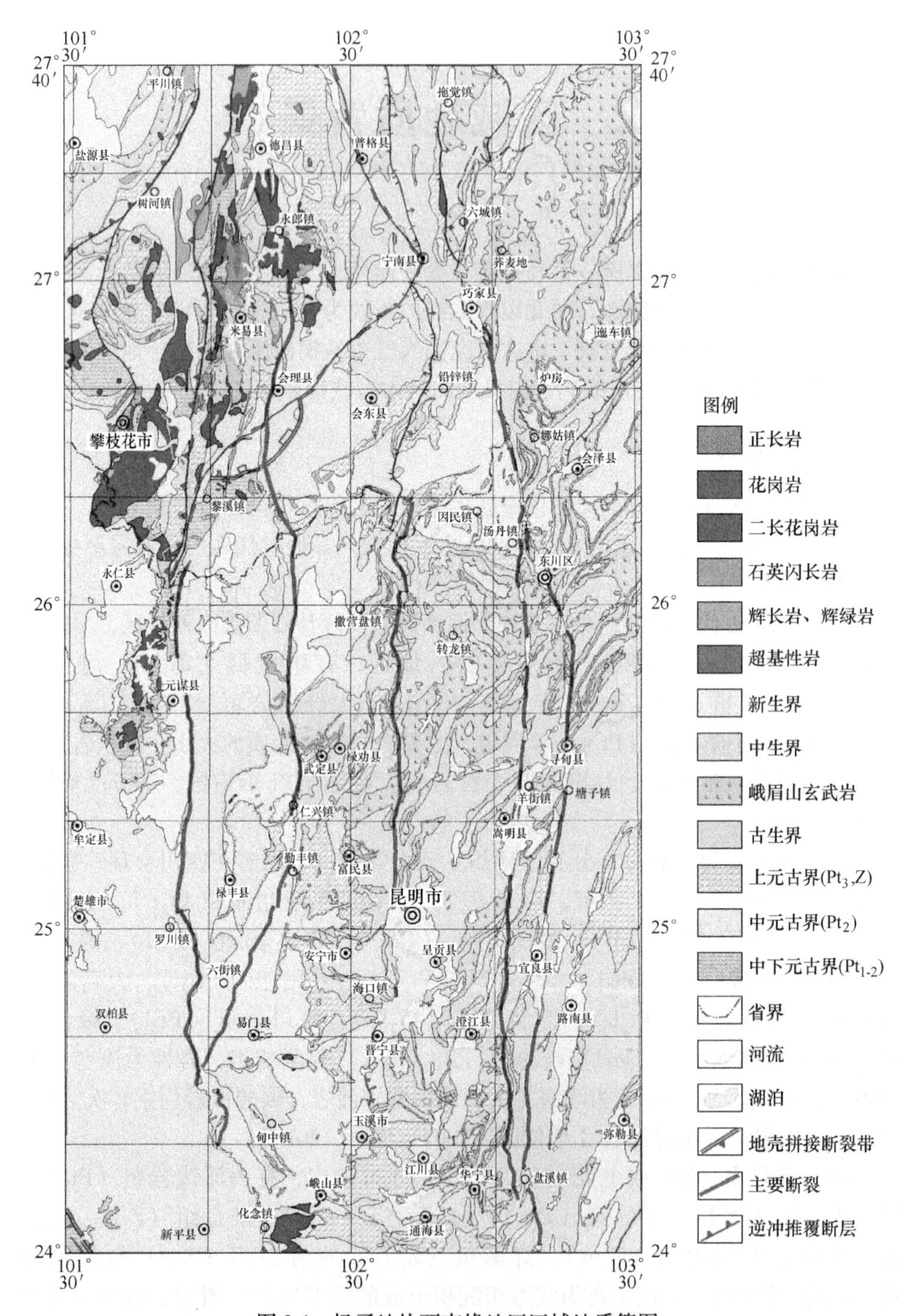

图 2-1　扬子地块西南缘地区区域地质简图

（底图据中华人民共和国 1∶50 万数字地质图空间数据库，1999 年编制）

岩地层，赋存的有大—小型的铅锌矿床，如宁南松林小型铅锌矿床、云南富乐厂大型铅锌矿床与黔西北娅都小型铅锌矿床等。

（5）中生界：分布于盐源—丽江—会理一带，为白垩系-侏罗系河湖相沉积形成的细粒碎屑岩、少量碳酸盐岩，夹有少量含煤碎屑岩。

（6）新生界：分布于盐源—丽江—会理一带，为河湖相沉积形成的砂岩、泥岩，局部夹少量煤层、泥碳层。

2.2 岩浆岩

岩浆岩分布于四川德昌县、攀枝花、米易县与云南元谋县、峨山县、东川、昆明市北部等地区，成岩时代主要为晋宁期、海西期与喜山期，基—酸性岩均有，侵入岩主要为辉长岩、正长岩、石英闪长岩与花岗岩，火山岩主要为二叠纪的峨眉山玄武岩。

2.2.1 晋宁期岩浆岩

（1）基性-超基性岩，主要分布于会理、盐边等地区。岩体侵位于会理群、盐边群、康定群变质岩层中，为一些规模不大的岩株、岩墙和岩脉，产状与基底构造一致，多呈东西向产出，属于镁质超基性岩、镁铁质基性-超基性岩类。变质普遍，蚀变主要有超基性岩蛇纹石化及基性岩钠黝帘石化。此外，具有铜、镍、铬矿化，岩体同位素地质年龄集中于1.0~1.2Ga。

（2）中酸-酸性岩，以康定岩群中发育的闪长岩类为主，次为斜长花岗岩、花岗闪长岩以及它们之间过渡的岩石类型。

2.2.2 海西期岩浆岩

2.2.2.1 基性-超基性岩

（1）铁质小型基性-超基性岩体：主要分布于南北向隆起带及会理、会东东西向古隆起带。以规模较小，呈岩墙、岩株、岩盆产出为特点。岩石类型多样，与低钛玄武岩岩浆演化有关，含铜、镍、铂矿化。岩体多侵位于石炭系与下二叠统，有的岩体被二叠纪峨眉山玄武岩岩脉穿入。

（2）富铁质层状基性超基性岩侵入体：主要分布于德昌、米易、攀枝花地区和攀枝花断裂—安宁河断裂之间，因产出巨大的钒钛磁铁矿矿床而闻名于世。岩体多呈单斜或岩盆产出，层状构造发育。岩体侵位的最新层位为二叠纪玄武岩，常为同期正长岩岩脉侵位穿插。

（3）峨眉山玄武岩，广泛分布（图2-2），内带分布于四川攀枝花、盐源地区，外带分布于云南巧家、东川以及昆明等地区，为大陆裂谷环境形成的拉斑玄武岩，时代为二叠纪，属与地幔柱相关的同源岩浆演化不同阶段产物。

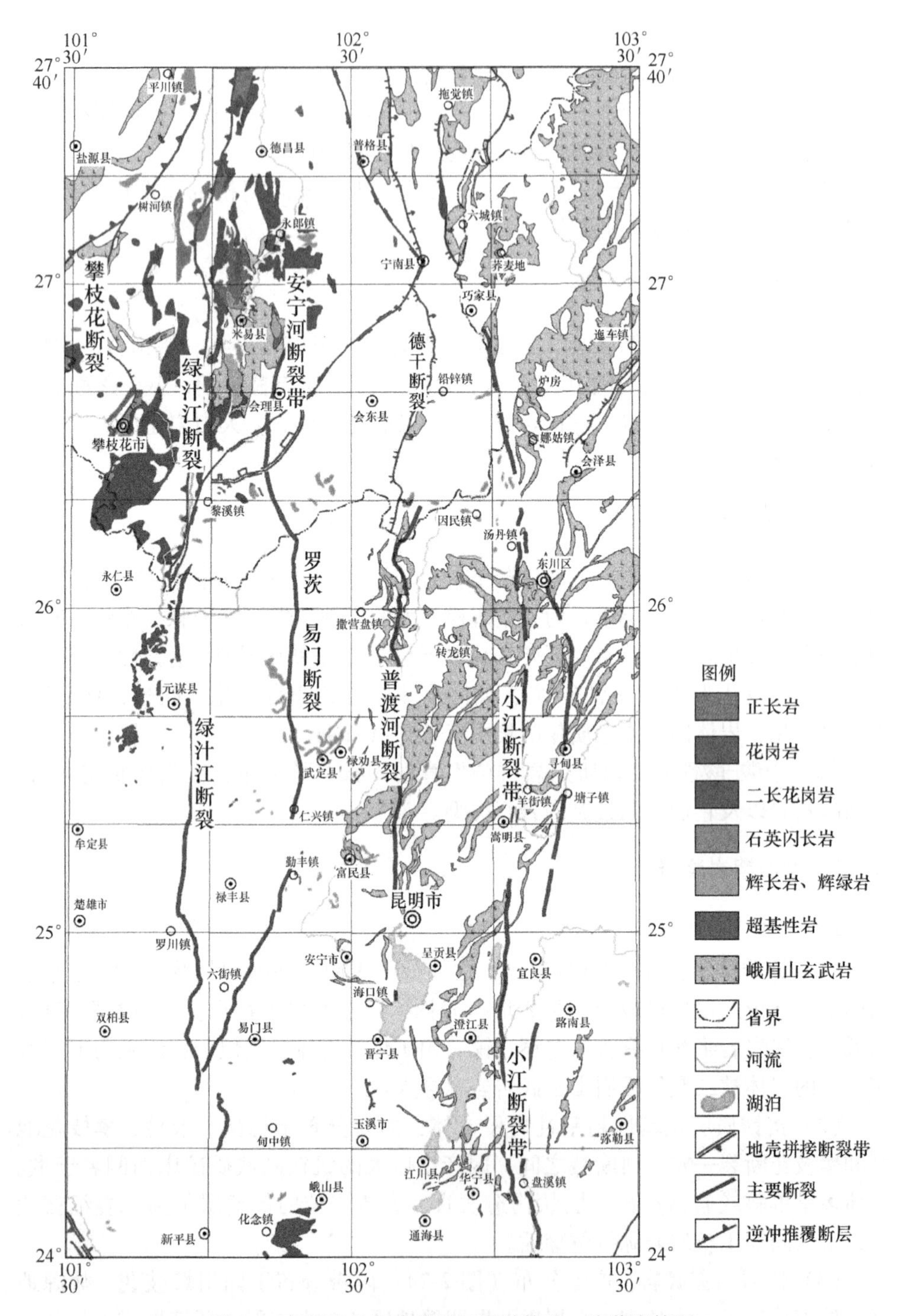

图 2-2 扬子地块西南缘地区区域构造—岩浆岩简图
（底图据中华人民共和国 1∶50 万数字地质图空间数据库，1999 年编制）

2.2.2.2 碱性岩

（1）碱性超基性岩：分布于安宁河—易门断裂东侧。如德昌大向斜岩体，主要由霓石岩组成。岩体侵入于下震旦纪地层。

（2）碱性中性岩：分布于碱性超基性岩同一构造带及东面的普渡河断裂带。岩石类型为霓石正长岩，属于 SiO_2 不饱和的碱性—过碱性岩石系列，类似于大向斜超基性岩体。岩体侵位于二叠世玄武岩及奥陶系地层。

（3）碱性正长岩、碱性花岗岩：分布于攀枝花、红格等地区。岩性以含霓石、霓辉石及钠闪石为特征，可分为碱性正长岩和碱性花岗岩。岩石富含硅、碱、铁，尤其 Fe_2O_3+FeO 含量偏高，达 10%左右，与富含钛磁铁矿的玄武岩浆有关，常与层状岩体伴生，形成时代较峨眉山玄武岩略晚。

2.2.2.3 石英闪长岩

石英闪长岩主要为二叠纪石英闪长岩，分布于攀枝花—米易一带，夹持于攀枝花断裂带和绿汁江断裂带（磨盘山断裂带）之间。岩体侵入康定岩群和峨眉山玄武岩及同期层状岩体内。

2.2.3 喜马拉雅期岩浆岩

喜马拉雅期岩浆岩为幔源型碱性侵入岩，主要分布于攀枝花地区以及绿汁江断裂带两侧，以钾质煌斑岩和碱性侵入岩为特征。据同位素年龄测定，形成时代集中在 30~40Ma 之间。经地球化学分析，推断其源区为约 100km 深度的地幔区。主要伴随轻稀土和金矿化。

2.3 构造

区域大地构造位置处于扬子地块南缘，以地层古老、断裂构造复杂为特征，受太平洋构造域、特提斯构造域与扬子地块东侧影响强烈，主要表现在攀枝花断裂、绿汁江断裂、小江断裂、安宁河断裂的长期活动与相关控矿作用方面（李佑国，2007）。

（1）攀枝花断裂：呈近 SN 向展布于攀枝花—云南地区，全长 90km，倾角为 45°~80°，可能形成于早元古代，早—中二叠纪发生东西向拉张致使西侧不同沉降接受海相作用沉积，二叠纪末发生大规模的超基—酸性岩浆活动形成著名的攀枝花钒钛磁铁矿床，喜山期受东西向挤压作用重新活动形成一系列基性岩和花岗岩，岩石地层糜棱岩化变质，破坏已形成的攀枝花钒钛磁铁矿体。

（2）绿汁江断裂带：呈近 SN 向，由北至南展布于德昌—黎溪—元谋—罗川镇一带，全长 400 多千米，断裂活动始于早元古代，在古生代和中生代活动强烈，是一条至今仍在强烈活动的深大断裂，具有多期、多阶段活动特点，主要表现在对前寒武系褶皱基底，寒武系、晚二叠纪、上三叠系以及侏罗系的岩浆活动和沉积成岩的控制作用上（马玉孝等，2001）。此外，新生代受东西向应力挤压，形成了多条逆冲断裂及韧性剪切带。

（3）安宁河断裂带：呈近 SN 向，从北至南展布于石棉—彝海—西昌—德昌—会理一带，全长约 600km，为一条岩石圈深大断裂，倾角 60°~80°，断裂活动始于晋宁期，至今仍在活动，属多期活动断裂，沿断裂分布有康定岩群、盐边群地层，岩浆岩有晋宁期花岗岩、澄江期中—酸性喷出岩，震旦纪由于强烈的挤压导致断裂东侧有磨拉石建造发育，海西期受东西向拉张作用有超基性—基性岩浆侵位、喷发，印支期—喜山期断裂转变为压扭性质。

（4）小江断裂带：呈近 SN 向，从北至南展布于东川—嵩明—澄江—盆溪一带，大致沿南向北延伸。从断裂带内出露地层上看，震旦纪灯影组—古元古代地层较全，泥盆系与三叠系海相沉积形成地层较为发育，岩浆岩主要为二叠纪玄武岩，断裂至今仍有活动。

（5）普定河断裂带：呈近 SN 向，由南至北展布于玉溪—普定河—宁南—越西一带（四川省区域地质志，1991），全长超过 320km，断裂在晚古生代—中生代活动，具有多期次、多性质特点（云南省区域地质志，1990），断裂对两侧沉积成岩、成矿作用有一定的控制作用。主要表现在：1）晚震旦世，断裂东侧为含磷矿的硅质碳酸盐岩建造，西侧为不含磷矿的硅质碳酸盐岩建造；2）下寒武统筇竹寺组在断裂东侧碳酸盐岩少有发育，西侧则有较多的高镁泥质碳酸盐岩建造；3）二叠纪，断裂东侧峨眉山玄武岩多，西侧则缺失；4）断裂东侧缺失中生界地层，而西侧中生界较为发育。侵入岩主要为超浅成的基性辉绿岩脉，此外，新生代断裂也较为活动，沿断裂带可见温、热泉发育。

2.4 区域地球物理特征

区域的重力异常较为复杂，具多方向变化、形态复杂的重力场面貌，总体为负值，变化大（-296~-168mGal），极差为 128mGal，最大值位于云南省新平县，最小值位于四川盐源县（图 2-3）。

（1）攀枝花—拉拉地区，为相对正的重力高值区，表现为由中心向两侧撒开，重力异常值为-296~-184mGal，在相对正异常的脊北部（梯度上）分布有诸多铁矿，如攀枝花、红格、白马钒钛磁铁矿等，重力异常的高值区产出会理拉拉铜矿。

（2）区域的重力异常在会泽县、东川一带表现为一个相对负的重力低值区，在重力低值区西北方向的梯度带有诸多铜矿床发育，如落雪、因民铜矿等。

（3）区域西南部云南新平县地区，重力异常表现为相对正的高值区，由中心向北变低，产有著名的大红山铁铜矿。

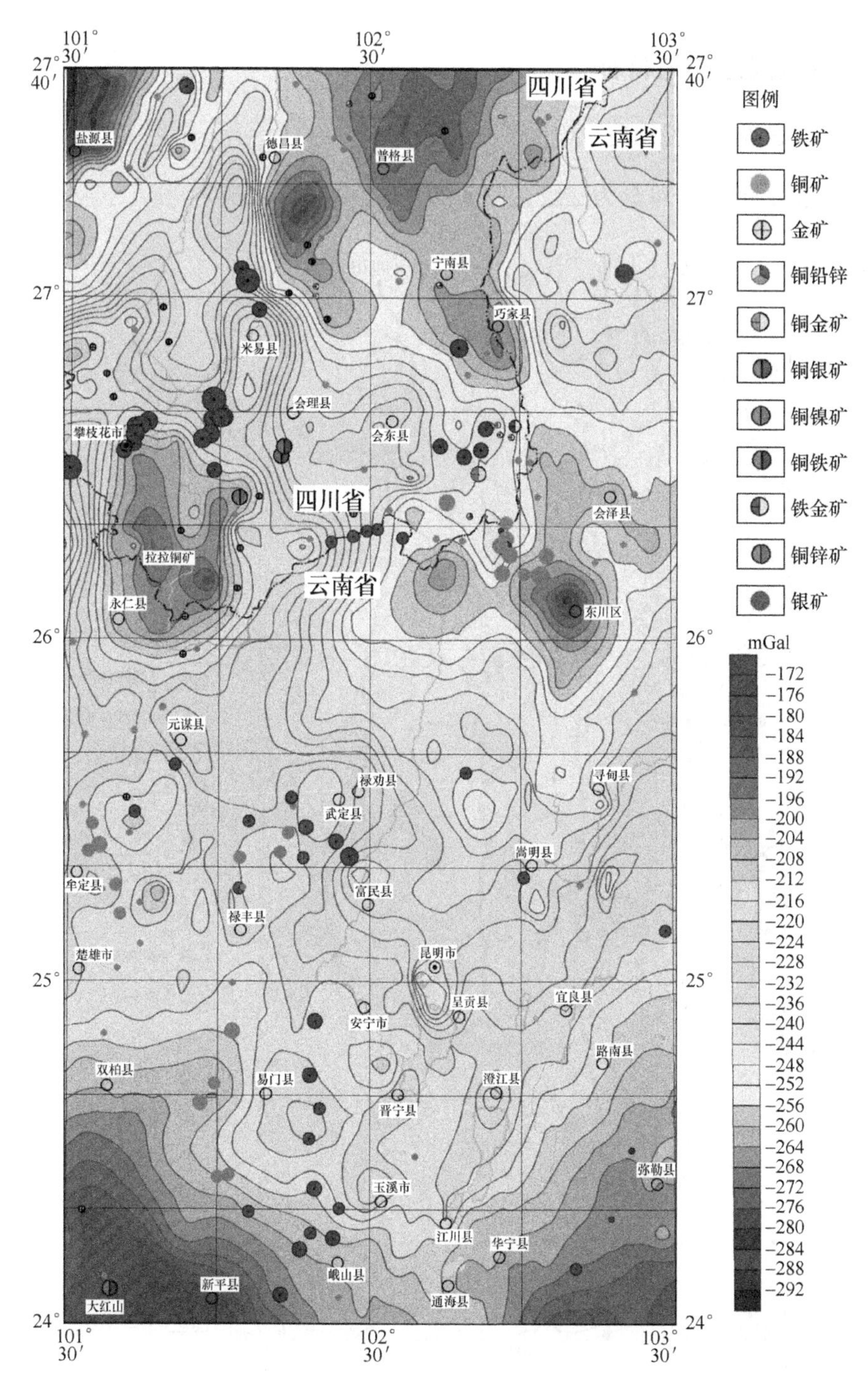

图 2-3 扬子地块西南缘地区区域布格重力异常图

（底图据扬子地台西南缘 1∶100 万矿产地数据库、重力数据库，2004 年编制）

2.5 区域遥感构造特征

2.5.1 遥感解译线性构造

区域的线性构造可分为三级（图 2-4）。

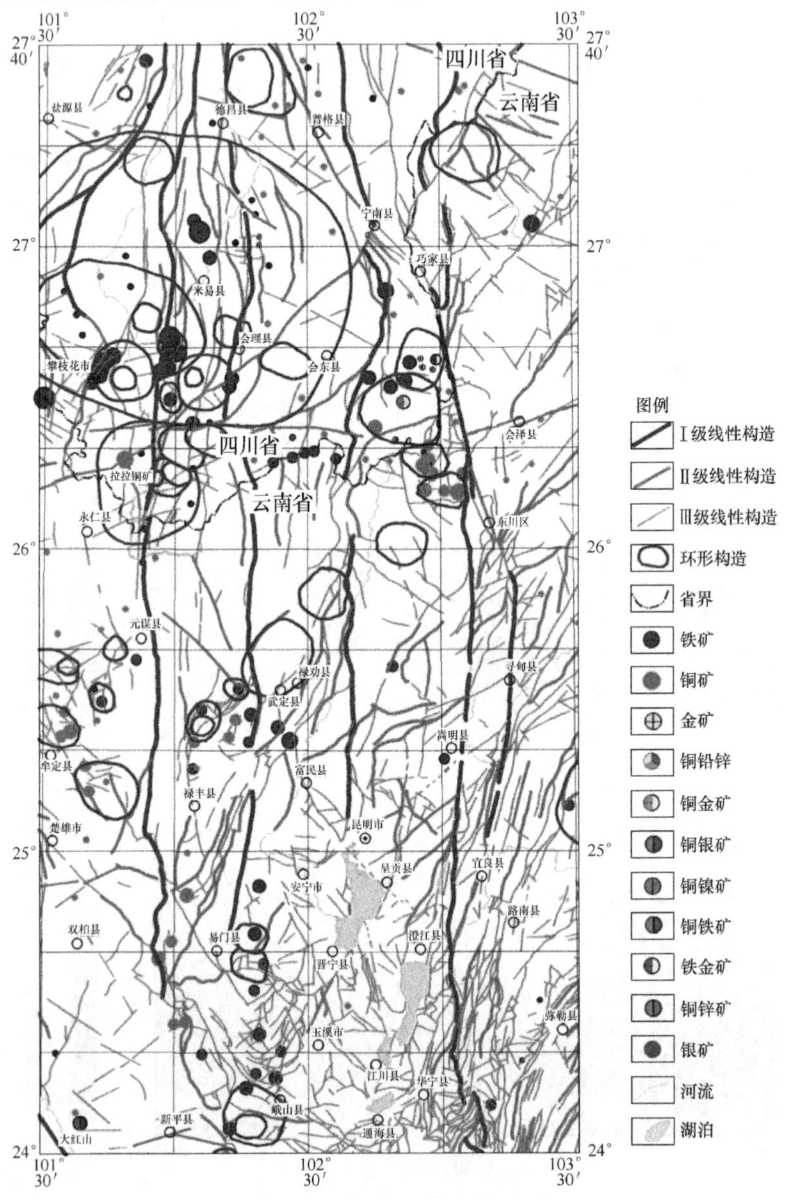

图 2-4　扬子地块西南缘地区区域遥感解译图

（底图据扬子地台西南缘 1∶100 万矿产地数据库、遥感数据库，2004 年编制）

Ⅰ级线性构造：具有规模大、延伸远、连续性好的特征，基本呈南北向展布，为区域的主干和深大断裂，对断裂两侧的岩浆活动和沉积成岩作用控制明显，有绿汁江断裂、安宁断裂、小江断裂等。

Ⅱ级线性构造：规模较小，延伸相对较远，连续性一般，对断裂两侧的沉积成岩作用有一定的控制作用。

Ⅲ级线性构造：具规模小、连续性差、方向性复杂等特征，主要反映区域岩石的破裂或者大节理发育，对研究区域构造应力场有重要意义。

2.5.2 遥感解译环形构造

区域的环形构造较为发育，规模不等，形状有所差异，最大直径可达40多千米，最小直径不足5km。可能由以下5个方面因素造成：（1）环状的山脊或者水系分布；（2）环状的颜色造成的影像异常；（3）与周围不同的环状沟谷或盆地；（4）由侵入体或构造引起的短轴背斜、构造盆地、环形断裂、穹隆构造等；（5）地块或隐伏地块等。此外，区域发育的环形构造与矿产关系较为密切。

2.6 区域地球化学特征

区域水系沉积物中铜含量变化较大，为 $(7.2\sim663)\times10^{-6}$，且高值区、低值区具一定规律变化，主要表现为（图2-5）：（1）铜的高值与峨眉山玄武岩的分布关系密切，如主要分布于四川盐源县、米易县与云南东川地区、嵩明县等地区；（2）铜的低值区与区域中生界地层、花岗岩分布关系密切，如主要分布于四川德昌县、攀枝花地区与云南元谋县、新平县、峨山县等地区。此外，铜的高值与 Fe_2O_3 的高值区非常相似，又一次证实区域铜的高含量与峨眉山玄武岩相关（图2-5）；铜和镍均为亲铜元素，区域上也表现出两者高值区叠加的现象，说明在一定程度上均受到峨眉山玄武岩控制，这也得到区域水系沉积物中铜镍比值与玄武岩中镁铁比值有关的证据支持（李佑国，2007）。

区域水系沉积物中 Fe_2O_3、Ni、Ti、V 的含量地球化学图相似（图2-6~图2-9），高值区均与峨眉山玄武岩密切相关。然而，如红格、攀枝花及白马铁矿的产区，Fe、Ni、V、Ti 含量并不高，这可能为峨眉山拉斑玄武岩岩活动期，岩浆房中 Fe、V、Ti 的分离结晶作用所造成（李佑国，2007）。

区域金地球化学图显示，高值区主要位于黎溪镇、铅锌镇南、因民镇、昆明市与华宁县等地区（图2-10），反映金高含量可能与峨眉山玄武岩、区域中金异常有关，也似乎受到了区域 WN 向和 NE 向线性构造控制。

区域水系沉积物中银的地球化学图（图2-11）显示，银的异常主要分布于东川—会东一带，次为云南米易县、树河镇与宁南县等地区，对区域矿产有一定控制作用。

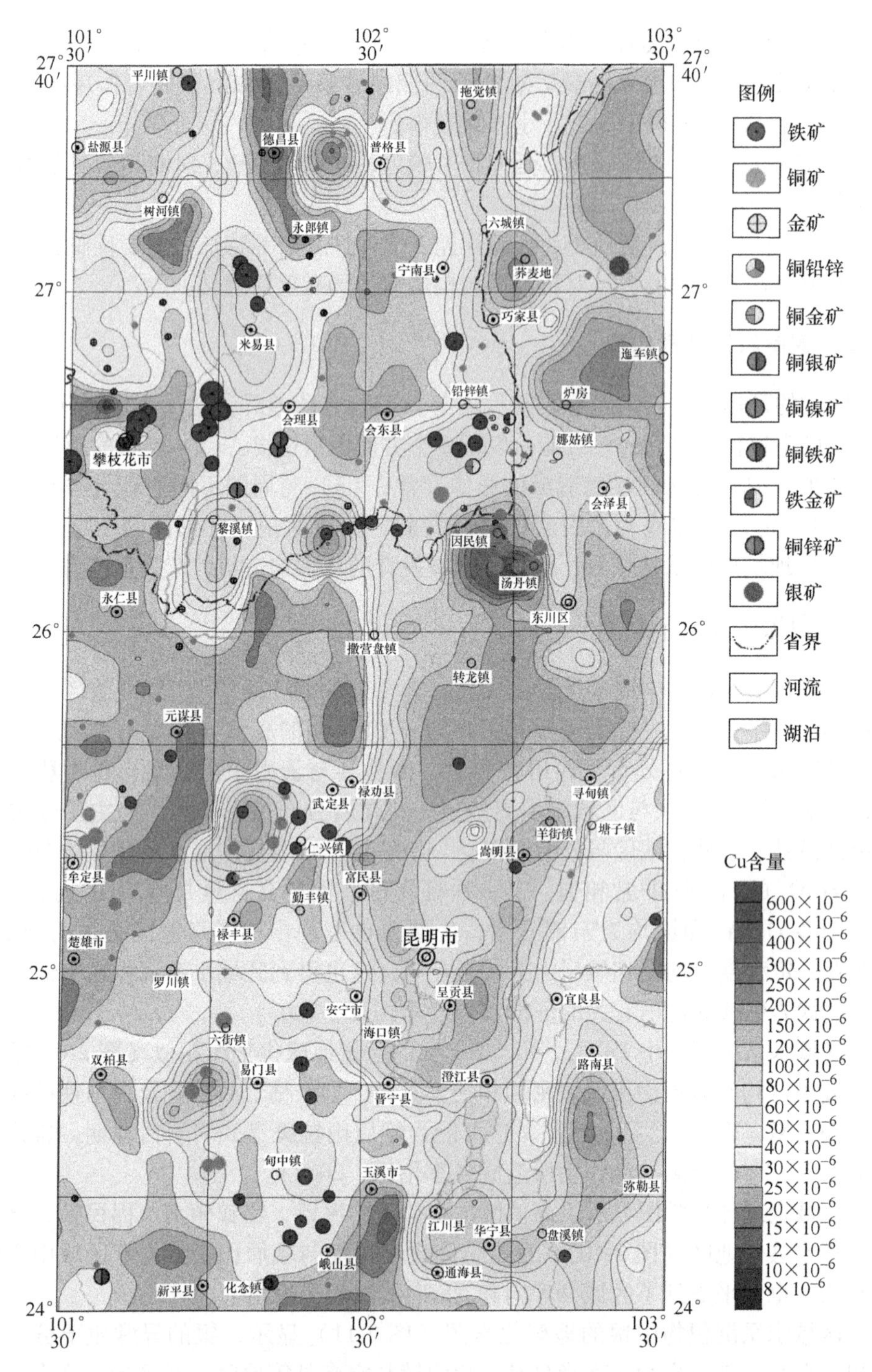

图 2-5　扬子地块西南缘地区区域铜的区域地球化学图

（底图据扬子地台西南缘 1∶100 万矿产地数据库、化探数据库，2004 年编制）

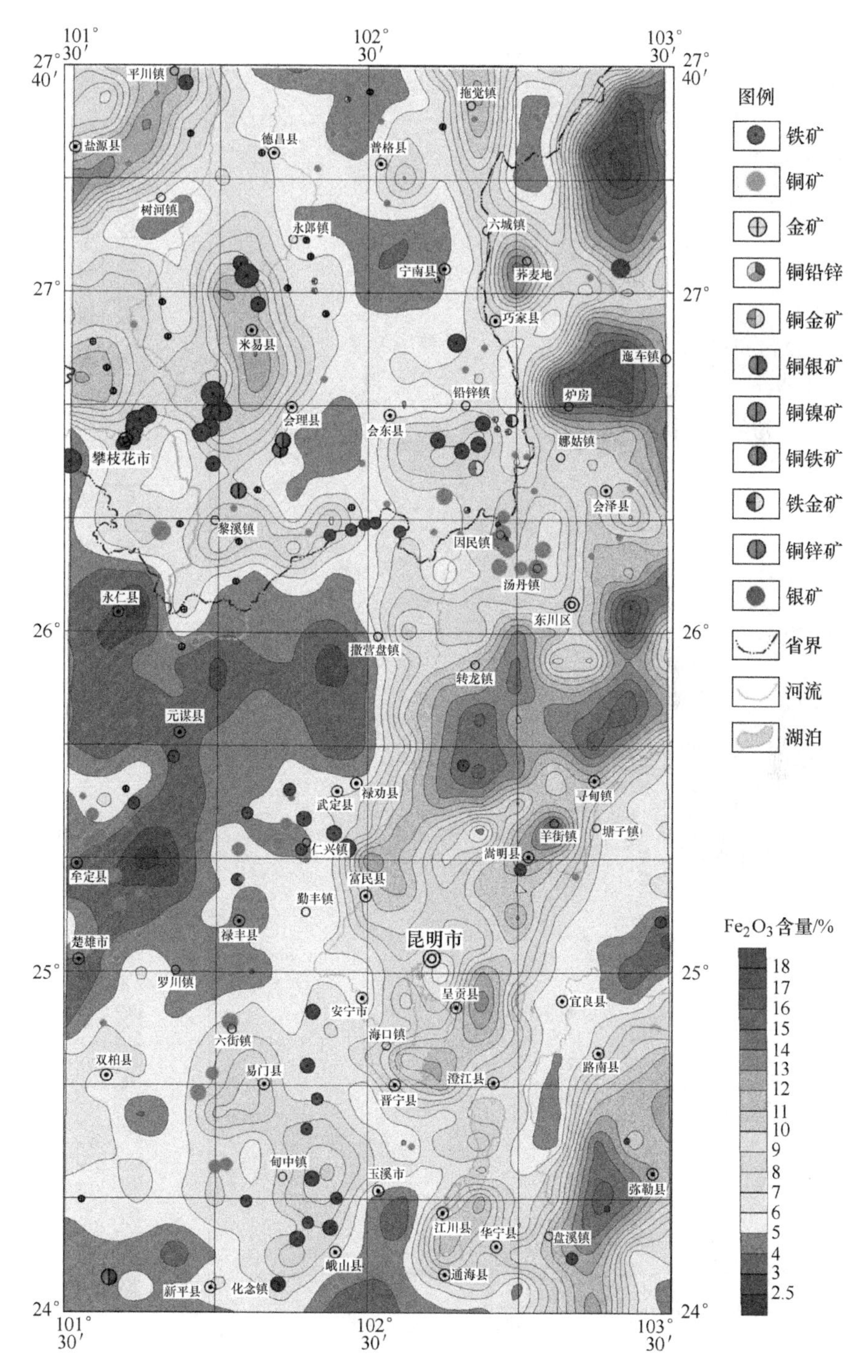

图 2-6 扬子地块西南缘地区区域 Fe_2O_3 含量区域地球化学图

（底图据扬子地台西南缘 1∶100 万矿产地数据库、化探数据库，2004 年编制）

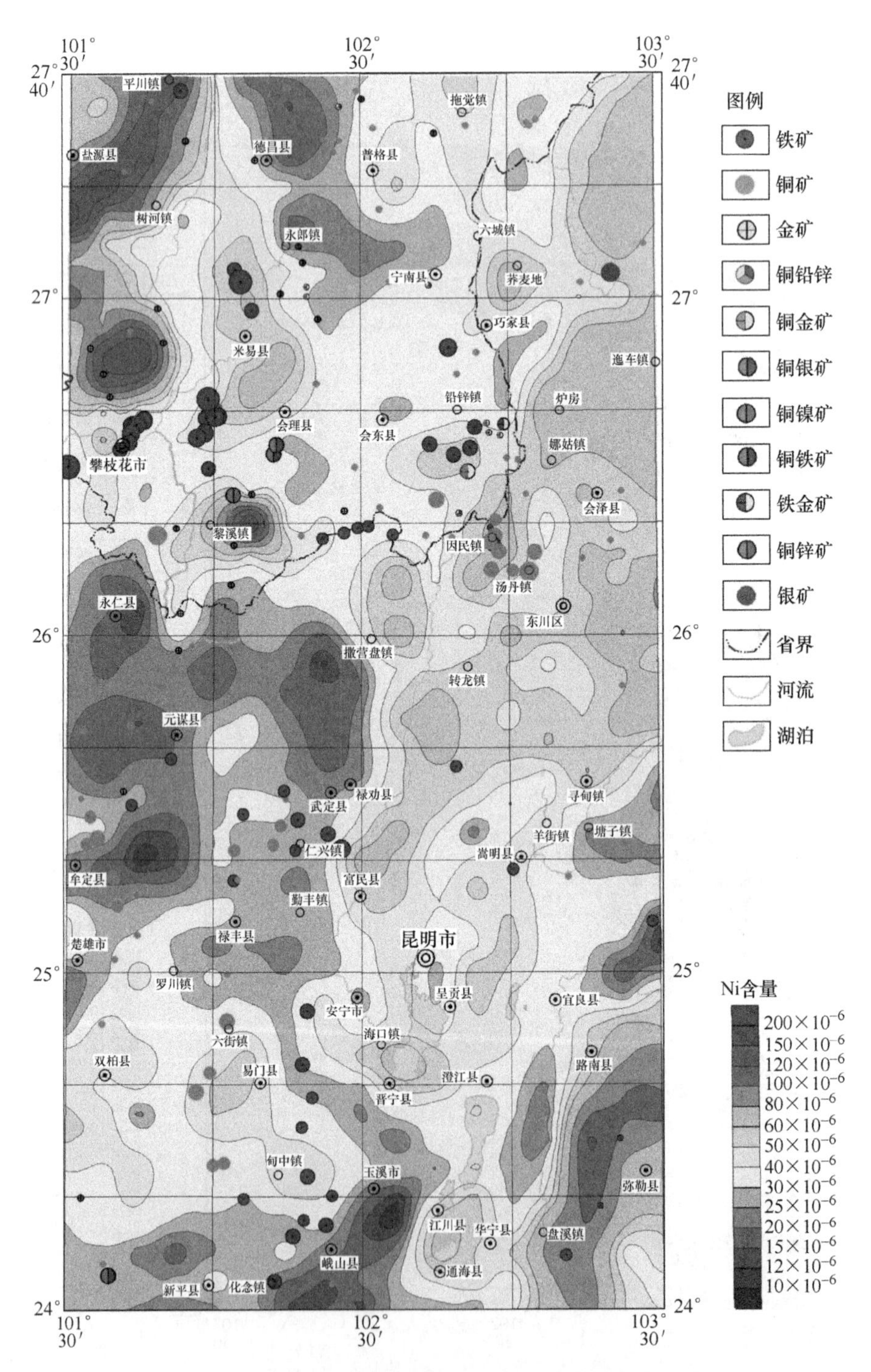

图 2-7 扬子地块西南缘地区区域镍的区域地球化学图

（底图据扬子地台西南缘 1：100 万矿产地数据库、化探数据库，2004 年编制）

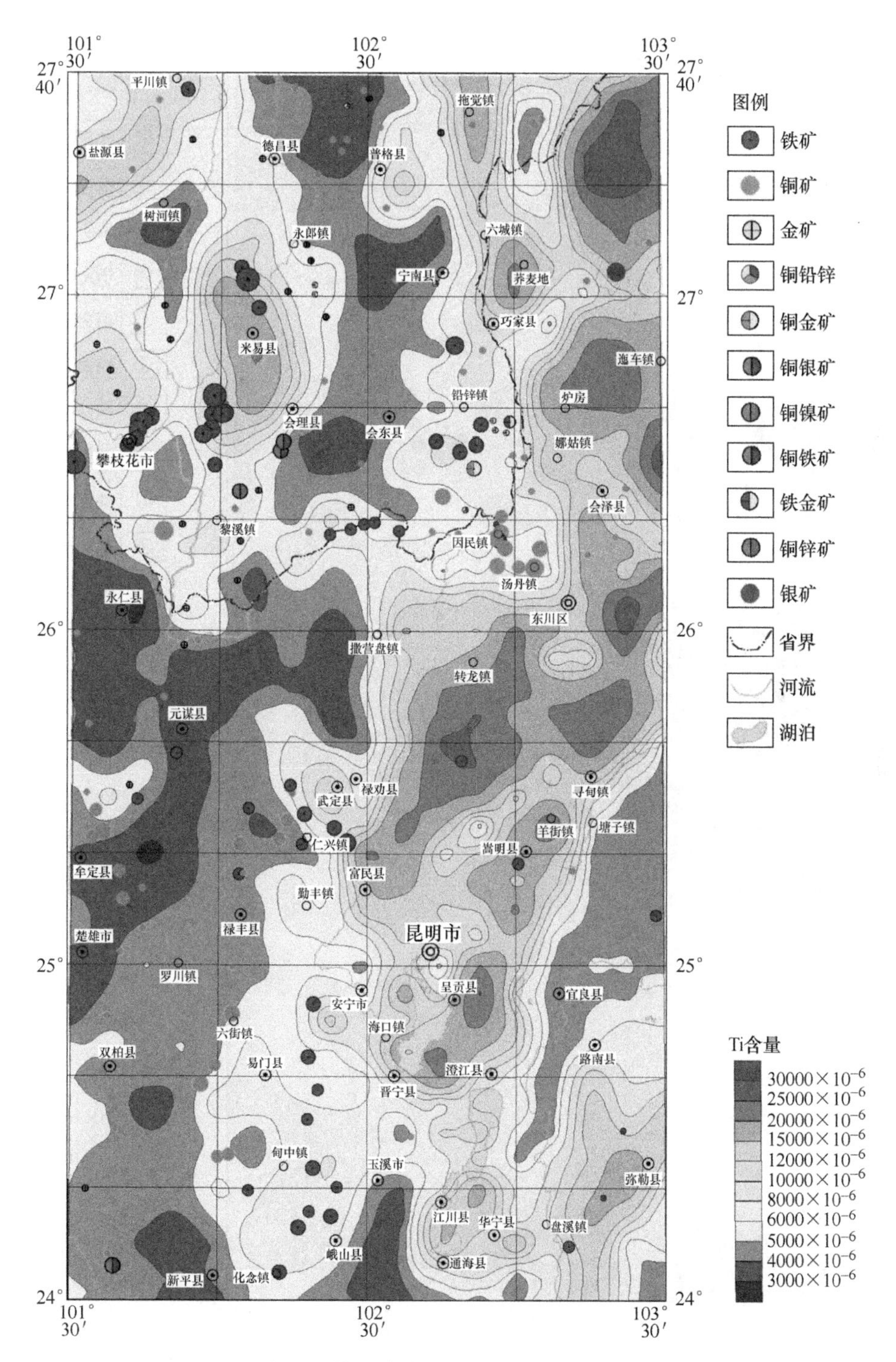

图 2-8 扬子地块西南缘地区区域钛的区域地球化学图

(底图据扬子地台西南缘 1：100 万矿产地数据库、化探数据库，2004 年编制)

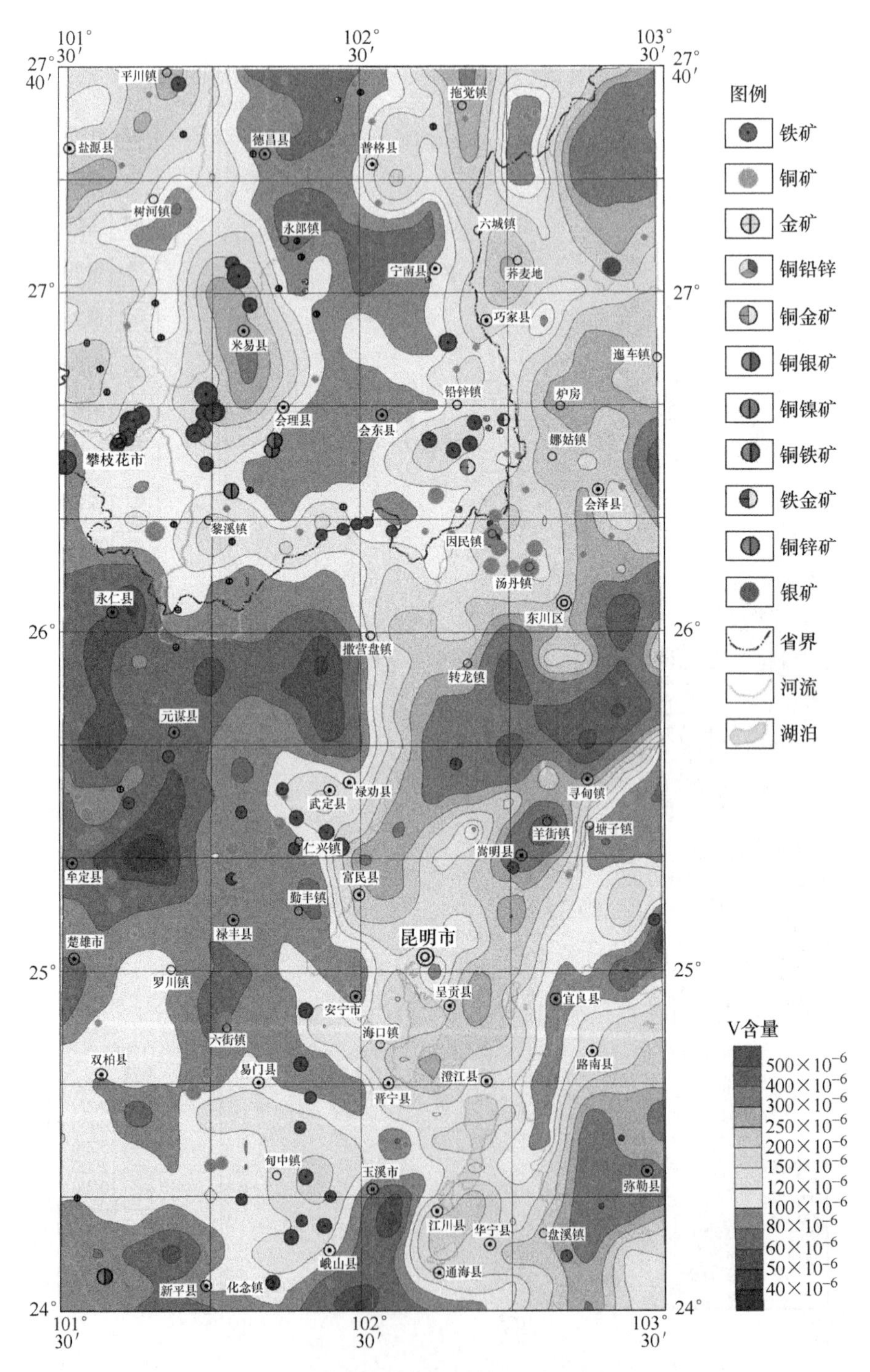

图 2-9 扬子地块西南缘地区区域钒的区域地球化学图

（底图据扬子地台西南缘 1∶100 万矿产地数据库、化探数据库，2004 年编制）

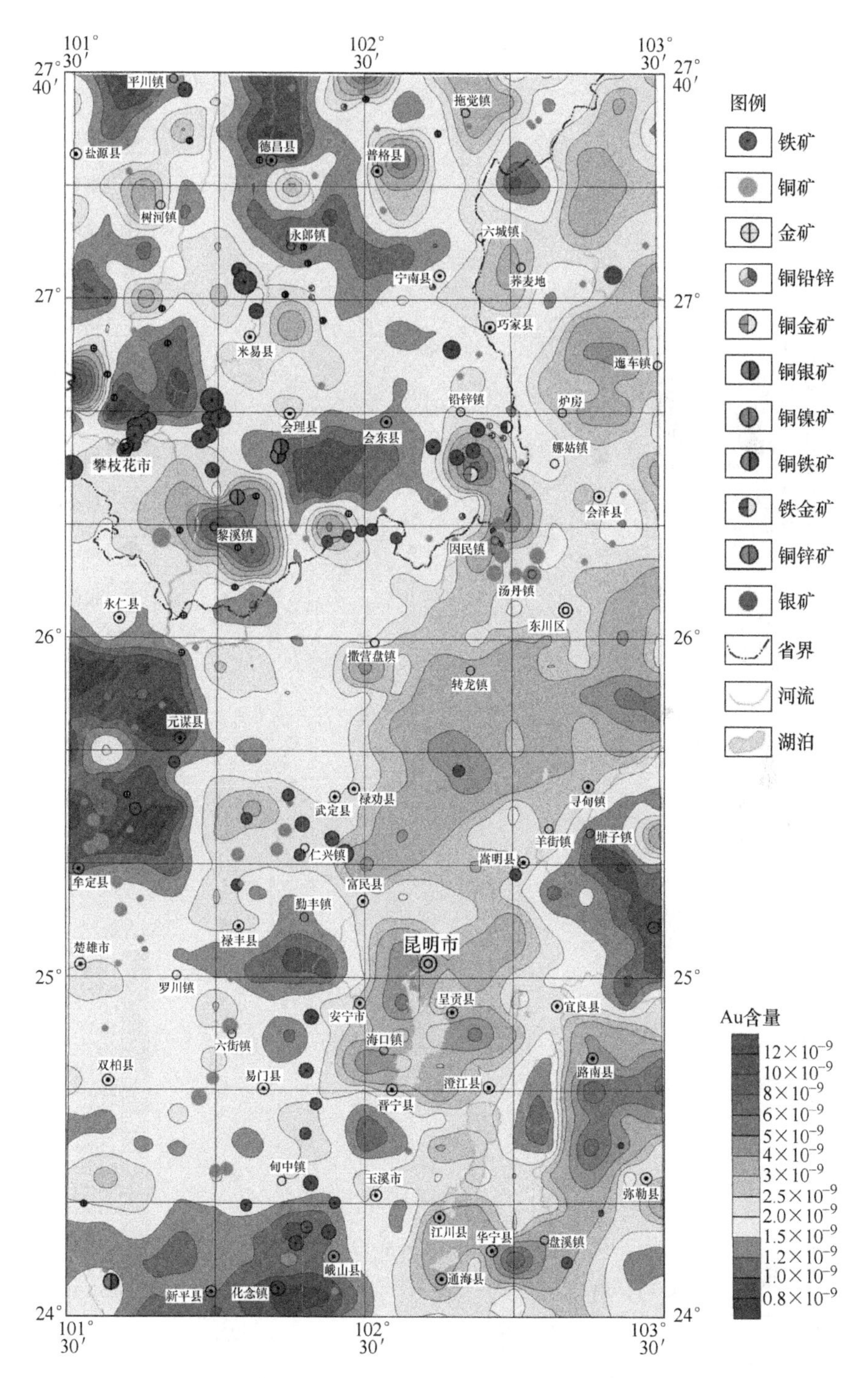

图 2-10 扬子地块西南缘地区区域金的区域地球化学图

(底图据扬子地台西南缘 1∶100 万矿产地数据库、化探数据库，2004 年编制)

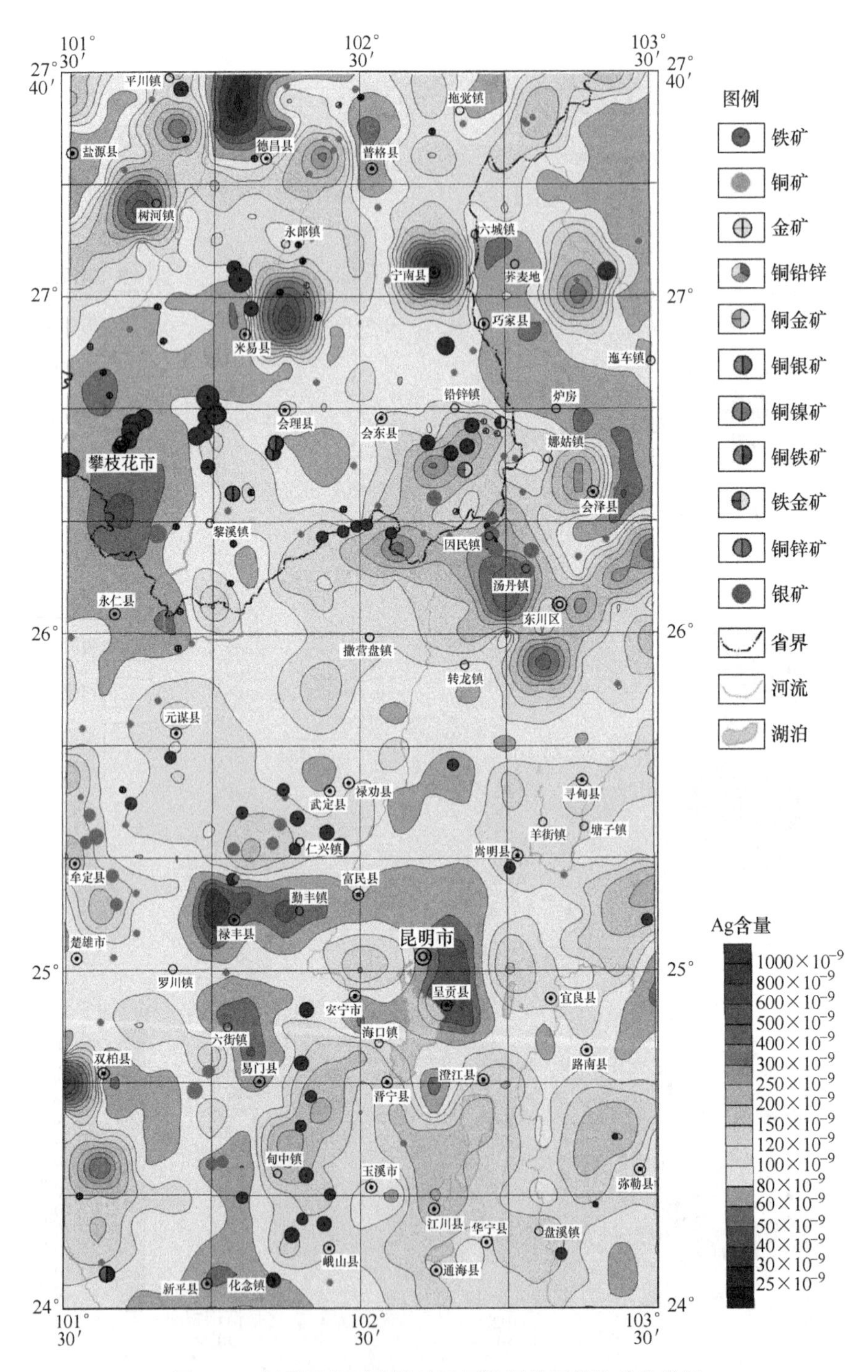

图 2-11　扬子地块西南缘地区区域银的区域地球化学图

（底图据扬子地台西南缘 1：100 万矿产地数据库、化探数据库，2004 年编制）

区域水系沉积物中铅、锌地球化学图（图 2-12、图 2-13）表明，两者的高值区非常相似，与峨眉山玄武岩分布有关，高值区与区域的铅锌矿床产出位置较吻合。此外，Pb、Zn 的含量低值区，矿产不发育，也很少有峨眉山玄武岩分布。

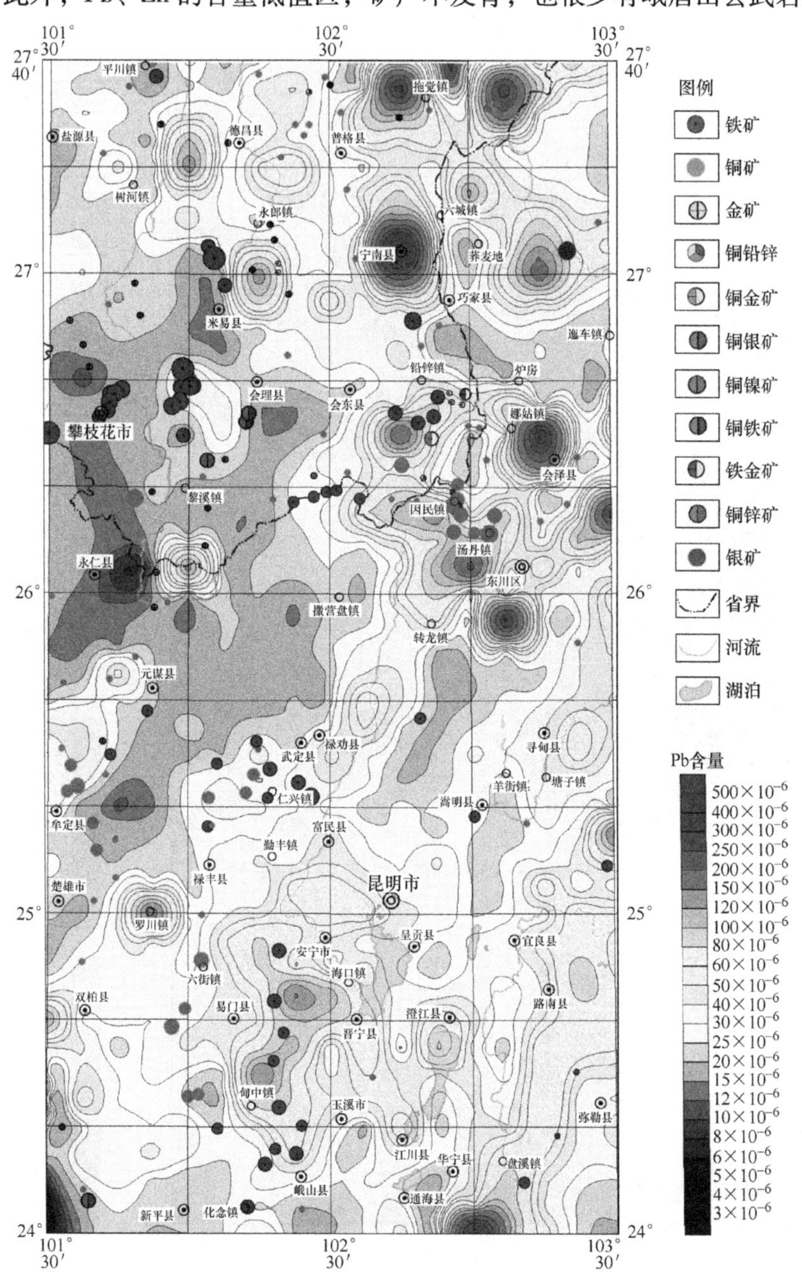

图 2-12 扬子地块西南缘地区区域铅的区域地球化学图

（底图据扬子地台西南缘 1∶100 万矿产地数据库、化探数据库，2004 年编制）

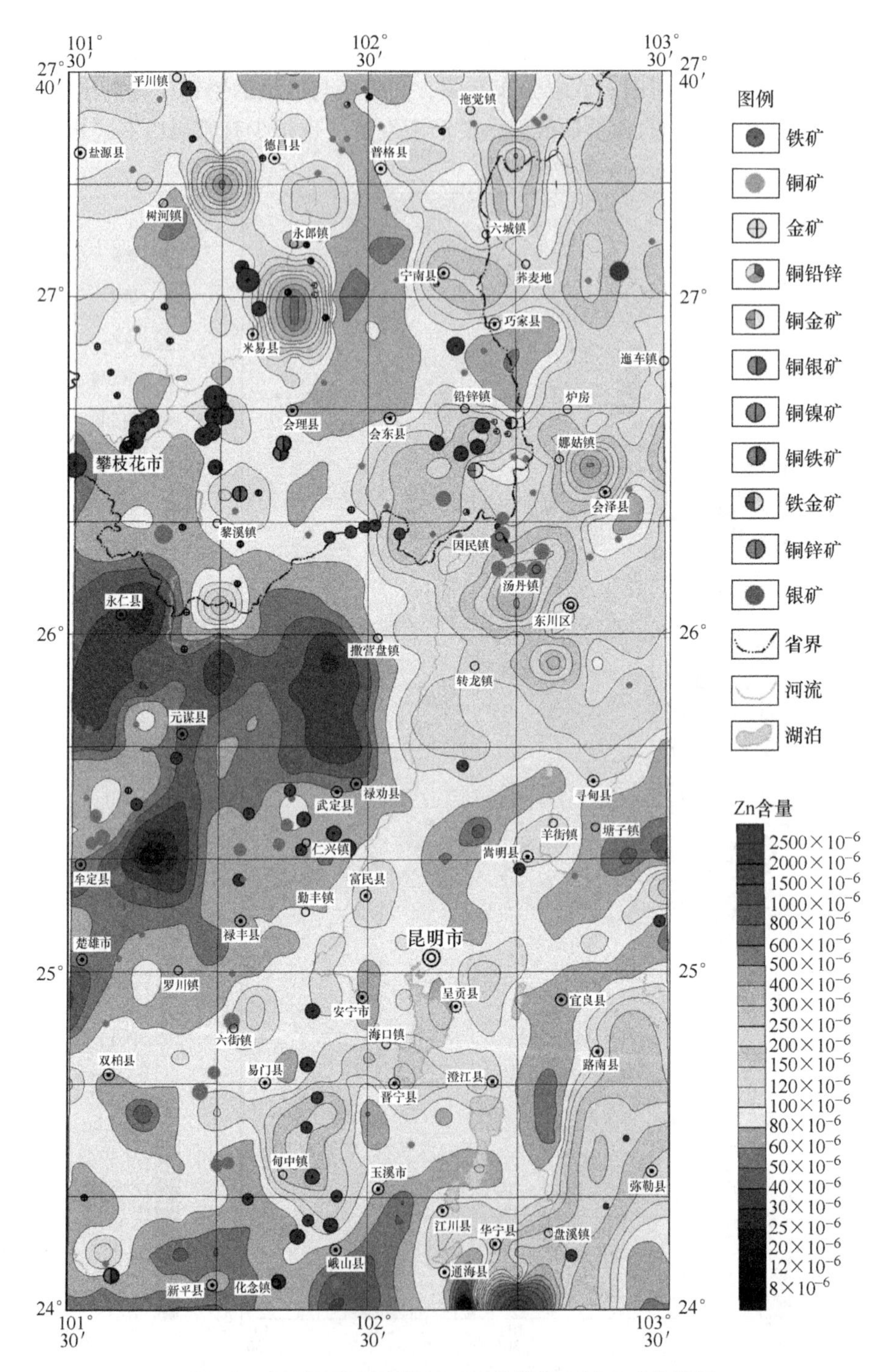

图 2-13 扬子地块西南缘地区区域锌的区域地球化学图

（底图据扬子地台西南缘 1：100 万矿产地数据库、化探数据库，2004 年编制）

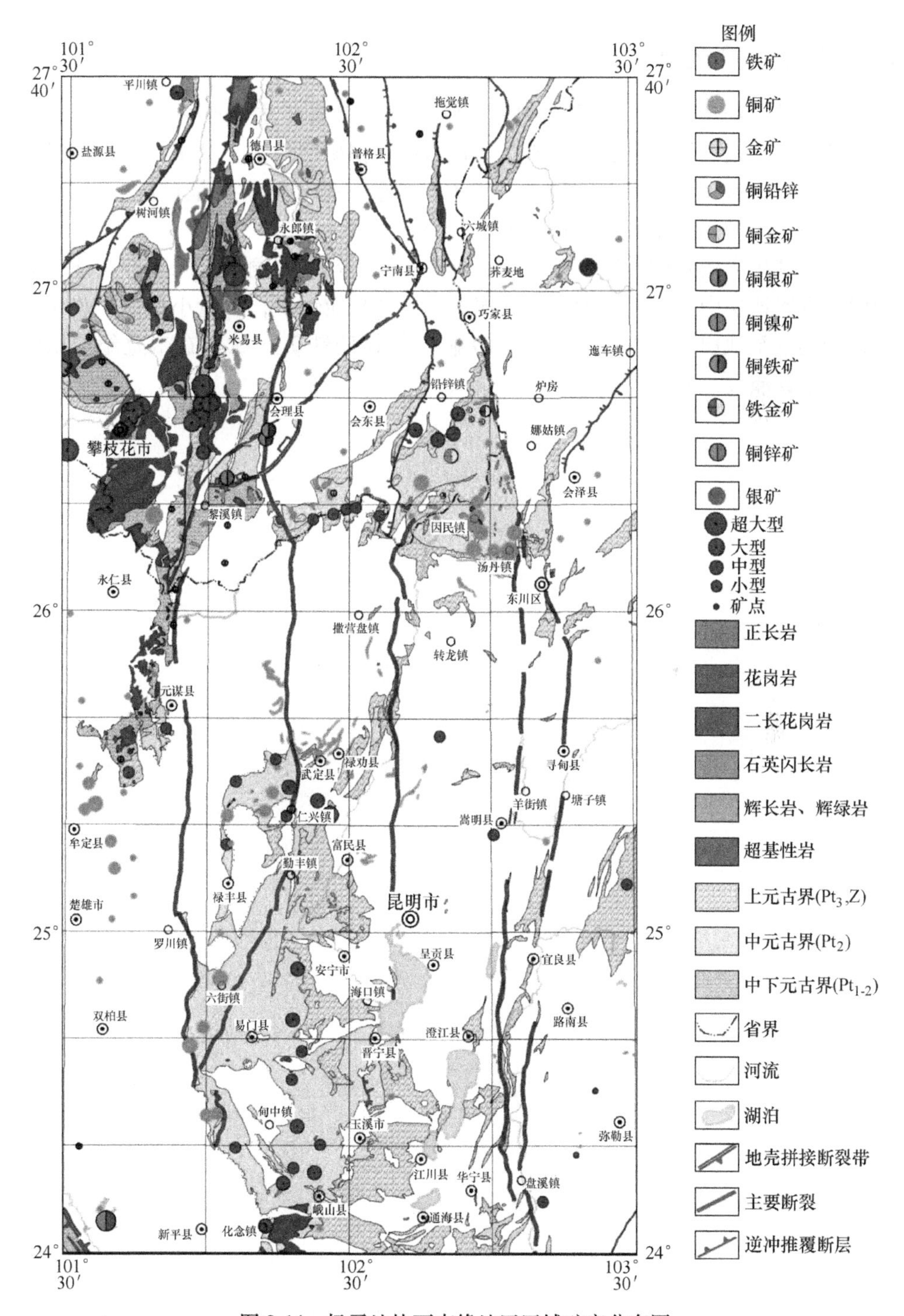

图 2-14 扬子地块西南缘地区区域矿产分布图

（底图据中华人民共和国 1：50 万数字地质图空间数据库，1999 年编制）

2.7 区域矿产概况

区域矿产资源丰富，是我国的南方铁、铜多金属矿主要产区之一，分布有铜、铁、金、铅、锌、银、镍等矿产，且以铁、铜矿产为主。其中，铁、铜矿具有空间上呈带状、集中产出的特点，铁铜、铁金、铜金矿常常呈过渡产出现象，矿床规模从大型到小型均有（图 2-14）。

从区域矿床的赋矿地层来看，大部分铁、铜、铁铜与铜金矿床赋存于浅变质的中元古界地层中，如云南大红山铁铜矿、会理拉拉铜矿，少量小型铜矿或矿点赋存于震旦系地层中，“攀枝花”式铁矿（钒钛磁铁矿）赋存在二叠纪层状镁铁—超镁铁质侵入岩中。

3 矿床地质特征

3.1 地层

大红山铁铜矿床，以往被认为产于古元古代晚期浅变质的大红山岩群火山（岩浆）—沉积岩系中，主要赋矿层位为曼岗河岩组、红山岩组的岩石（图3-1）。此外，大红山岩群中岩石的变质程度可达高绿片岩相-低角闪岩相。

大红山矿区及其外围地区出露的地层包括元古界大红山岩群和中生代地层，其中，大红山岩群从老到新出露有老厂河组、曼岗河岩组、红山岩组、肥味河组与坡头组五个组（图3-2）。按照以往的认识，矿区有关地层的岩性特征如下：

（1）老厂河组（Ptdl）。下部为钾长石英岩与白云片岩互层，发育一定量中酸性岩夹层；中部为石榴白云石片岩夹大理岩、碳质板岩；上部以白云石大理岩为主，次之为基性岩。此外，老厂河组也是金矿的赋矿层位。

（2）曼岗河岩组（Ptdm）。下部为白云石钠长岩、角闪石钠长片岩、绿帘角闪钠长片岩，产出铁铜矿；中部为绿帘角闪钠长片岩、钠长石岩、白云石大理岩，产出铁矿；上部为石榴黑云片岩、钠长片岩、白云石大理岩，是铜矿、菱铁矿的主要赋矿层位（图3-2）。

（3）红山岩组（Ptdh）。下部为浅色变钠质熔岩、变钠质凝灰角砾岩、集块岩、火山角砾岩，中部为石榴绿泥角闪片岩，上部为角闪变钠质熔岩，是铁矿的主要赋矿层位。

（4）肥味河组（Ptdf）。岩性主要为白云石大理岩，局部夹碳质板岩。

（5）坡头组（Ptdp）。主要为一套浅海相沉积形成的浅变质白云石大理岩、石英岩以及少量碳质板岩。

（6）干海子组（T_3g）。下部为长石石英砂岩，上部为碳质泥岩，煤线夹层发育。

（7）舍资组（T_3s）。岩性为中厚层状细-粗粒长石石英砂岩、石英砂岩，夹少量泥岩。

（8）冯家河组（J_1f）。下侏罗统冯家河组为紫红色、暗紫色钙质泥岩夹粉细砂岩。

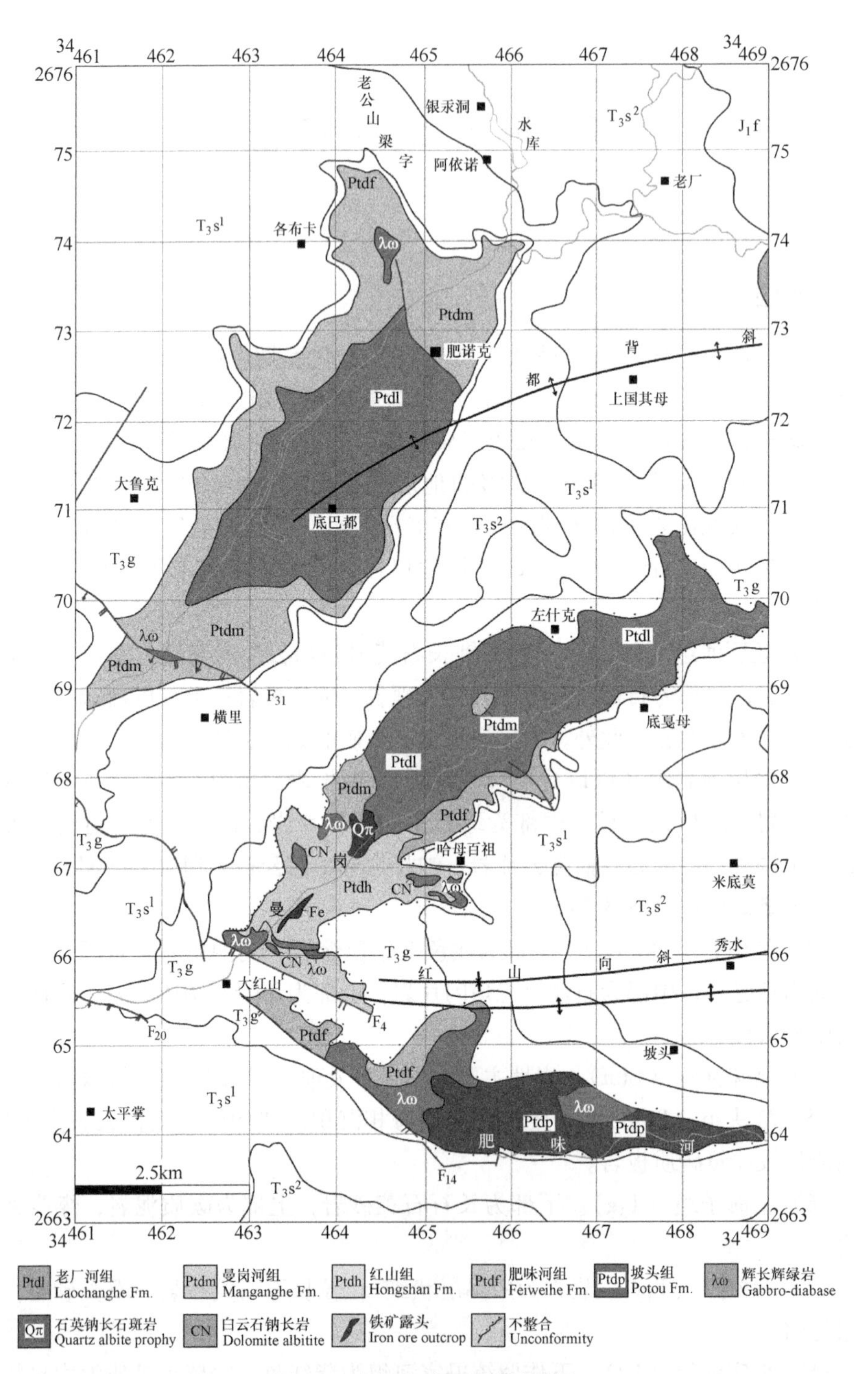

图 3-1　大红山矿区区域地质图

（据玉溪大红山矿业有限公司资料，2012 修编）

时代	地层				柱状图 1:20000	厚度/m		岩性描述	同位素年龄/亿年	矿产	火山旋回
	群	组	段	代号		分段	分组				
中生代	上三叠统	舍资组		T_3s		>150	>150	中厚至厚层状石英砂岩及细至粗粒长石石英砂岩，局部夹泥岩			
		干海子组		T_3g		120	120	上部为碳质页岩、泥岩。下部为长英砂岩		煤	
早元古代	大红山岩群 Pt_1d	坡头组	五	Pt_1dp^5		50		白云石大理岩			
			四	Pt_1dp^4		78		绢云母片岩			
			三	Pt_1dp^3		98		碳质石英岩夹碳质板岩			
			二	Pt_1dp^2		290		碳质白云石大理岩			
			一	Pt_1dp^1		110	626	石榴二云母片岩			
		肥味河组	二	Pt_1df^2		215		块状白云石大理岩夹碳质板岩	8.08		
			一	Pt_1df^1		160	375	块状白云石大理岩，下部含方柱石	8.19		
		红山岩组	三	Pt_1dh^3		480		角闪变钠质熔岩，顶部产Ⅴ号铁矿，下部产Ⅳ号铁矿	5.90	铁 铁	红山旋回
			二	Pt_1dh^2		80		石榴绿泥角闪片岩，产Ⅲ号铜铁矿	5.19	铁、铜	
			一	Pt_1dh^1		320	120	浅灰色变钠质熔岩，产Ⅱ号铁矿，底部为火山角砾岩、集块岩	8.18 8.12 5.91	铁	
		曼岗河岩组	四	Pt_1dm^4		85		黑云白云石大理岩，下部含方柱石	8.19	菱、铁	曼岗河旋回
			三	Pt_1dm^3		135		上部为白云石大理岩、黑云片岩、钠质片岩，产Ⅰ号铜铁矿，下部为石榴角闪片岩	8.00 7.06 8.28	铁、铜	
			二	Pt_1dm^2		200		顶部为方柱石白云石大理岩，中上部含镜铁片状钠长岩，产Ⅳ号铁矿，下部绿帘钠长角闪片岩			
			一	Pt_1dm^1		250	650	上部条带状白云石大理岩，中部绿帘钠长角闪片岩，下部角闪钠长片岩，底部产Ⅶ号铜铁矿		铜、铁	
		老厂河组	四	Pt_1dl^4		10		顶部为白云石大理岩，上部石榴白云片岩夹大理岩、碳质板岩，下部为混合钾长石英岩与白云片岩互层	5.87 19.00	金	
			三	Pt_1dl^3		79					
			二	Pt_1dl^2		24					
			一	Pt_1dl^1		264	>377				
太古代	哀牢山群 Aral	底巴都组	二	Ard^2		394		二云英、黑云英眼状混合岩夹片岩6层	17.06		
			一	Ard^1		290	684	二云英眼球状、斑点斑块状、条痕状混合岩夹片岩10层			

图 3-2　大红山岩群综合地层柱状图

（钱锦和和邓明国，1990）

3.2 构造

矿区处于近东西走向的底巴都背斜南翼西端。区域以近 EW 向基底构造为主，规模大，对矿区成矿作用影响深刻。断裂以近 EW 向扭压性质的断裂为主干，并引发区内以近 EW 向一系列次级褶皱，SN 向构造次之（图 3-3）。

（1）EW 向构造：为含矿系基底构造的主要形式，包括底巴都背斜以及其南

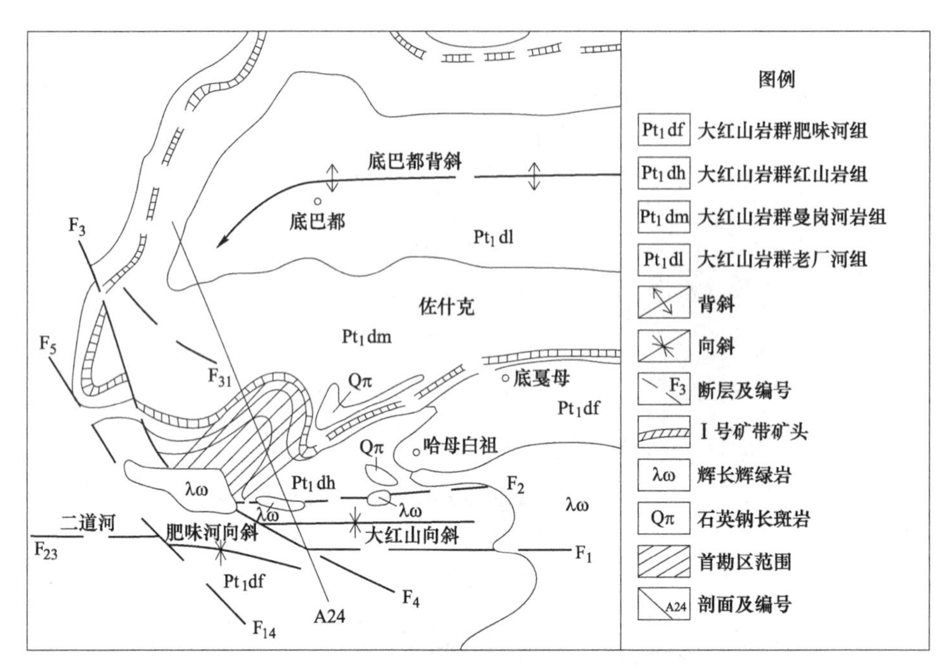

图 3-3 矿区地质与构造简图

（云南省三一三地质队，2006）

翼次级的大红山向斜、肥味河向斜与 F_1、F_2 等断层（图 3-3），推测既为矿区的成矿构造，也是控矿构造。

底巴都背斜：轴向近 EW，西端轴向有向南偏转之势。背斜两翼比较平缓，核部为老厂河组及曼岗河岩组下部，翼部为曼岗河岩组中上部、红山岩组、肥味河组。背斜的西、北、东三面由于巨厚的上三叠统覆盖，基本构造特征不很清楚。根据矿区钻孔揭露，$Ptdm^3$ Ⅰ号铁铜矿带在背斜南翼走向控制长达 9km，斜深达 2. 2km 以上；北翼经稀疏钻孔揭露控制长在 9km 以上。大红山 Ⅰ 号铁铜矿带沿背斜翼部延展，受背斜产状及形态控制。

大红山向斜：位于 F_1、F_2 断层之间，为深部铁矿体产出的部位。主要由红山岩组（Ptdh）含矿岩系及矿体组成。依据矿区资料知，其轴向大致为北 80° 东，略有北翼较缓、南翼较陡之势，长约两千余米，宽约数百米；东端翘起，向南西方向倾伏。

肥味河向斜：位于大红山向斜之南（图 3-3），轴向南东东或近东西，两翼岩层倾角 30°~40°，向斜东部抬起，向西倾伏，核部由肥味河组块状白云石大理岩夹炭质板岩构成，翼部为薄层白云石大理岩及角闪黑云白云石大理岩，局部可见上三叠统覆盖，构造不清楚。该向斜可能与上述大红山向斜同属一个向斜，因 F_1 断层分割所致。

此外，矿区内东西向断层，具多期活动特点，早期为逆断层或逆平移断层，晚期为正断层或正平移断层，主要断层有 F_1、F_2。

F_1 断层：位于大红山向斜南侧，走向 NWW 或近 EW，倾向 S 或 SSW，倾角 60°~85°，已知的延伸在 5km 以上，为深部 $Ⅱ_1$ 铁矿的南界。依据矿区以往的资料，其断层上下盘岩层产状不一致，下盘（北盘）产状平缓、稳定，倾角 25°，上盘（南盘）陡立零乱，倾角 60°~85°；沿断层带有大量辉长辉绿岩呈岩墙贯入，相互平行的正平移断裂成群出现，断层角砾岩十分发育，角砾成分大理岩、钠质火山岩、辉长辉绿岩及铁矿石；两盘岩层不对应，上盘肥味河组（Ptdf）与下盘红山岩组（Ptdh）直接接触，经矿区钻探证实，南盘孔深 1200m 尚未穿透肥味河组，不难发现含矿钠质火山岩及铁矿体即使存在，也埋深很大。总体上，反映大红山矿区矿体受成矿前的 F_1 断层所控制，且岩浆侵入活动受 F_1 断裂长期控制。

F_2 断层：位于大红山向斜北侧，推断早期为逆断层，晚期为正断层。据矿区以往的资料，该断层走向近 EW，延长 1km 以上，倾向南，倾角 80°左右，沿断层带所谓的辉长辉绿岩呈岩墙（宽数十至数百米不等）贯入，并广泛发育白云石钠长石岩、角砾岩，碳酸盐化、钠化褪色现象非常强烈，伴随钠化常有不规则状铁矿体产出。

（2）NW 向构造：推测为成矿后的晚期构造，是哀牢山构造带与红河深断裂多次活动影响的结果，由一系列的正断层、逆断层及平移断层等组成，反映在矿区比较明显，如 F_3、F_4、F_5、F_{14}、F_{31}（图 3-3）。

（3）SN 向及 NE 向构造：矿区内不十分明显，对矿体影响较小。

3.3 赋矿岩石类型与岩石特征

有关大红山矿区铁、铜矿体的主要赋矿岩石（即曼岗河岩组、红山岩组的岩石），长期以来一直是争论的焦点，有海相火山岩、陆相火山岩、侵入岩体、隐爆角砾岩为主体等成因观点。而我们经过近几年对大红山矿区详细地质观察与综合研究发现，矿区主要赋矿岩石中具有全晶质微细粒钠长石—石英—碳酸盐矿物等呈含量不等组合与磁铁矿呈浸染状分布为特征，且上述微细粒的矿物之间常表现出熔浆性质的熔离交生结构与热液性质的沉淀共晶结构共存的特征，这与交代蚀变岩中同一阶段中同时或近于同时形成的“同届矿物”表现的特征一致（胡受奚等，2004）。因此，结合矿区赋矿岩石普遍表现出钠化、钾化、矽卡岩化的特点，笔者推测上述微细粒的矿物组合可能与不混溶的富硅碱和碳酸盐流体有关。

从以往相关研究资料也不难看出，大红山矿床成岩、成矿过程中有存在不混溶的富硅碱和碳酸盐流体的可能性：如近年许多地幔岩石和矿物中流体包裹体研究显示地球深部（地幔）存有流体（Roedder E and Coombs D S，1967；Touret J and Bottinga Y, 1979; Navon O et al., 1988), 且此流体与一般的流体相比, 具有异常强的萃取、运载能力, 常常是一种高温、富硅碱和挥发分的含矿地幔流体 (毛景文等, 2005), 可为矿床成岩、成矿提供所需的大量硅质和碱质 (孙丰月和石准立, 1995; 刘丛强等, 2001); 一些学者 (曹荣龙和朱寿华, 1995; 丁振举等, 1997; 刘显凡等, 2010) 也认为, 这种地幔流体向上运移至浅部地壳过程中, 会不可避免地发生地幔流体交代作用, 从而伴随产生壳幔混染和沿途成矿物质的活化运移, 逐渐形成壳幔混合流体; 近年, 邓碧平 (2014) 和宋祥峰 (2015) 在对滇西地区新生代老王寨金矿床和超大型金顶铅锌矿床研究过程中发现, 岩矿石的矿物粒间或者裂隙中发育黑色不透明物质, 经深入研究认为, 这种黑色不透明物质实际上是超显微晶质的石英、硅酸盐、碳酸盐、硫化物组合, 并提出此黑色不透明物质是富含硫化物的具熔浆性质互不混溶的硅酸盐和碳酸盐流体快速冷凝产物。

因此, 我们提出矿区赋矿岩石主要赋矿岩石并非火山岩, 而是由伴随基性岩浆上升的不混溶富硅碱和碳酸盐流体交代混染辉长岩岩体或原地层岩石在大红山岩群的某些部位形成产物, 即交代蚀变岩 (包括蚀变辉长岩)。

矿区铁、铜矿体的赋矿岩石实际上是由岩浆 + 流体的混合强烈交代 (混染) 大红山岩群原来的岩石或者地层所形成的产物, 且原来的岩石或地层已被破坏殆尽。起初, 我们参考常丽华于 2009 年提出的 "混染岩" (hybrid rocks), 因其赋矿岩石是 "流体 + 矿物晶体 + 岩石包体" 构成而将其定名为混染岩。但经与同行讨论, 他们认为其赋矿岩石定名为混染岩是不合适的, 并建议将其定名为 "交代蚀变岩" (metasomatically altered rocks)。目前, 我们也意识到将矿区铁、铜矿体的赋矿岩石定名为交代蚀变岩在规范岩石学中确实存有一些不合适之处, 但考虑到此类岩石的定名参考确实也较为困难, 为此我们暂时将其定名为交代蚀变岩。

值得注意的是, 该矿区以往的地质工作者认为大红山群主要为一套浅变质的火山-沉积岩系构成, 并将其从下至上分为老厂河组、曼岗河组、红山组、肥味河组与坡头组五个组。据我们近几年对大红山矿区详细地质观察与综合研究后提出, 大红山矿区铁、铜矿体的主要赋矿岩石 (原认为的曼岗河组、红山组中的岩石) 的岩性并非火山岩, 实际上是交代蚀变岩。并且考虑到矿区在交代蚀变岩形成过程中, 原来地层因受到强烈的破坏、改造, 致使其地层、层位已不清, 若本书继续沿用原来的曼岗河组、红山组似乎也不合适, 为此本书中用大红山岩群、曼岗河岩组、红山岩组来代替之前矿区地质工作者所定义和命名的大红山群、曼岗河组、红山组。

矿区观察到的石英斑岩主要分布于大红山铜矿区曼岗河岩组顶部, 是矿区较少发育的岩石, 虽然它不是赋矿岩石, 但因空间上多位于铜矿体的上部或下部岩石中, 对铜矿体起隔挡作用, 为此将其与大红山铁铜矿区的主要赋矿岩石归入一节研究。

3.3.1 主要赋矿岩石类型与地质产状

3.3.1.1 蚀变辉长岩

蚀变辉长岩在大红山矿区广泛分布（图3-4），以所谓的“辉长辉绿岩”为主体，在红山岩组和曼岗河岩组内部岩体形态复杂，规模大小不等，大多沿EW向断裂构造带侵入，呈岩墙、岩床、岩舌及不规则岩枝产出，其产状形态受断裂面、岩层界面、接触面控制。侵入断裂带内者，主要呈岩墙产出，沿所谓的熔岩顶底界面贯入者，呈岩床、岩舌产出（如曼岗河岩组中表现为残片状）。

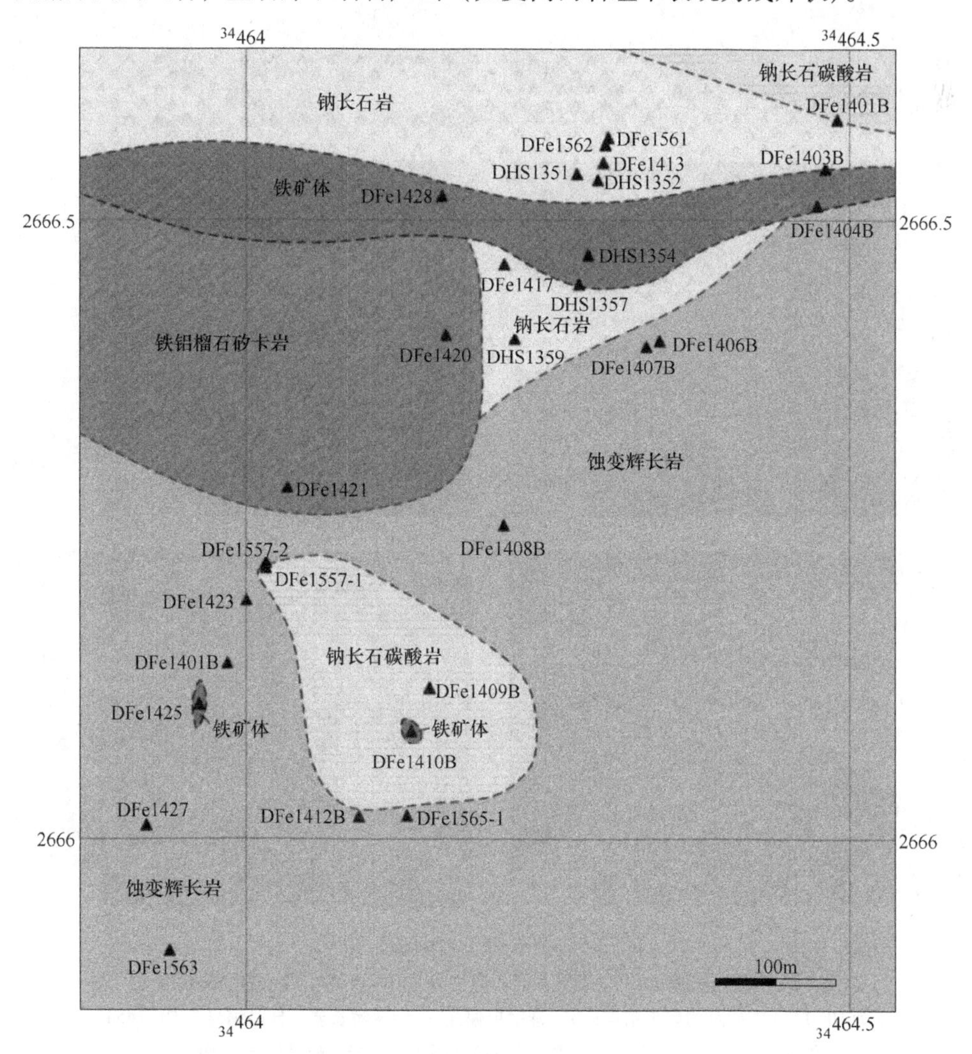

图3-4 大红山铁矿区930~1020m采矿平台岩性分布简图

（图中黑三角为采样位置及主要样品编号）

岩石具有辉长结构、辉绿结构（图 3-5），钠长石晶体多为半自形，常见钠黝帘石化现象；暗色矿物为普通角闪石、黑云母或绿泥石；可见蚀变辉长岩细脉

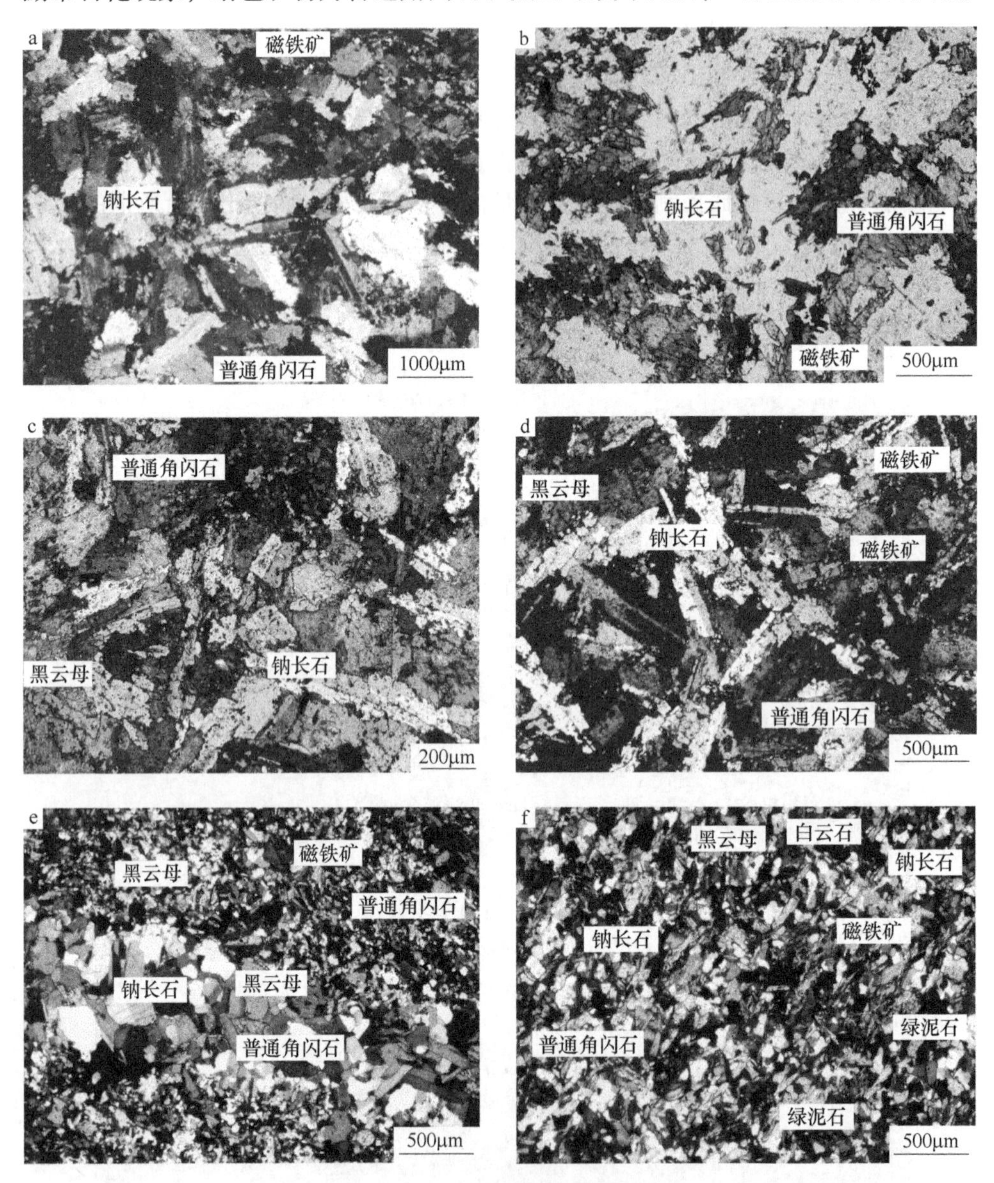

图 3-5 蚀变辉长岩微观照片

a，c（透射正交偏光）—蚀变辉长岩，其中 a 为 DFe1406 中残余的辉长结构，c 为 DFe1433 中残余的辉长结构；b（透射单偏光）—蚀变辉长岩，样品编号为 DFe1454，残余的辉长结构；d（透射正交偏光）—蚀变辉长辉绿岩，样品编号为 DFe1433，残余的辉绿结构；e（透射正交偏光）—微晶辉长岩（DFe1408B），磁铁矿呈浸染状产出；f（透射正交偏光）—微晶辉长岩（DFe1423），磁铁矿呈浸染状产出

穿插微晶辉长岩现象（图 3-5e、f）。此外，有时可见极细小颗粒钠长石-白云石-少量石英（粒径主要为 0.05mm 左右）矿物组合构成透镜体或团块分布。在局部地段，尤其与围岩接触带附近，岩性过渡为辉长辉绿岩、微晶辉长岩（图 3-5d~f），磁铁矿含量也有所增加，呈浸染状产出（图 3-5e、f）。

此外，大红山矿区广泛分布的所谓“辉长辉绿岩”有如下特点：（1）矿物以钠长石、普通角闪石为主（基本变为普通角闪石，但局部仍可见残留普通辉石（图 3-5a）），绿泥石、黑云母次之，含少量磁铁矿；（2）以晶体较为粗大的钠长石、角闪石呈半自形—他形均匀分布构成的辉长结构为主（图 3-5a~c），仅局部可见较为自形的钠长石板状晶体搭成的近三角形空隙中充填他形的角闪石颗粒构成的辉绿结构（图 3-5d）或者微晶辉长结构（图 3-5e、f）。

实际上，上述特征表明矿区广泛分布的所谓“辉长辉绿岩”，其主体是蚀变辉长岩。岩石中主要为辉长结构，局部为辉绿结构，矿物粒径变化较大（微晶-粗晶），并具一定规律。表现为在局部地段，尤其与围岩接触带附近，岩性过渡为辉长辉绿岩、微晶辉长岩，磁铁矿含量也有所增加，呈浸染状产出。这些变化可能归因于富硅碱和碳酸盐流体在基性岩浆侵位后的排气和逃逸程度有关。（1）辉长岩体与围岩接触部位附近流体迅速逃逸，造成基性岩浆固相线急剧升高，形成微晶辉长岩，并具浸染状磁铁矿；（2）辉长岩体中部流体逃逸相对慢，造成基性岩浆缓慢结晶形成粗粒的辉长岩。

3.3.1.2 钠长石岩

红山岩组中所谓的“变钠质熔岩”由钠长石、石英、铁白云石/白云石、黑云母、普通角闪石、磁铁矿等矿物组成，局部也可见铁铝榴石（图 3-6）。

“变钠质熔岩”中往往由两类矿物组合而成：（1）“斑晶”为钠长石及少量石英、黑云母、普通角闪石等矿物零星分布于薄片中，通常被熔蚀呈椭圆状、不规则状，其中矿物粒径主要为 0.3~0.5mm，含量一般为 5%~10%（图 3-6a、c）；（2）“基质”为大量全晶质微粒的钠长石、铁白云石/白云石、部分石英和少量黑云母、普通角闪石、磁铁矿等矿物呈含量不等的组合存在，其中粒径多为 0.05mm 左右，含量一般为 90%~95%（图 3-6）。“变钠质熔岩”的这种特征，以往的矿区地质工作者将其称为所谓的斑状结构。此外，也可见前者被后者包裹、穿插和交代现象。上述特征反映，因红山岩组中所谓的“变钠质熔岩”显示出“斑状结构”、全晶质结构，而与某些火山岩、侵入岩的特点类似。

红山岩组中所谓的“变钠质熔岩”中：（1）所谓的斑状结构：具有“斑晶”通常被熔蚀呈椭圆状、不规则状和“基质”中矿物表现出的微粒结构，这与火山岩中矿物斑晶自形程度较好以及基质中矿物呈玻璃质结构不同；（2）全晶质结构：“基质”主要为钠长石及少量石英、铁白云石/白云石组成，这与侵入岩中基质一般为斜长石、石英及角闪石也有区别。

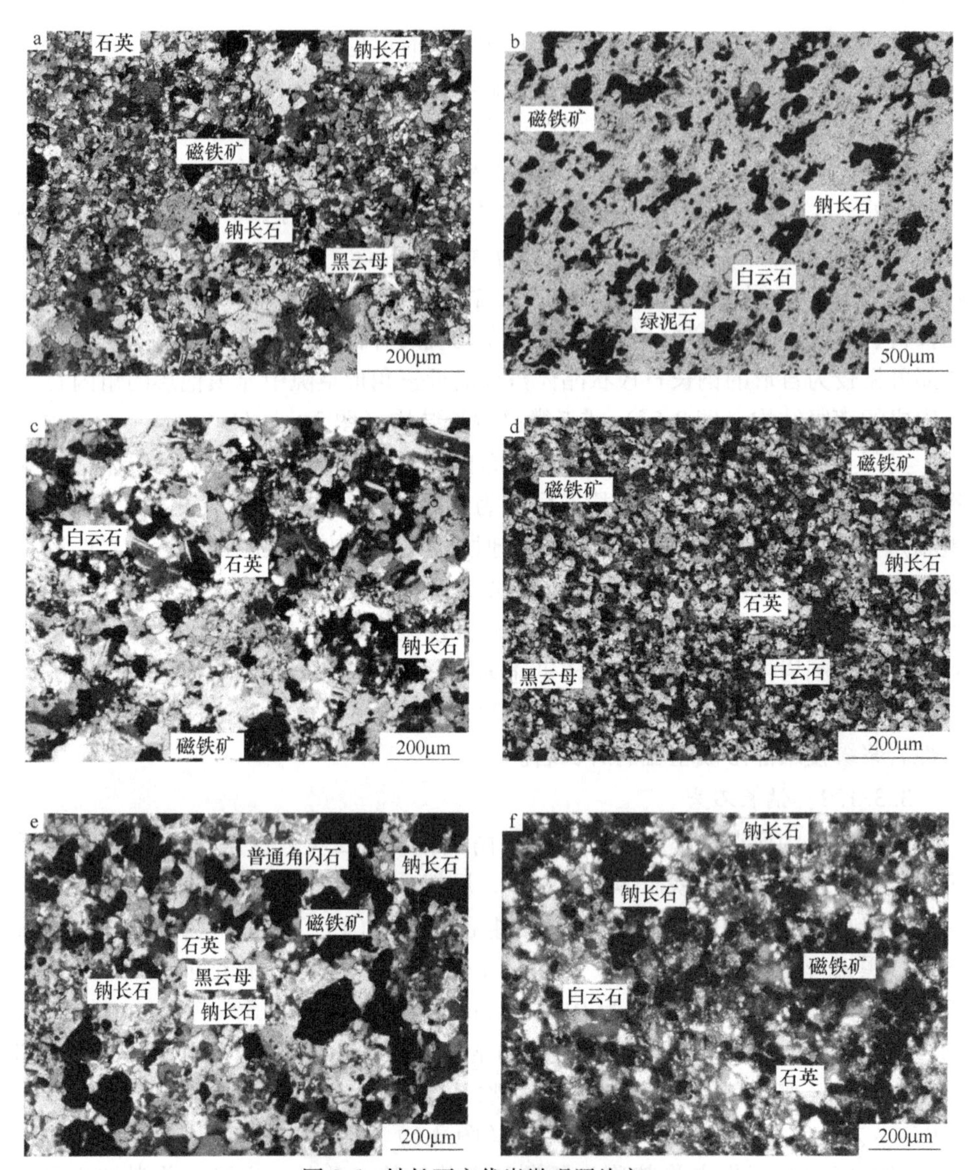

图 3-6 钠长石交代岩微观照片之一

a（透射正交偏光）—样品编号为 DFe1401B，有较多微粒钠长石及少量石英、黑云母；
b（透射单偏光）—样品 DFe1413B，有较多的钠长石及少量白云石/铁白云石、绿泥石，
具磁铁矿矿化，主体为铁矿化钠长石交代岩，在局部表现出黑云母、铁铝榴石相对发育；
c（透射正交偏光）—样品编号为 DFe1417，有较多微粒钠长石及少量石英、白云石/铁白云石；
d（透射正交偏光）—样品编号为 DFe1457，微粒矿物为钠长石、石英；
e（透射正交偏光）—样品编号为 DFe1473，有较多微细粒钠长石及少量石英、黑云母、
普通角闪石，磁铁矿呈浸染状产出；f（透射正交偏光）—样品编号为 DFe1403B，
有较多微粒钠长石以及部分白云石/铁白云石与少量石英

此外，矿区所谓的“火山角砾岩”实际上是红山岩组的“变钠质熔岩”或者微晶辉长岩中因局部位置“角砾”含量大于50%且常为石英、钠长石呈自形—他形粒状或团块状、透镜状集合体不均匀分布而构成；“基质”常为钠长石及少量石英、铁白云石/白云石、黑云母、浸染状磁铁矿等矿物呈含量不等组合，粒径主要集中在0.05mm左右（图3-7，图版Ⅰa、b、d~h）。“火山角砾岩”的

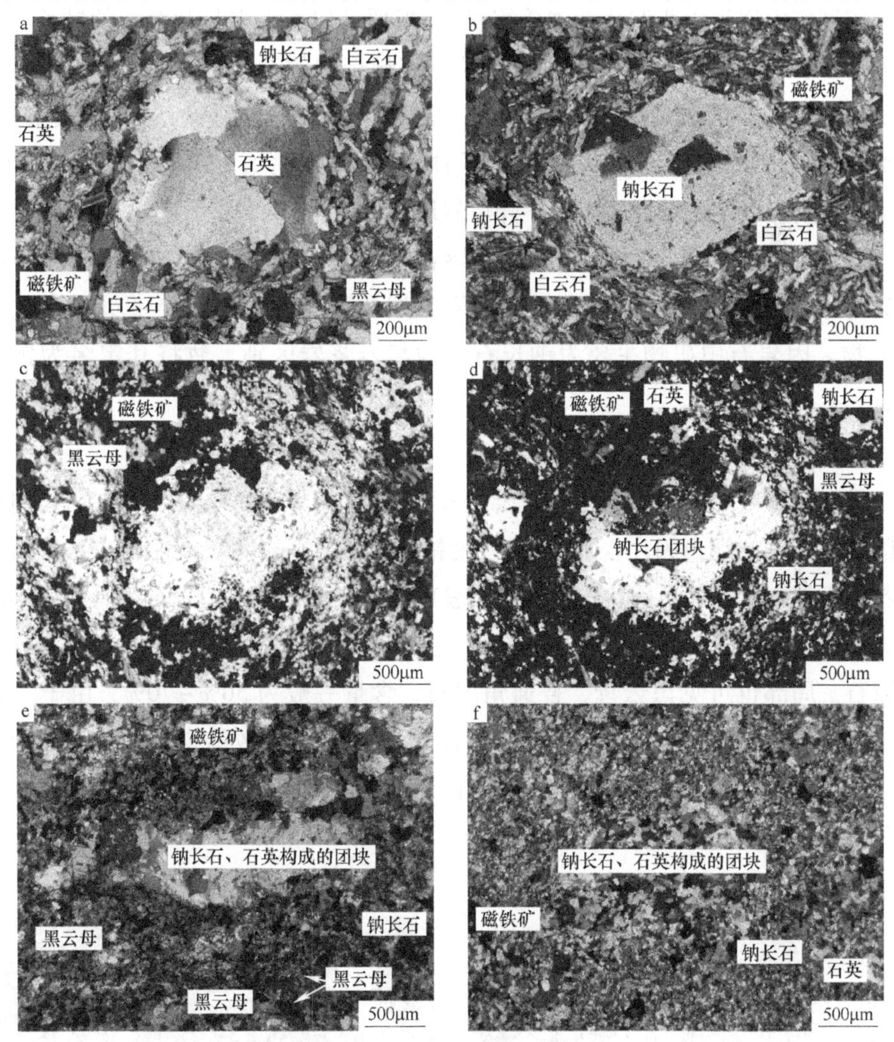

图3-7 钠长石交代岩微观照片之二

a（透射正交偏光）—样品编号为DFe1401B，可见石英晶体受应力压碎，微粒钠长石、石英、黑云母白云石/铁白云石、磁铁矿分布在石英大晶体周围，并具一定的定向性；b（透射正交偏光）—辉长岩中（样品编号为DFe1496），局部也可见钠长石大晶体，而微细粒钠长石、白云石/铁白云石、磁铁矿分布在钠长石大晶体周围，并具一定的定向性；c（透射单偏光），d（透射正交偏光）—样品编号为DCu1408，有较多微粒钠长石、石英、磁铁矿；e（透射正交偏光）—样品编号为DFe1415，微粒矿物为钠长石、石英、黑云母、磁铁矿；f（透射正交偏光）—样品编号为DFe1414，微粒矿物为钠长石、石英、磁铁矿

这种特征，以往的矿区地质工作者将其称为所谓的角砾状构造。

其中，因“角砾”往往具压碎和被熔蚀呈椭圆状、不规则状现象，“基质”常为微粒钠长石、部分石英及少量铁白云石/白云石、黑云母、浸染状磁铁矿等矿物呈含量不等组合，也不同于传统的火山岩。

矿区红山岩组中所谓“变钠质熔岩”，根据其岩石中多具被熔圆的钠长石大晶体（以往称为“斑晶”），或因局部位置有被熔圆的钠长石团块和少量石英团块较为集中分布而表现出所谓“角砾”特征。经研究初步认为“变钠质熔岩”中钠长石大晶体和黑云母比较集中部位可能与辉长岩有关，而钠长石大晶体和石英团块状则可能主要与原红山组中碎屑岩地层有关。

据上述岩石特征，推断“变钠质熔岩”实际上为不混溶的富硅碱和碳酸盐流体沿辉长岩岩体或原红山组碎屑岩地层的薄弱部位、破碎带贯入交代形成产物。因岩石中矿物主要为钠长石，为与岩浆岩区别，暂将其定名为钠长石岩。

3.3.1.3　铁铝榴石矽卡岩

曼岗河岩组中所谓的“石榴黑云片岩”“变钠质凝灰角砾岩”与红山岩组中所谓的“石榴绿泥角闪片岩”，其中“变钠质凝灰角砾岩”被以往的矿区地质工作者称为具有所谓的角砾状构造。它们表现出的特点相似，即岩石均具有所谓的角砾状构造（图 3-8～图 3-10），“角砾”主要为呈自形—半自形粒状或团块状铁铝榴石，局部也可见黑云母、普通角闪石，含量一般为 50%～70%，由于“角砾”并不具可拼性，而区别于隐爆角砾岩；细粒物质（“胶结物”）常为钠长石、铁白云石、石英、浸染状磁铁矿、绿泥石等矿物含量不等构成，矿物粒径范围处于 0.03～0.2mm 之间，含量一般为 30%～50%。

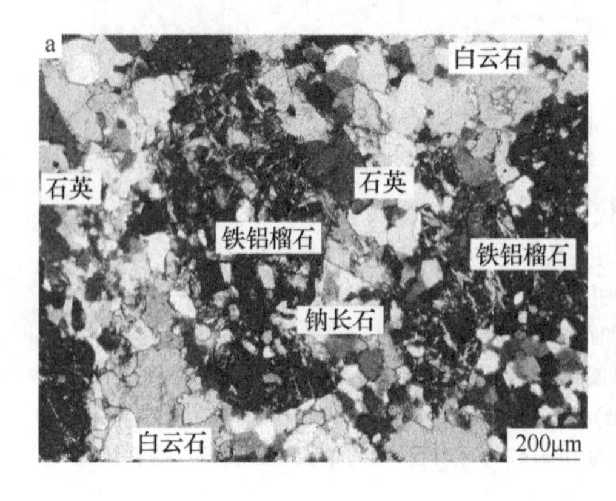

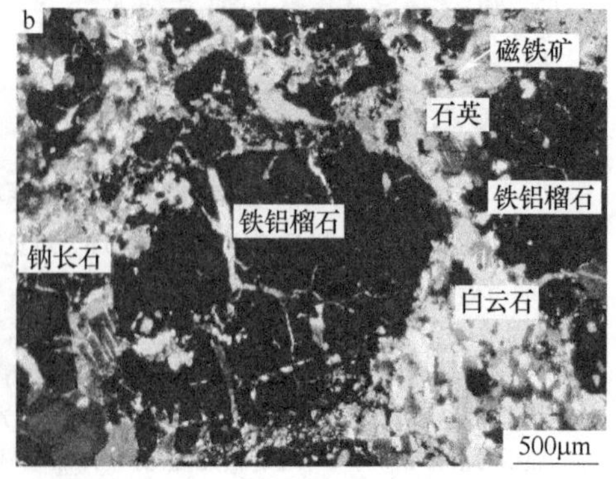

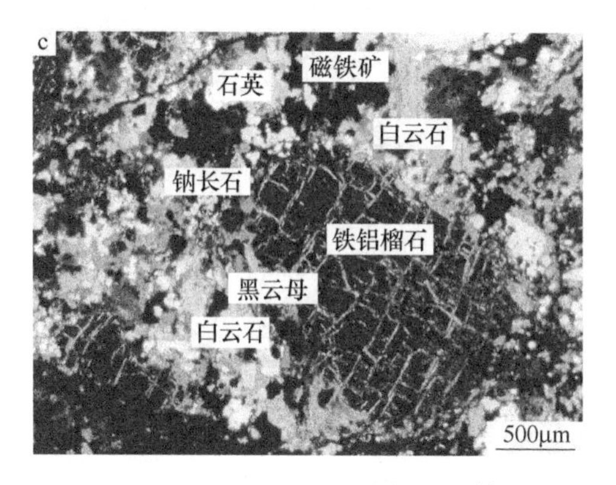

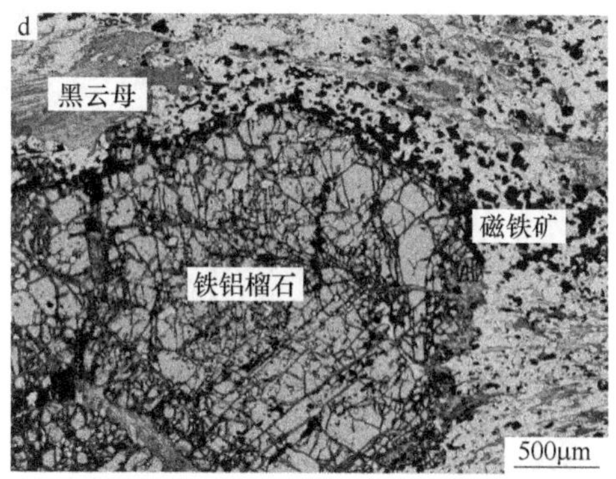

图 3-8 铁铝榴石矽卡岩微观照片之一

a（透射正交偏光）—样品编号 DCu1427，曼岗河岩组，可见铁铝榴石晶体中有残余的长石、石英；b（透射正交偏光）—样品编号 DCu1550-1，曼岗河岩组；c（透射正交偏光）—样品编号 DFe1405B，红山岩组；d（透射单偏光）—样品编号 DFe1463，红山岩组；其中，微细粒矿物主要为白云石/铁白云石及少量钠长石、石英、磁铁矿，样品 DFe1463 中可见绿泥石化的黑云母、磁铁矿分布在铁铝榴石晶体周围，并具一定的定向性

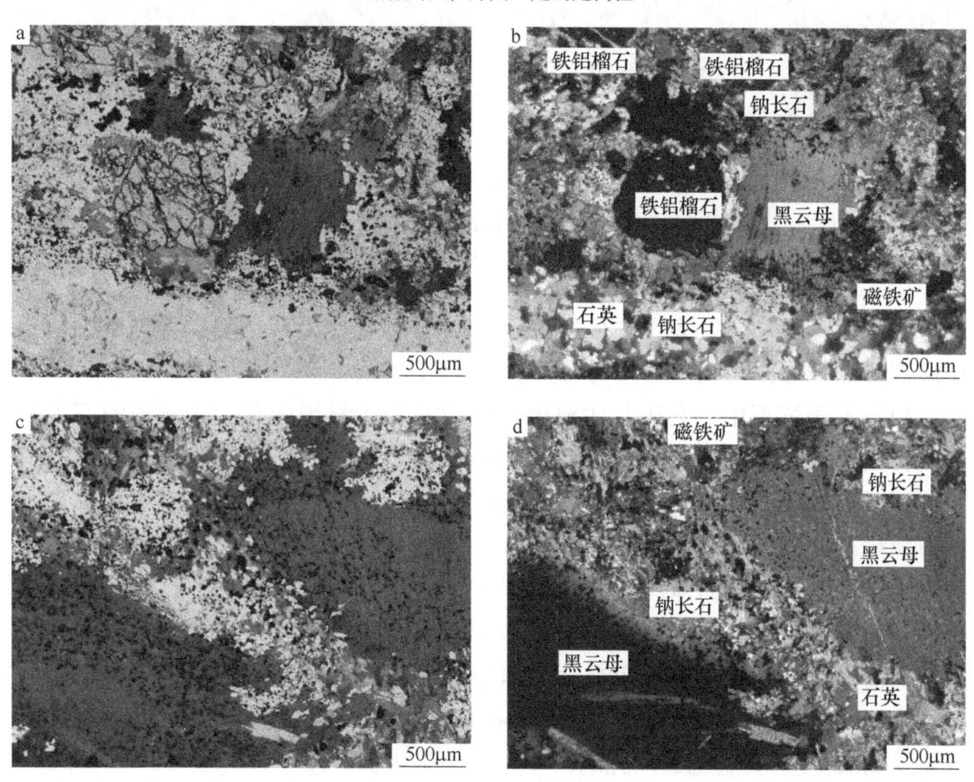

图 3-9 铁铝榴石矽卡岩微观照片之二

a，c（透射单偏光）与 b，d（透射正交偏光）—样品编号为 DFe1418，“角砾”为黑云母及少量铁铝榴石

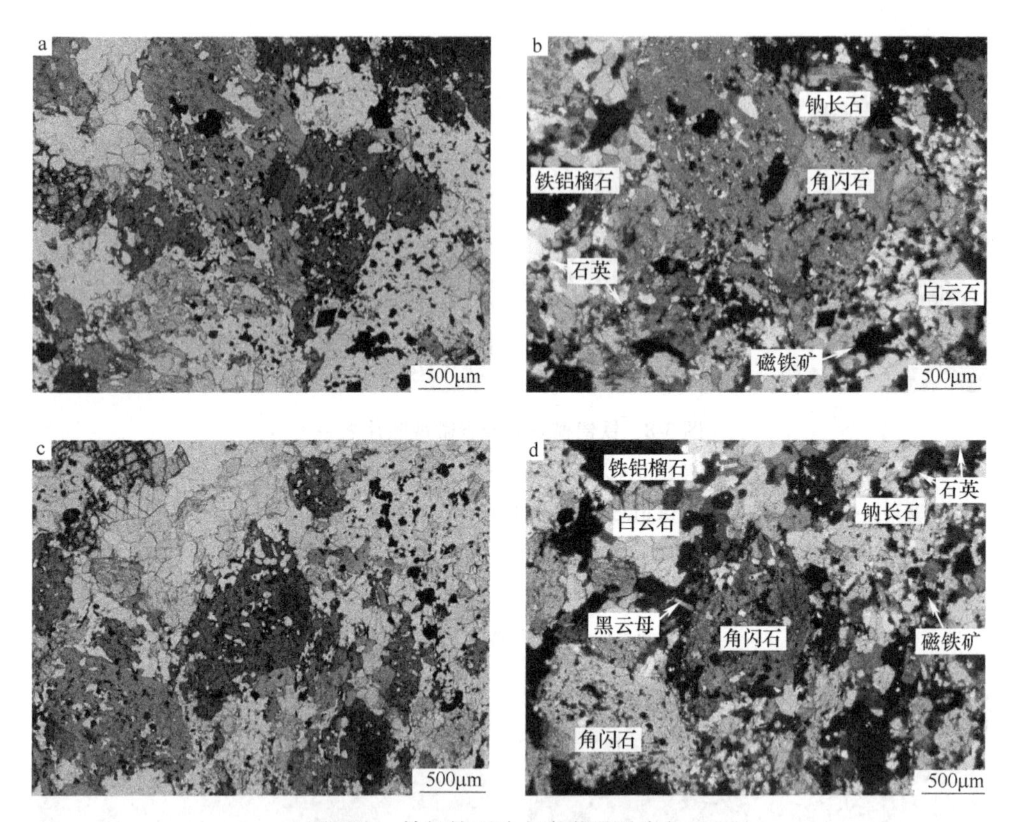

图 3-10　铁铝榴石矽卡岩微观照片之三

a，c（透射单偏光）与 b，d（透射正交偏光）—样品编号为 DFe1421，
“角砾”为普通角闪石及少许铁铝榴石、钠长石

矿区曼岗河岩组中所谓“石榴黑云片岩”“变钠质凝灰角砾岩”与红山岩组中所谓“石榴绿泥角闪片岩”，据研究具有以下特征：

（1）此类岩石中“角砾”主要由铁铝榴石和少量黑云母、普通角闪石大晶体所构成，其“角砾”未被熔蚀，晶形较完整，可见铁铝榴石晶体表现出受应力破碎现象，且在某些部位也可见被熔蚀呈椭圆状、不规则状的钠长石大晶体或石英团块；“胶结物”主要为细粒钠长石-碳酸盐矿物-黑云母，石英则少见；另外，也可见铁铝榴石晶体周围有细粒“胶结物”和磁铁矿分布，且具一定的定向性，表现出动力变质重结晶特点。笔者初步认为这类岩石中钠长石大晶体比较集中部位可能主要与辉长岩有关，石英团块比较集中部位则不排除有碎屑岩参与的可能。同时，这些特征不排除铁铝榴石有早期形成，后期受动力变质表现出部分重结晶或受应力挤压破碎特点。

（2）据近年的研究资料，如于津海和 Reilly（2001）研究雷州半岛英峰岭玄武岩中的铁铝榴石巨晶，认为其属岩浆成因，且母岩浆应该是一种基性或者中基性岩；任广利等（2012）研究安徽繁昌地区桃冲铁矿床，认为矿床成因与岩浆岩的接触交代作用关系不大，而透岩浆流体成矿作用明显，成矿物质来源于深部富铁的夕卡岩矿浆；梁祥济等（1987）通过模拟不同的流体对固体岩石（如岩浆岩、火山岩、变质岩等）进行交代实验，认为固体岩石遭受交代后，其结构构造遭到破坏，质地变松，其中矿物组成有的变为矽卡岩矿物，有的则难以辨认。这些资料推测矿区早期形成的铁铝榴石可能为碳酸盐流体与部分硅碱流体在某些部位对辉长岩和原曼岗河地层强烈交代后形成类似矽卡岩岩浆成分的混合流体（主要表现为富钠、富碳酸盐、富铁、富铝等成分特征）析出的产物。我们认为这种混合流体之所以富铁和富铝，推测主要是富硅碱流体与碳酸盐的流体对辉长岩发生了强烈的交代作用，从中获得了铁和铝，也可能与基性岩浆发生了物质交换而获得铁和铝。

因此，我们推测此类岩石实际上为富碱、富碳酸盐且富铁、富铝的混合流体贯入大红山岩群的某些部位，导致铁铝榴石、碳酸盐、钠长石、黑云母、角闪石、磁铁矿等矿物晶体从混合流体中结晶析出而形成。因考虑到此类岩石定名在传统岩石学中参考困难，据岩石中以铁铝榴石为主和成因表现出交代特点与矽卡岩类似（胡受奚等，2004），暂时将其定名为铁铝榴石矽卡岩。

铁铝榴石矽卡岩常见于曼岗河岩组，在红山岩组也有分布（图 3-4）。

3.3.1.4 钠长石碳酸岩

钠长石碳酸岩在大红山矿区分布较广，如见于地表的“石英钠长岩”“白云石钠长岩”和曼岗河岩组顶部的“大理岩”。岩石为全晶质结构（粒度变化较大，从 0.02~1mm 不等），块状构造，有 45%~60%的碳酸盐矿物（据能谱、电子探针成分研究以铁白云石主，次为白云石），钠长石 35%~45%，石英 10%左右，可见黑云母、浸染状磁铁矿（图 3-11）。岩石局部也偶尔见铁铝榴石分布。

从岩石的化学成分来看（DFe1409B），其 Yb/La 比值（约 0.13）和 Yb/Ca 比值高（约 10^{-5}），与热液方解石的成分相当；明显不同于石灰岩（Yb/Ca 比值一般小于 10^{-7}）和碳酸岩（Yb/La 比值一般小于 0.03）中方解石成分（陈德潜，1987）。

实际上，在矿区地表和坑道的详细追索表明，矿区“石英钠长岩”和“白云石钠长岩”的宏观外貌相近（具有侵入岩外貌），有时甚至与坑道中见到的曼岗河岩组“大理岩”难以区分。岩石中可见较粗的残留钠长石、石英晶体被较细铁白云石-钠长石-石英矿物组合熔蚀呈椭圆状、不规则状（图 3-11），推测被熔蚀呈椭圆状、不规则状的残余钠长石、石英晶体可能与泥质岩有关。目前，依据岩石具有侵入岩产状，且岩石中主要矿物为碳酸盐矿物，次为钠长石，因此暂将其定名为钠长石碳酸岩。

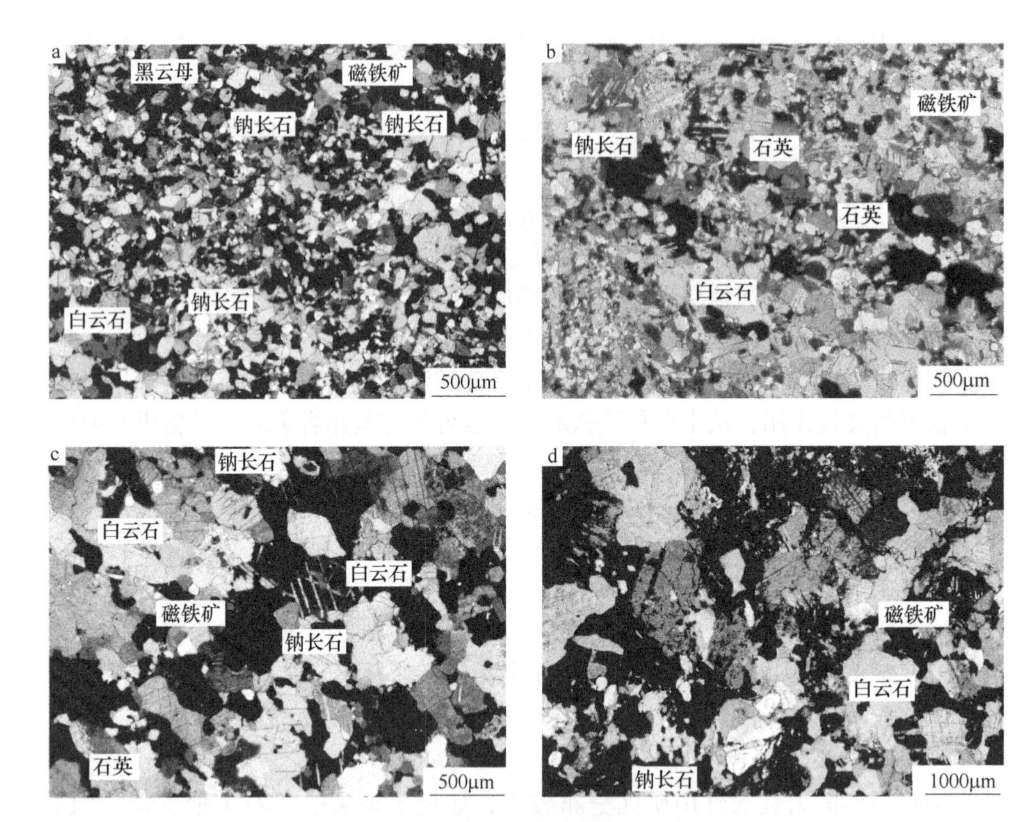

图 3-11　钠长石碳酸岩微观照片

a（透射正交偏光）—样品编号 DFe1401B，可见残余的长石晶体被溶蚀呈不规则状；
b（透射正交偏光）—样品编号 DFe1411B，可见残余石英晶体被溶蚀呈不规则状；
c（透射正交偏光）—样品编号 DFe1430-3，可见残余长石、石英晶体被溶蚀呈不规则状；
d（透射正交偏光）—样品编号 DFe1409B，也可见残余长石被溶蚀呈不规则状

3.3.1.5　*石英斑岩*

所谓的“石英钠长石斑岩”，以往研究认为该岩石主要分布于大红山铜矿区曼岗河岩组顶部，空间上多位于铜矿体的上部或下部层位，其岩性变化较大，岩性并不单一，对其成因也有不同认识，有侵入岩、次火山岩以及凝灰岩等观点（云南省地质矿产局第一地质大队，1983）。据我们在矿区地表（曼岗河南岸）详细追索和观察，认为“石英钠长石斑岩”顺层侵入曼岗河岩组顶部，呈岩床产出。

岩石呈浅灰色，具有斑状结构和块状构造，斑晶主要为石英（晶体具六方双锥形态，为高温 β 石英），局部可见钠长石，且常见斑晶被熔蚀现象；基质由 0.03 mm 左右的微粒钠长石、石英构成（图 3-12）。这些特征表明所谓的“石英钠长石斑岩”实际上是石英斑岩。

图 3-12 石英斑岩宏/微观照片

a，c，d—石英斑岩，野外照片；b（透射正交偏光）—石英斑岩，斑晶为石英，局部可见钠长石，基质为钠长石、石英及局部少量黑云母

3.3.2 主要赋矿岩石显微结构

3.3.2.1 残余结构

（1）蚀变辉长岩中，常见残余辉长结构，局部也可见残余的辉绿结构（图3-13a、b）；（2）局部也可见少量普通辉石的残余，大部分已转变为透闪石、黑云母，析出磁铁矿（图3-13e、f）；（3）残余的普通角闪石中见细粒磁铁矿沿其解理析出，构成席勒结构（图3-13g、h）；（4）常见普通角闪石大部分转变为黑云母，析出副矿物榍石、磷灰石以及磁铁矿，构成残余结构（图3-13a、b）。

3.3.2.2 假象结构

钠长石岩中，常见细粒磁铁矿、绿泥石或者细粒磁铁矿、钠长石集合体，构成石榴子石的假象结构（图3-13c、d）。

3.3.2.3 包晶结构

蚀变辉长岩中，常见普通角闪石大晶体包裹自形—半自形钠长石、黑云母形成包晶结构（图3-14c、d），黑云母大晶体包裹自形普通角闪石形成包晶结构（图3-14e、f）。

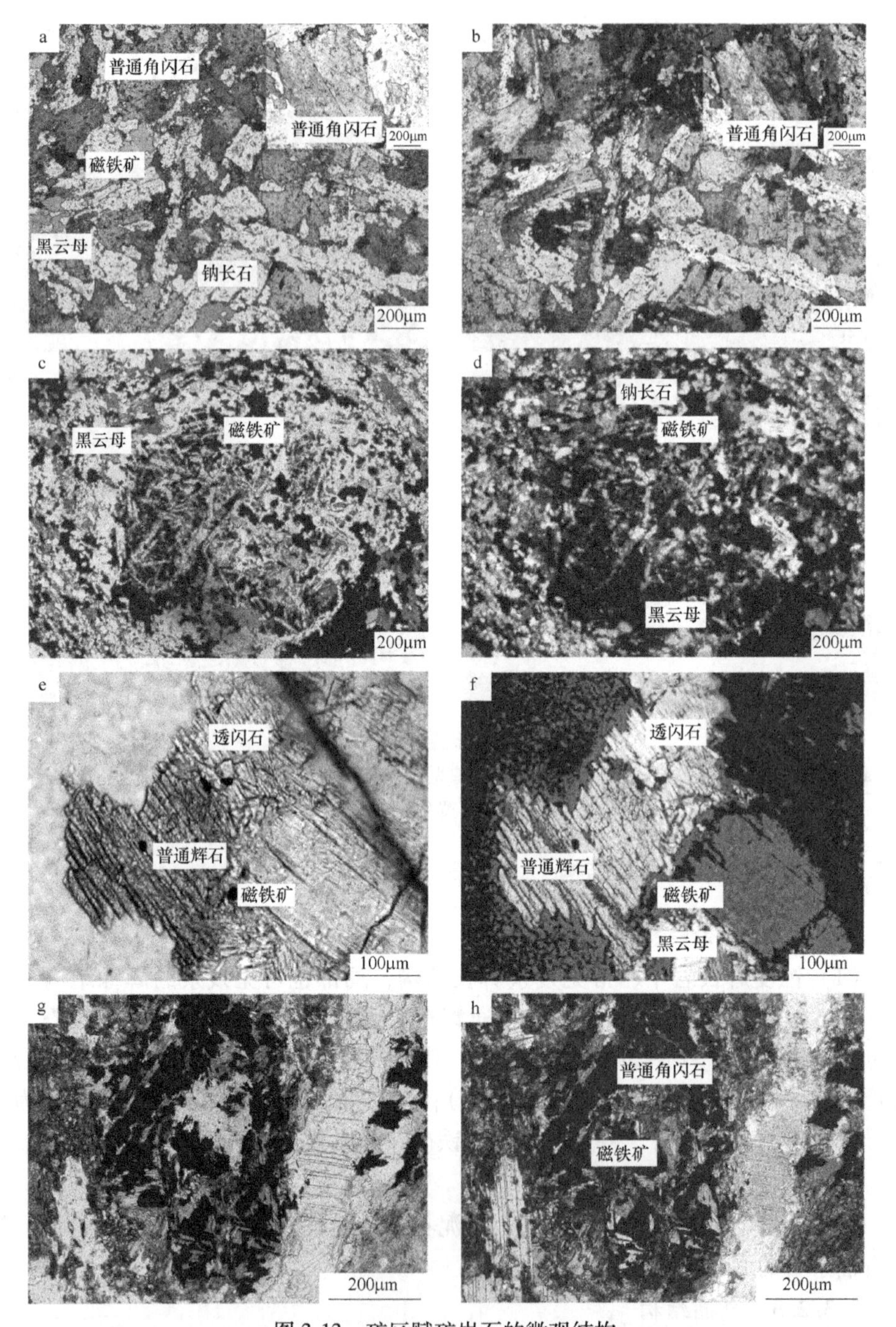

图 3-13　矿区赋矿岩石的微观结构

a（透射单偏光），b（透射正交偏光）—残余辉长结构，局部也可见残余辉绿结构；c（透射单偏光），d（透射正交偏光）—假象结构；e（透射单偏光），f（透射正交偏光）—普通辉石的残余结构；g（透射单偏光），h（透射正交偏光）—磁铁矿沿残余普通角闪石的解理析出形成席勒结构

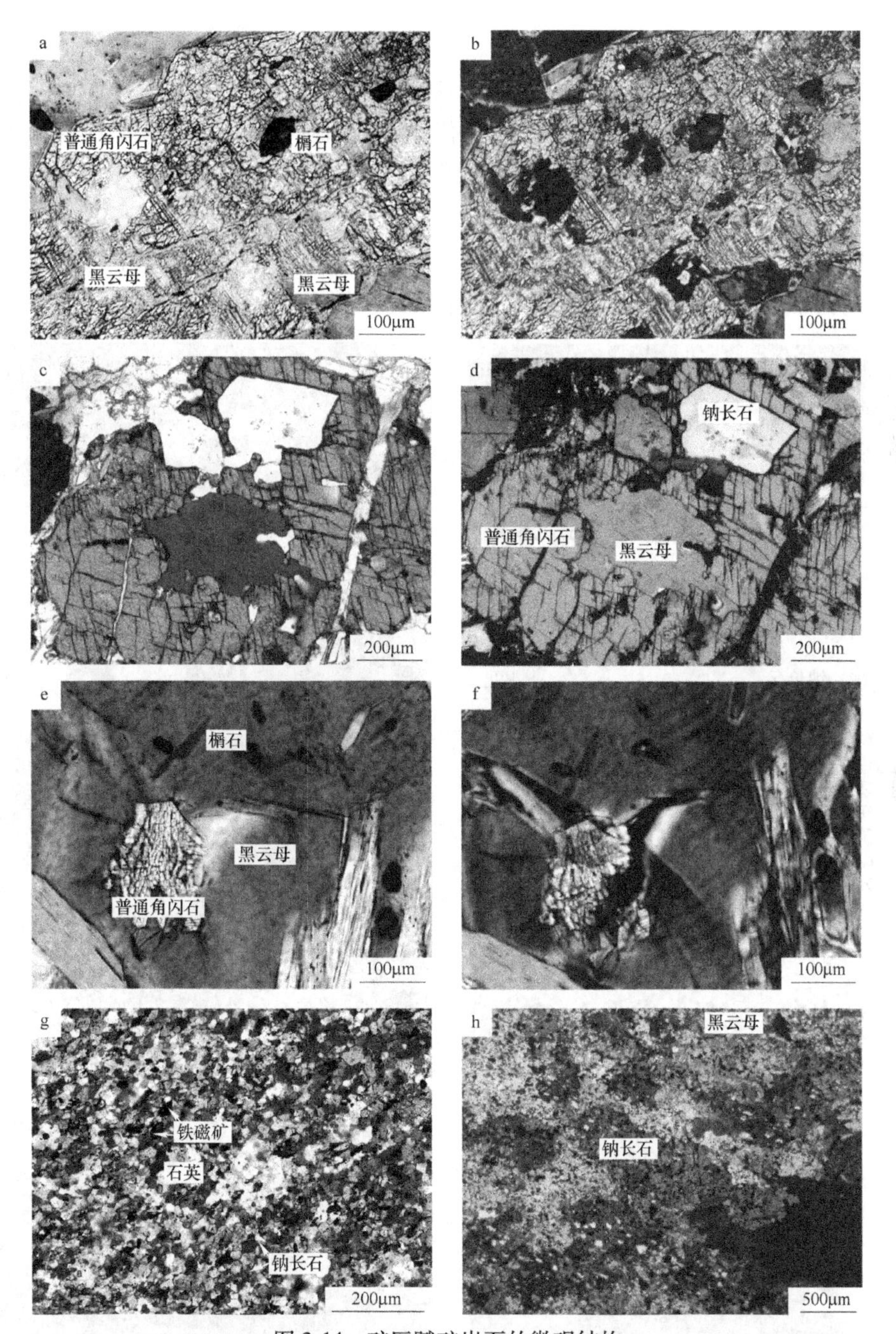

图 3-14 矿区赋矿岩石的微观结构

a（透射单偏光），b（透射正交偏光）—普通角闪石残余结构，大部分已变为黑云母，副矿物榍石发育；c（透射单偏光），d（透射正交偏光）—普通角闪石包裹半自形钠长石、黑云母形成包晶结构；e（透射单偏光），f（透射正交偏光）—黑云母大晶体包裹自形普通角闪石形成包晶结构；g（透射正交偏光）—钠长石、石英呈细粒镶嵌，形成类似角岩结构；h（透射正交偏光）—钠长石大晶体被熔圆

3.3.2.4　似角岩结构

钠长石岩中，常见钠长石、石英呈细粒镶嵌的花岗变晶结构，类似角岩结构（图3-16g）；蚀变辉长岩中，由于交代，可见细粒普通角闪石聚集现象，普通角闪石粒间为细粒平直镶嵌接触，类似接触变质的角岩结构（图3-15a、b）。

3.3.2.5　似胶结结构

蚀变辉长岩中，可见交代形成的细小普通角闪石、黑云母环绕于自形—半自形的钠长石周围，构成类似沉积岩的胶结结构（图3-15c、d）。

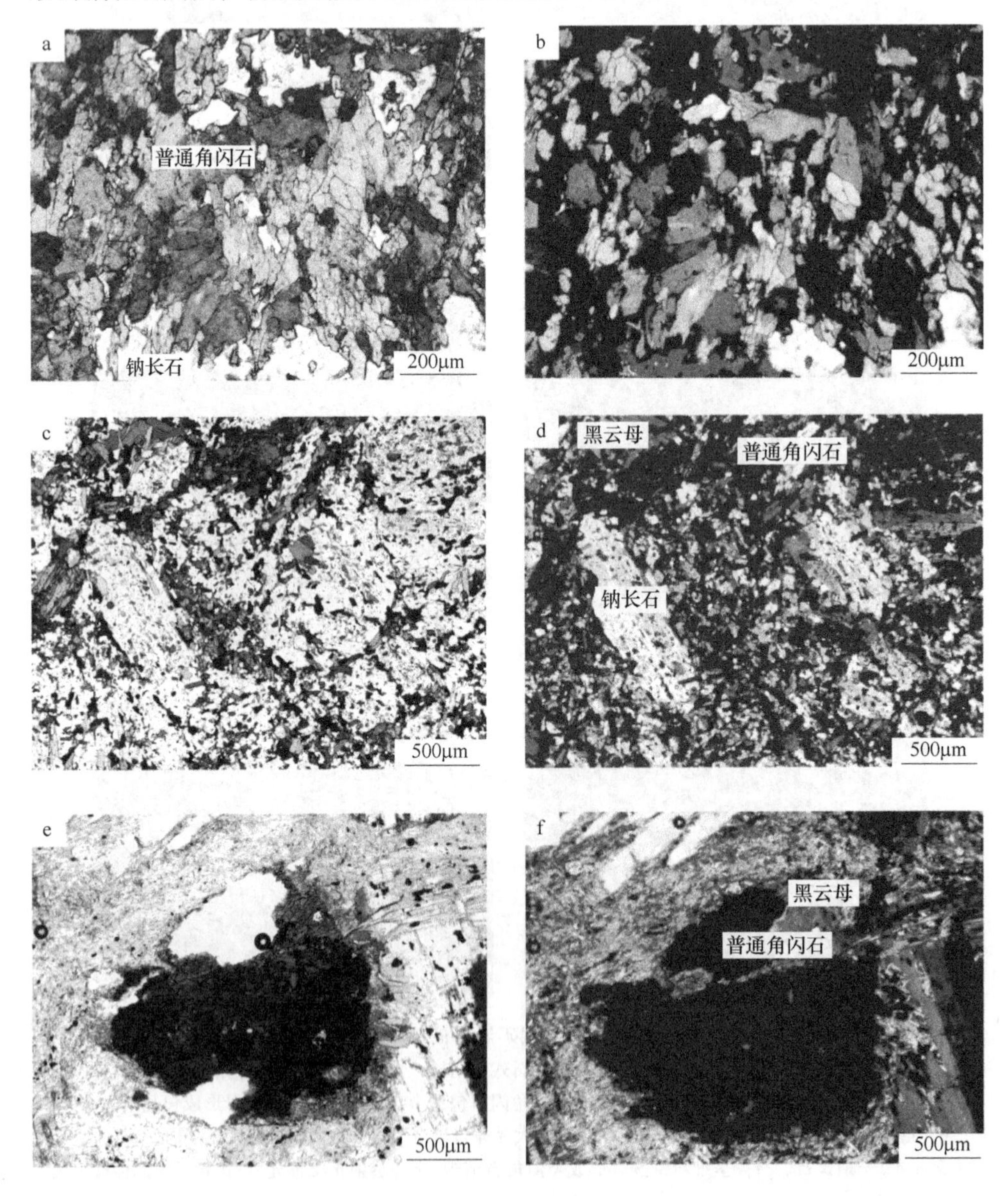

图 3-15 矿区赋矿岩石的微观结构

a（透射单偏光），b（透射正交偏光）—普通角闪石呈细粒镶嵌，形成类似角岩结构；c（—），d（透射正交偏光）—细粒普通角闪石、黑云母环绕于自形—半自形的钠长石颗粒周围，构成类似沉积岩的胶结结构；e（透射单偏光），f（透射正交偏光）—岩石中可见混染形成的普通角闪石周围见褐色黑云母的反应边；g（透射单偏光），h（透射正交偏光）—岩石混染形成的普通角闪石周围见滑石反应边

3.3.2.6 聚晶结构

蚀变辉长岩中，常见绿色普通角闪石和褐色黑云母小晶体集聚呈不规则团块状，构成聚晶结构，其中分布较多的是磁铁矿（图 3-16a、b）。

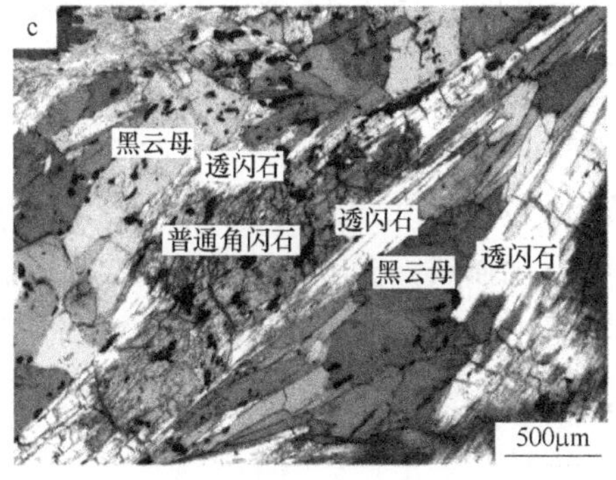

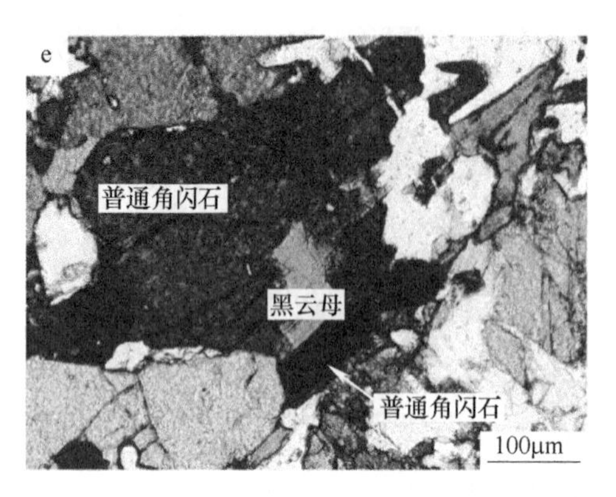

图 3-16 矿区赋矿岩石的微观结构

a（透射单偏光），b（透射正交偏光）—聚晶结构，绿色普通角闪石和褐色黑云母小晶体集聚呈不规则团块状，构成聚晶结构，其中分布较多的磁铁矿；c（透射单偏光），d（透射正交偏光）—正—逆反应边结构，由普通角闪石—透闪石—黑云母—透闪石构成的正—逆反应边结构；e（透射单偏光），f（透射正交偏光）—逆反应边结构，褐色黑云母外有绿色普通角闪石的逆反应边

3.3.2.7 接触反应边结构

（1）正反应边结构：蚀变质辉长岩中，常见交代形成的普通角闪石周围见褐色黑云母、滑石的反应边（图 4-15e~h）；（2）逆反应边结构：褐色黑云母外有绿色普通角闪石的逆反应边（图 4-16e、f）；（3）正—逆反应边结构：常见普通角闪石周围有透闪石反应边—透闪石周围有褐色黑云母反应边—褐色黑云母周围有透闪石反应边组合，构成正—逆反应边结构（图 4-16c、d）。

3.3.3 矿物组成与矿物晶体化学

3.3.3.1 主要赋矿岩石中白云石/铁白云石

矿区赋矿岩石中，发育的碳酸盐矿物主要为铁白云石或者白云石，主要呈浸染状或者与微细粒钠长石-铁白云石/白云石-石英-含 H_2O 暗色矿物（角闪石、黑云母）—浸染状磁铁矿呈含量不等组合存在（图 3-17），主要赋矿岩石中铁白云石/白云石仍需进一步的矿物 EDS、能谱以及成分研究证实。

3.3.3.2 主要赋矿岩石中矿物 EDS、能谱

（1）蚀变辉长岩中可见残余的普通辉石，大部分已变为普通角闪石，析出磁铁矿（图 3-18a），且普通角闪石周围绿泥石化强烈，析出磁铁矿，构成反应边结构（图 3-18e、图 3-19）。此外，在钠长石岩中也可见残余普通辉石，大部分已转变为透辉石、滑石，构成正反应边结构，其中碳酸盐矿物为白云石，磁铁矿呈稀疏浸染状产出（图 3-18b）。

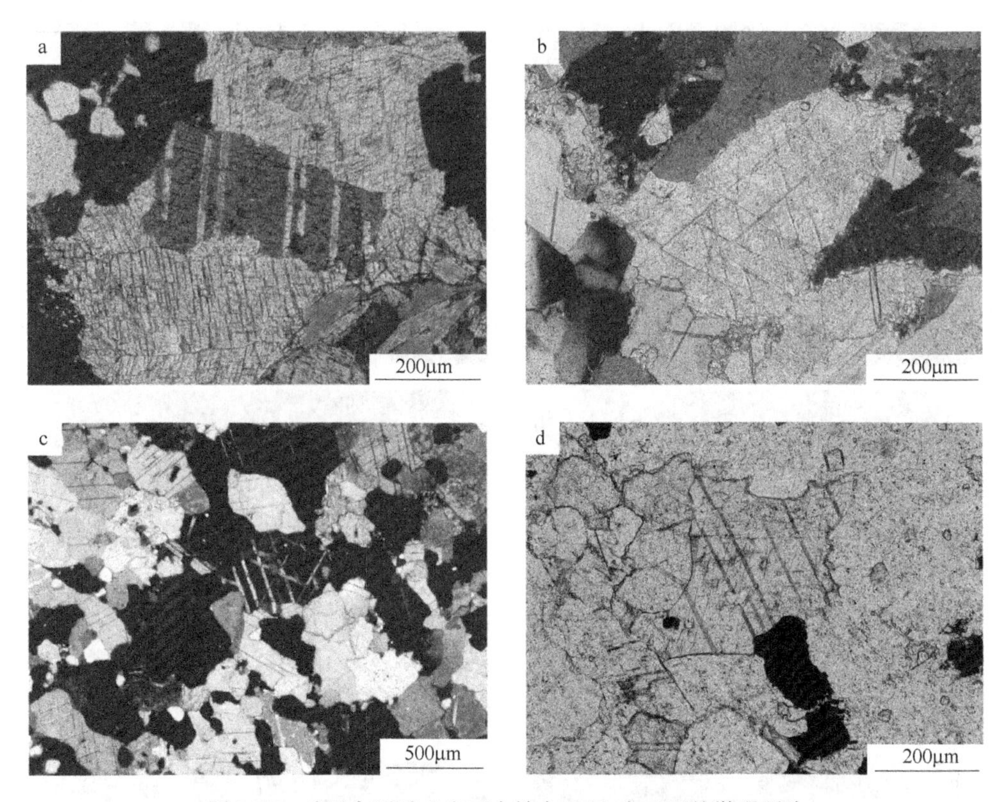

图 3-17 矿区主要赋矿岩石中铁白云石/白云石的微观照片

a（透射正交偏光），b（透射正交偏光）—角砾以铁铝榴石为主构成的铁铝榴石矽卡岩中的白云石；
c（透射正交偏光）—钠长石碳酸岩中的铁白云石；d（透射单偏光）—蚀变辉长岩中的白云石

（2）铁铝榴石矽卡岩中，“角砾”为大的铁铝榴石晶体，“胶结物”为细粒钠长石 + 白云石+ 磁铁矿 + 绿泥石构成，可见铁铝榴石包裹钠长石或被细粒的钠长石穿插的现象，说明铁铝榴石的形成有早有晚（图 3-18c、f，图 3-20）。

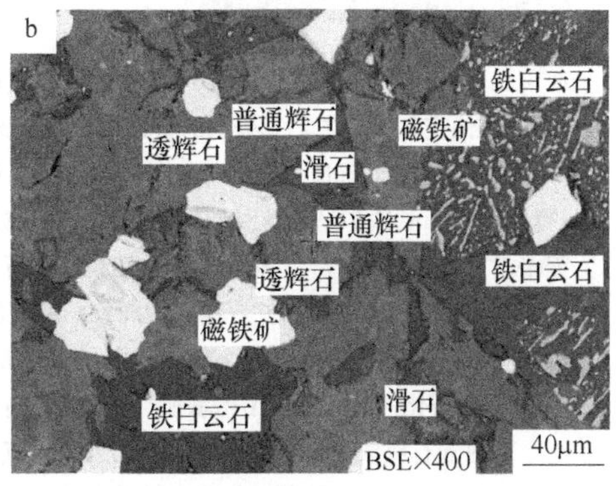

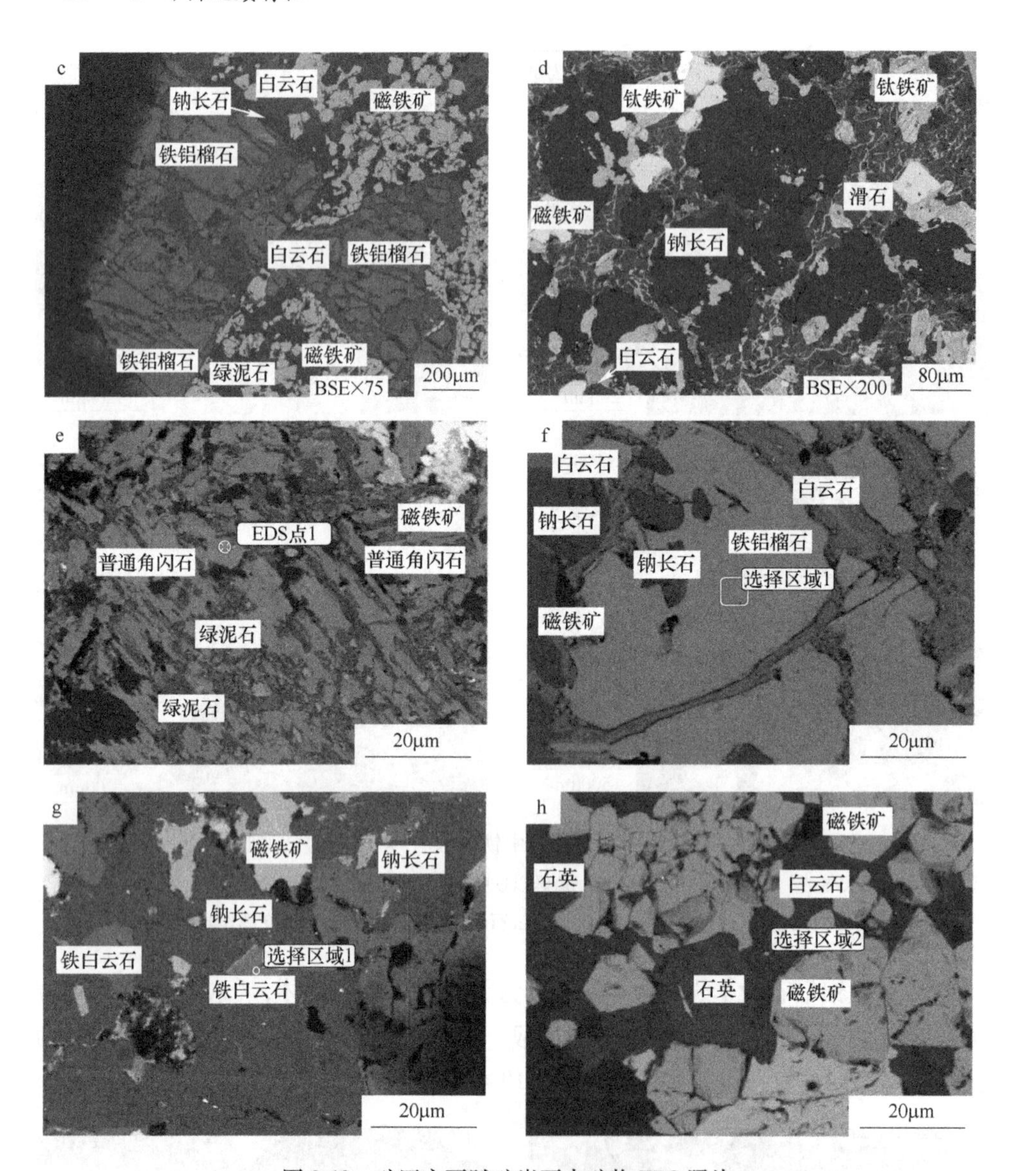

图 3-18　矿区主要赋矿岩石中矿物 EDS 照片

a—蚀变辉长岩中，见残余的普通辉石，大部分已变为普通角闪石、绿泥石，析出磁铁矿；b—钠长石岩中，普通辉石大部分已转变为透辉石、滑石，构成正反应边结构，其中碳酸盐矿物为铁白云石，磁铁矿呈稀疏浸染状产出；c，f—铁铝榴石矽卡岩，“角砾”以铁铝榴石大晶体为主，磁铁矿矿化发育部位，“胶结物”由细粒钠长石 + 白云石 + 磁铁矿 + 绿泥石组成，可见铁铝榴石包裹钠长石或被细粒的钠长石穿插的现象，说明铁铝榴石的形成有早有晚；d—钠长石岩中，钠长石大晶体被熔圆，“基质”为微细粒白云石 + 磁铁矿 + 钛铁矿 + 滑石构成；e—蚀变辉长岩中，普通角闪石绿泥石化强烈，并析出磁铁矿，构成反应边结构；g—浸染状铁铜钴矿石中，见钠长石包裹铁白云石或铁白云石穿插钠长石的现象，氧化物矿石为磁铁矿；h—交代蚀变铁矿石中，矿石矿物为磁铁矿，脉石矿物为石英、碳酸盐矿物白云石

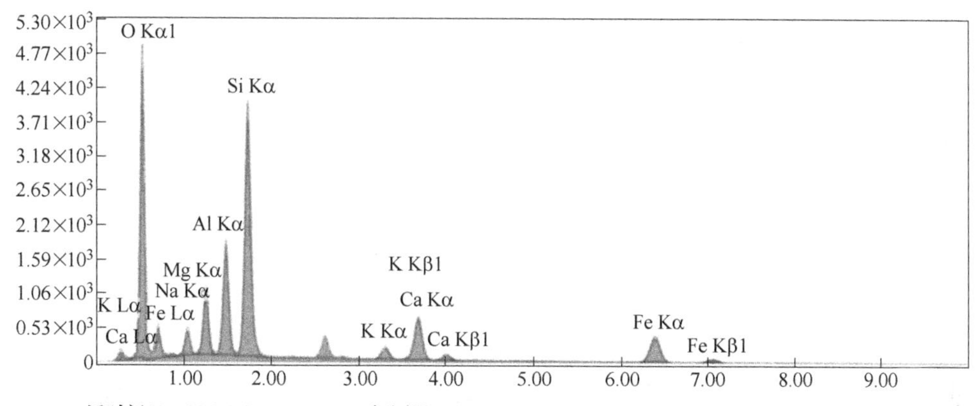

图 3-19 蚀变辉长岩中的普通角闪石能谱

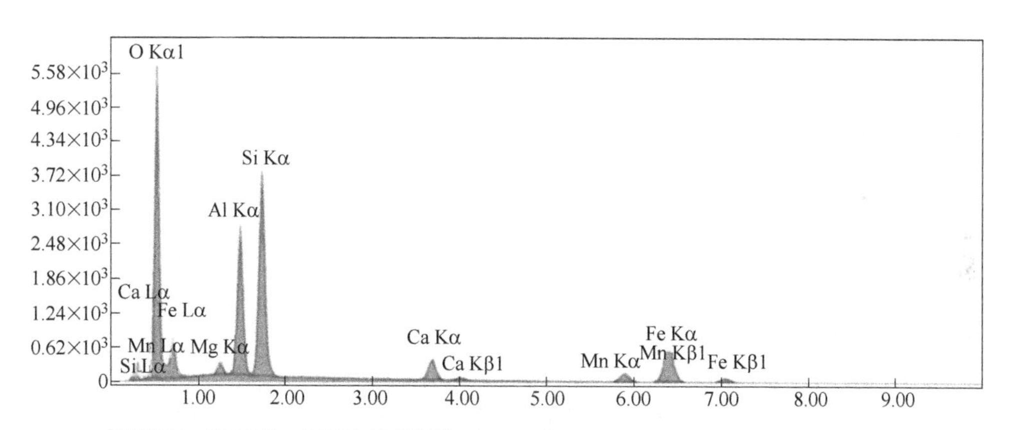

图 3-20 铁铝榴石矽卡岩中的铁铝榴石能谱

（3）钠长石岩中，“角砾”为大的钠长石晶体，可见晶体被熔圆，“基质”为微细粒的白云石 + 磁铁矿 + 钛铁矿 + 滑石构成（图 3-18d）。

（4）矿石中，如浸染状铁铜钴矿石中，可见钠长石包裹铁白云石或铁白云石穿插钠长石的现象，磁铁矿呈稀疏浸染状产出（图 3-18g，图 3-21）；交代蚀变铁矿石中，矿石矿物为磁铁矿，脉石矿物为石英、白云石（图 3-18h，图 3-22）。

综上，我们认为矿区主要赋矿岩石中，发育的碳酸盐矿物主要为铁白云石、白云石，一般呈浸染状或与微细粒钠长石—白云石（或铁白云石）—石英—含 H_2O 暗色矿物（角闪石、黑云母）—浸染状磁铁矿呈含量不等组合出现。此外，在交代蚀变岩或交代蚀变铁矿石中，白云石、铁白云石分布具有如下规律：（1）钠长

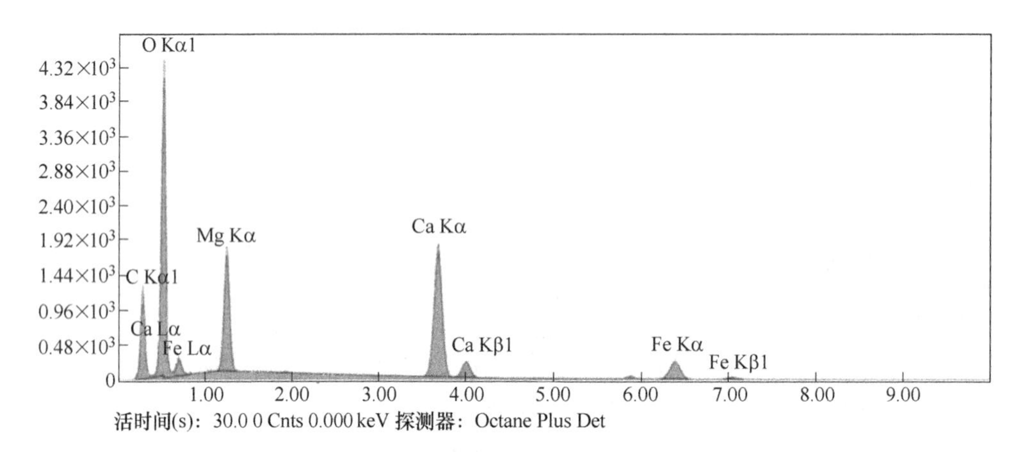

图 3-21 浸染状铁铜钴矿石中的铁白云石能谱

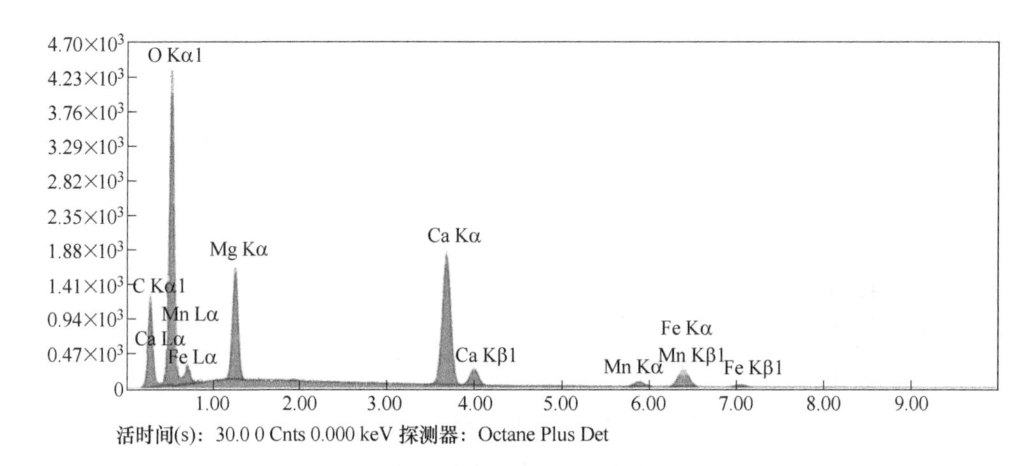

图 3-22 交代蚀变铁矿石中白云石能谱

石岩、交代蚀变铁矿石以及蚀变辉长岩中，其碳酸盐矿物主要为白云石；（2）钠长石碳酸岩中的碳酸盐矿物以铁白云石为主；（3）铁铝榴石矽卡岩中碳酸盐矿物整体上主要为铁白云石，但局部也有一定变化，如铁矿化少或铁铝榴石不发育的部位，以铁白云石为主，反之则以白云石为主；（4）含菱铁矿矿化的浸染状铁铜矿石中，碳酸盐矿物主要为铁白云石。

3.3.3.3 主要矿物成分及晶体化学式

矿区中的主要赋矿岩石、矿石普遍钠长石化，石榴子石绝大部分属铁铝榴石，普通辉石绝大部分已转变为普通角闪石、黑云母并析出副矿物磁铁矿、榍石等，其矿物电子探针成分见表 3-1～表 3-6。

表 3-1 矿区岩矿石中钠长石电子探针成分（质量分数） （%）

样品	DFe1454-1	DFe1454-2	DFe1509-2	DFe1414-1	DFe1414-2	DHS1369	DFe1430-1
SiO_2	68.89	68.68	69.00	67.17	68.73	69.02	67.64
CaO	0.26	0.18	0.11	1.19	0.30	0.03	0.66
FeO	0.03	0.00	0.13	0.47	0.08	0.03	0.30
Na_2O	11.73	11.39	11.51	10.94	11.01	11.35	11.42
K_2O	0.06	0.04	0.08	0.03	0.04	0.07	0.04
Al_2O_3	19.71	19.58	19.54	20.20	19.70	19.35	19.97
总计	100.68	99.87	100.37	100.00	99.86	99.85	100.03
基于8个氧原子为计							
Si^{4+}	2.99	3.00	3.00	2.95	3.00	3.01	2.96
Ca^{2+}	0.01	0.01	0.01	0.06	0.01	0.00	0.03
Fe^{2+}	0.00	0.00	0.01	0.02	0.00	0.00	0.01
Na^{+}	0.99	0.97	0.97	0.93	0.93	0.96	0.97
K^{+}	0.01	0.01	0.01	0.01	0.00	0.01	0.00
Al^{3+}	1.01	1.01	1.00	1.04	1.01	1.00	1.03
总计	5.00	4.98	4.99	5.00	4.96	4.97	5.01

表3-1中计算的钠长石晶体化学式如下：

DFe1454-1 晶体化学式：

$$(Na_{0.99}K_{0.01}Ca_{0.01})_{1.01}(Al_{1.01}Si_{2.99})_{4.00}O_{8.00}$$

DFe1454-2 晶体化学式：

$$(Na_{0.97}K_{0.01}Ca_{0.01})_{0.99}(Al_{1.01}Si_{3.00})_{4.01}O_{8.00}$$

DFe1509-2 晶体化学式：

$$(Na_{0.97}K_{0.01}Ca_{0.01}Fe_{0.01})_{1.00}(Al_{1.00}Si_{3.00})_{4.00}O_{8.00}$$

DFe1414-1 晶体化学式：

$$(Na_{0.93}K_{0.01}Ca_{0.06}Fe_{0.02})_{1.02}(Al_{1.04}Si_{2.95})_{3.99}O_{8.00}$$

DFe1414-2 晶体化学式：

$$(Na_{0.93}Ca_{0.01})_{0.94}(Al_{1.01}Si_{3.00})_{3.99}O_{8.00}$$

DHS1369 晶体化学式：

$$(Na_{0.96}K_{0.01})_{0.97}(Al_{1.00}Si_{3.01})_{4.01}O_{8.00}$$

DFe1430-1 晶体化学式：

$$(Na_{0.97}Ca_{0.03}Fe_{0.01})_{1.01}(Al_{1.03}Si_{2.96})_{3.99}O_{8.00}$$

表 3-2 矿区岩矿石中普通角闪石和铁白云石电子探针成分（质量分数） （%）

样品	DFe1502-4	DFe1454-2	DFe1454-3	DFe1454-4	DCu1402T-4	样品	DFe1429-2	DFe1429-3
	交代蚀变铁矿石	蚀变辉长岩			浸染状铁铜钴矿石		钠长石碳酸岩	
	普通角闪石						铁白云石	
SiO_2	48.4	46.83	45.51	43.38	39.97	SiO_2	0.00	0.02
TiO_2	0.00	0.74	0.62	0.49	0.52	Al_2O_3	0.00	0.00
Al_2O_3	8.84	9.23	9.21	10.62	12.66	TiO_2	0.00	0.00
Fe_2O_3	3.36	3.77	4.38	6.38	3.59	FeO	12.67	12.36
FeO	4.62	10.86	10.51	11.27	17.4	V_2O_3	0.00	0.11
MnO	0.00	0.00	0.00	0.00	0.05	Cr_2O_3	0.04	0.00
MgO	16.82	11.61	11.42	9.96	7.96	NiO	0.00	0.00
CaO	12.88	11.06	11.1	10.95	11.18	MnO	3.28	1.34
Na_2O	1.88	2.14	2.23	2.72	2.18	MgO	9.85	10.99
K_2O	0.54	0.61	0.64	1.04	1.61	CaO	29.52	30.43
F	0.58	0.09	0.17	0.19	0.00	K_2O	0.00	0.00
总计	97.34	96.86	95.62	96.81	97.11	Na_2O	0.06	0.02
O=2F	-1.16	-0.18	-0.34	-0.38	0.00	CO_2	43.80	44.43
总计	96.18	96.68	95.28	96.43	97.11	总计	99.22	99.70
基于标准阳离子法计算								
Si^{4+}	6.93	6.8	6.85	6.57	6.12	Si^{4+}	0.00	0.00
Ti^{4+}	0.00	0.2	0.07	0.06	0.06	Al^{3+}	0.00	0.00
Al^{3+}	1.51	2.13	1.65	1.92	2.31	Ti^{4+}	0.00	0.00
Fe^{3+}	0.37	0.45	0.5	0.74	0.42	Fe^{2+}	0.35	0.34
Fe^{2+}	0.56	1.44	1.34	1.44	2.25	V^{3+}	0.00	0.00
Mg^{2+}	3.63	1.98	2.59	2.28	1.84	Cr^{3+}	0.00	0.00
Mn^{4+}	0.00	0.00	0.00	0.00	0.01	Ni^{2+}	0.00	0.00
Ca^{2+}	2	1.72	1.81	1.8	1.86	Mn^{2+}	0.09	0.04
Na^+	0.26	0.47	0.33	0.4	0.33	Mg^{2+}	0.49	0.54
K^+	0.05	0.05	0.06	0.1	0.16	Ca^{2+}	1.06	1.08
总计	15.31	15.24	15.2	15.31	15.36	K^+	0.00	0.00
F	0.27	0.00	0.08	0.09	0.00	Na^+	0.00	0.00
OH	1.68	1.46	1.92	1.91	2.00	C^{4+}	2.00	2.00
O	0.05	0.54	0.00	0.00	0.00	总计	4.00	4.00

注：Fe^{3+}、Fe^{2+}含量据林文蔚等（1994）估算。其中，氧化物成分数值为 0 代表低于检测限。

表 3-2 中计算的普通角闪石晶体化学式如下：

DCu1402T-4 晶体化学式：

$$(Fe^{2+}_{0.01}Ca_{1.86}K_{0.16}Na_{0.33})_{2.35}(Fe^{2+}_{2.24}Fe^{3+}_{0.42}Mg^{2+}_{1.84}Mn^{2+}_{0.01}Al^{3+}_{0.49})_{5.00}$$
$$[(Si_{6.12}Al^{3+}_{1.82}Ti_{0.06})_{8.00}O_{22.00}](OH)_{2.00}$$

DFe1454-2 晶体化学式：

$$(Ca_{1.72}K_{0.05}Na_{0.47})2.26(Fe^{2+}_{1.44}Fe^{3+}_{0.45}Mg^{2+}_{1.98}Al^{3+}_{1.13})_{5.00}$$
$$[(Si_{6.80}Al^{3+}_{1.00}Ti_{0.20})_{8.00}O_{22.0}](OH_{1.46}O_{0.54})_{2.00}$$

DFe1454-3 晶体化学式：

$$(Ca_{1.81}K_{0.06}Na_{0.33})_{2.20}(Fe^{2+}_{1.18}Fe^{3+}_{0.66}Mg^{2+}_{2.59}Al^{3+}_{0.57})_{5.00}[(Si_{6.85}Al^{3+}_{1.08}Ti_{0.07})_{8.00}O_{22.00}]$$
$$(OH_{1.76}O_{0.16}F_{0.08})_{2.00}$$

DFe1454-4 晶体化学式：

$$(Ca_{1.80}K_{0.10}Na_{0.40})_{2.30}(Fe^{2+}_{1.82}Fe^{3+}_{0.36}Mg^{2+}_{2.28}Al^{3+}_{0.54})_{5.00}[(Si_{6.57}Al^{3+}_{1.38}Ti_{0.06})_{8.00}O_{22.00}]$$
$$(OH_{1.91}F_{0.09})_{2.00}$$

DFe1502-4 晶体化学式：

$$(Ca_{2.00}K_{0.05}Na_{0.26})_{2.31}(Fe^{2+}_{0.58}Fe^{3+}_{0.35}Mg^{2+}_{3.63}Al^{3+}_{0.44})_{5.00}[(Si_{6.93}Al^{3+}_{1.07})O_{22.00}]$$
$$(OH_{1.71}O_{0.03}F_{0.27})_{2.00}$$

表 3-2 中计算的铁白云石晶体化学式如下：

DFe1429-2 晶体化学式：

$$Ca_{1.06}(Mg_{0.49}Fe_{0.35}Mn_{0.09})_{0.93}(CO_3)_2$$

DFe1429-3 晶体化学式：

$$Ca_{1.08}(Mg_{0.54}Fe_{0.34}Mn_{0.04})_{0.92}(CO_3)_2$$

表 3-3 岩矿石中普通辉石、铁铝榴石的电子探针成分（质量分数） （%）

样品	DFe1454-5	DFe1454-6	样品	DFe1430-3	DFe1430-4	DFe1430-5	DFe1430-6
	普通辉石			铁铝榴石			
SiO_2	40.78	40.57	SiO_2	37.49	37.70	37.90	38.23
Al_2O_3	13.60	14.00	Al_2O_3	20.63	20.68	20.37	20.75
TiO_2	0.60	0.48	TiO_2	0.03	0.03	0.07	0.01
FeO*	21.46	22.43	FeO*	29.28	29.17	26.62	30.37
MnO	0.07	0.09	MnO	6.86	6.76	8.78	5.45
MgO	8.25	7.32	MgO	1.21	1.21	1.10	1.36
CaO	11.39	10.42	CaO	5.12	5.15	5.17	5.14
K_2O	1.59	1.70	Na_2O	0.03	0.04	0.08	0.08
Na_2O	2.26	2.99	K_2O	—	—	—	—
总计	100.00	100.00	总计	100.66	100.74	100.08	101.38

续表 3-3

样品	DFe1454-5	DFe1454-6	样品	DFe1430-3	DFe1430-4	DFe1430-5	DFe1430-6
	普通辉石			铁铝榴石			
基于 6 个氧原子计算			基于 12 个氧原子计算				
Si^{4+}	1.54	1.53	Si^{4+}	3.02	3.03	3.06	3.04
Al^{3+}	0.60	0.62	Al^{3+}	1.96	1.96	1.94	1.95
Ti^{4+}	0.02	0.01	Ti^{4+}	0.00	0.00	0.00	0.00
Fe^{3+}	0.53	0.60	Fe^{3+}	0.01	0.00	0.00	0.00
Fe^{2+}	0.14	0.11	Fe^{2+}	1.96	1.96	1.79	2.02
Mn^{2+}	0.00	0.00	Mn^{2+}	0.47	0.46	0.60	0.37
Mg^{2+}	0.46	0.41	Mg^{2+}	0.14	0.14	0.13	0.16
Ca^{2+}	0.46	0.42	Ca^{2+}	0.44	0.44	0.45	0.44
K^{+}	0.08	0.04	K^{+}	—	—	—	—
Na^{+}	0.17	0.22	Na^{+}	0.00	0.01	0.01	0.01
总计	4.00	3.96	总计	8.00	7.99	7.98	7.99

注：FeO* 表示全铁。Fe^{3+} 与 Fe^{2+} 含量依据剩余 O 法计算。其中，氧化物数值为 0 代表低于检测限，“—”代表此氧化物未参与检测。

表 3-3 中计算的普通辉石晶体化学式如下：

DFe1454-5 晶体化学式：

$$(Ca_{0.46}Na_{0.17}K_{0.08}Fe^{2+}_{0.15}Mg_{0.14})_{1.00}(Mg_{0.31}Al_{0.14}Fe^{3+}_{0.53}Ti_{0.02})_{1.00}[(Si_{1.54}Al_{0.46})_{2.00}O_{6.00}]$$

DFe1454-6 晶体化学式：

$$(Ca_{0.42}Na_{0.22}K_{0.04}Fe^{2+}_{0.11}Mg_{0.17})_{0.96}(Mg_{0.24}Al^{0.15}Fe^{3+}_{0.60}Ti_{0.01})_{1.00}[(Si_{1.53}Al_{0.47})_{2.00}O_{6.00}]$$

表 3-3 中计算的铁铝榴石晶体化学式如下：

DFe1430-3 晶体化学式：

$$(Fe^{2+}_{1.96}Mg_{0.14}Mn_{0.47}Ca_{0.44})_{3.01}(Al_{1.96}Fe^{3+}_{0.01})_{1.97}[Si_{3.02}O_{12.00}]$$

DFe1430-4 晶体化学式：

$$(Fe^{2+}_{1.96}Mg_{0.14}Mn_{0.46}Ca_{0.44}Na_{0.01})_{3.00}Al_{1.96}[Si_{3.03}O_{12.00}]$$

DFe1430-5 晶体化学式：

$$(Fe^{2+}_{1.79}Mg_{0.13}Mn_{0.60}Ca_{0.45}Na_{0.01})_{2.98}Al_{1.94}[Si_{3.06}O_{12.00}]$$

DFe1430-6 晶体化学式：

$$(Fe^{2+}_{2.02}Mg_{0.16}Mn_{0.37}Ca_{0.44}Na_{0.01})_{3.00}Al_{1.95}[Si_{3.04}O_{12.00}]$$

表3-4 矿石中磁铁矿电子探针成分分析（质量分数） （%）

样品	DFe1414-1	DFe1414-2	DFe1410-1	DFe1410-2	DFe1502-1	DFe1502-2	DFe1502-3	DFe1509-2-1	DFe1509-2-2
	露天采场（940~1100m）-V				400m-Ⅱ			300m-Ⅱ	
SiO_2	0.02	0.04	0.03	0.06	0.03	0.02	0.05	0.00	0.05
Al_2O_3	0.04	0.08	0.15	0.10	0.05	0.03	0.02	0.06	0.05
TiO_2	1.47	1.33	0.09	0.00	0.00	0.00	0.00	0.00	0.00
Fe_2O_3	64.47	64.55	65.60	66.04	67.16	67.31	67.25	67.58	67.80
FeO	32.03	31.93	30.35	30.67	30.88	30.83	30.73	30.46	30.32
V_2O_3	0.12	0.23	1.56	1.18	0.11	0.12	0.14	0.00	0.00
Cr_2O_3	0.00	0.00	0.08	0.07	0.00	0.05	0.00	0.00	0.00
NiO	0.00	0.00	0.00	0.00	0.00	0.00	0.00	0.00	0.00
MnO	0.00	0.00	0.00	0.00	0.00	0.00	0.00	0.05	0.00
MgO	0.00	0.02	0.03	0.00	0.00	0.00	0.04	0.00	0.00
CaO	0.01	0.01	0.02	0.01	0.01	0.00	0.08	0.04	0.07
K_2O	0.01	0.00	0.00	0.00	0.00	0.00	0.00	0.00	0.00
Na_2O	0.00	0.00	0.13	0.05	0.00	0.00	0.00	0.07	0.11
F	0.28	0.26	0.50	0.41	0.47	0.36	0.41	0.49	0.37
总计	98.45	98.46	98.56	98.60	98.72	98.73	98.72	98.76	98.78
基于4个氧原子计算									
Si^{4+}	0.00	0.00	0.00	0.00	0.00	0.00	0.00	0.00	0.00
Al^{3+}	0.00	0.00	0.01	0.00	0.00	0.00	0.00	0.00	0.00
Ti^{4+}	0.04	0.04	0.00	0.00	0.00	0.00	0.00	0.00	0.00
Fe^{3+}	1.90	1.90	1.93	1.95	1.98	1.98	1.98	1.99	1.99
Fe^{2+}	1.05	1.05	0.99	1.00	1.01	1.01	1.01	1.00	0.99
V^{3+}	0.00	0.01	0.05	0.04	0.00	0.00	0.00	0.00	0.00
Cr^{3+}	0.00	0.00	0.00	0.00	0.00	0.00	0.00	0.00	0.00
Ni^{2+}	0.00	0.00	0.00	0.00	0.00	0.00	0.00	0.00	0.00
Mn^{2+}	0.00	0.00	0.00	0.00	0.00	0.00	0.00	0.00	0.00
Mg^{2+}	0.00	0.00	0.00	0.00	0.00	0.00	0.00	0.00	0.00
Ca^{2+}	0.00	0.00	0.00	0.00	0.00	0.00	0.00	0.00	0.00
K^+	0.00	0.00	0.00	0.00	0.00	0.00	0.00	0.00	0.00
Na^+	0.00	0.00	0.01	0.00	0.00	0.00	0.00	0.01	0.01
总计	2.99	3.00	2.99	2.99	2.99	2.99	2.99	3.00	2.99

注：Fe^{3+}与Fe^{2+}含量依据剩余O法计算。

表 3-4 中计算的磁铁矿晶体化学式如下：

DFe1414-1 晶体化学式：

$$(Fe^{3+}_{0.95}Ti^{4+}_{0.04})_{0.99}(Fe^{2+}_{1.05}Fe^{3+}_{0.95})_{2.00}O_{4.00}$$

DFe1414-2 晶体化学式：

$$(Fe^{3+}_{0.95}V^{3+}_{0.01}Ti^{4+}_{0.04})_{1.00}(Fe^{2+}_{1.05}Fe^{3+}_{0.95})_{2.00}O_{4.00}$$

DFe1410-1 晶体化学式：

$$(Fe^{3+}_{0.82}Na^{+}_{0.01}Al^{3+}_{0.01}V^{3+}_{0.05})_{0.89}(Fe^{2+}_{0.99}Fe^{3+}_{1.01})_{2.00}O_{4.00}$$

DFe1410-2 晶体化学式：

$$(Fe^{3+}_{0.95}V^{3+}_{0.04})_{0.99}(Fe^{2+}_{1.00}Fe^{3+}_{1.00})_{2.00}O_{4.00}$$

DFe1502-1 晶体化学式：

$$Fe^{3+}_{0.99}(Fe^{2+}_{1.01}Fe^{3+}_{0.99})_{2.00}O_{4.00}$$

DFe1502-2 晶体化学式：

$$Fe^{3+}_{0.99}(Fe^{2+}_{1.01}Fe^{3+}_{0.99})_{2.00}O_{4.00}$$

DFe1502-3 晶体化学式：

$$Fe^{3+}_{0.99}(Fe^{2+}_{1.01}Fe^{3+}_{0.99})_{2.00}O_{4.00}$$

DFe1509-2-1 晶体化学式：

$$(Fe^{3+}_{0.99}Na^{+}_{0.01})_{1.00}(Fe^{2+}_{1.00}Fe^{3+}_{1.00})_{2.00}O_{4.00}$$

DFe1509-2-2 晶体化学式：

$$(Fe^{3+}_{0.98}Na^{+}_{0.01})_{0.99}(Fe^{2+}_{0.99}Fe^{3+}_{1.01})_{2.00}O_{4.00}$$

表 3-5 中计算的磁铁矿晶体化学式如下：

DFe1517-2-1 晶体化学式：

$$Fe^{3+}_{1.00}(Fe^{2+}_{1.01}Fe^{3+}_{0.99})_{2.00}O_{4.00}$$

DFe1517-2-2 晶体化学式：

$$(Fe^{3+}_{0.99}Na^{+}_{0.01})_{1.00}(Fe^{2+}_{1.00}Fe^{3+}_{1.00})_{2.00}O_{4.00}$$

DFe1514-2-1 晶体化学式：

$$(Fe^{3+}_{0.97}Na^{+}_{0.01}Ca^{2+}_{0.02})_{1.00}(Fe^{2+}_{0.98}Fe^{3+}_{1.02})_{2.00}O_{4.00}$$

DFe1514-2-2 晶体化学式：

$$Fe^{3+}_{0.99}(Fe^{2+}_{1.01}Fe^{3+}_{0.99})_{2.00}O_{4.00}$$

DFe1572-1 晶体化学式：

$$(Fe^{3+}_{0.98}Ca^{2+}_{0.01})_{0.99}(Fe^{2+}_{1.00}Fe^{3+}_{1.00})_{2.00}O_{4.00}$$

DFe1572-2 晶体化学式：

$$(Fe^{3+}_{0.99}Na^{+}_{0.01})_{1.00}(Fe^{2+}_{1.00}Fe^{3+}_{1.00})_{2.00}O_{4.00}$$

DFe1572-3 晶体化学式：

$$Fe^{3+}_{0.98}(Fe^{2+}_{1.01}Fe^{3+}_{0.99})_{2.00}O_{4.00}$$

DHS1369-1 晶体化学式：

$$Fe^{3+}_{1.00}(Fe^{2+}_{1.01}Fe^{3+}_{0.99})_{2.00}O_{4.00}$$

表 3-5 矿石中磁铁矿电子探针成分分析（质量分数） （%）

样品	DFe1517-2-1	DFe1517-2-2	DFe1514-2-1	DFe1514-2-2	DFe1572-1	DFe1572-2	DFe1572-3	DHS1369-1
	300m-Ⅱ				露天堆矿场			
SiO_2	0.00	0.05	0.00	0.06	0.02	0.03	0.00	0.00
Al_2O_3	0.05	0.05	0.04	0.07	0.10	0.03	0.08	0.08
TiO_2	0.00	0.05	0.00	0.00	0.00	0.08	0.00	0.00
Fe_2O_3	67.60	67.59	67.86	67.25	67.19	67.46	67.26	67.41
FeO	30.72	30.55	30.03	30.85	30.64	30.55	30.83	30.82
V_2O_3	0.00	0.00	0.00	0.00	0.13	0.00	0.09	0.00
Cr_2O_3	0.00	0.00	0.00	0.00	0.00	0.11	0.05	0.04
NiO	0.00	0.00	0.00	0.00	0.00	0.00	0.00	0.00
MnO	0.00	0.00	0.00	0.00	0.00	0.00	0.00	0.00
MgO	0.00	0.00	0.00	0.00	0.00	0.00	0.00	0.00
CaO	0.00	0.02	0.41	0.00	0.20	0.02	0.00	0.00
K_2O	0.00	0.00	0.00	0.00	0.00	0.00	0.00	0.00
Na_2O	0.02	0.08	0.07	0.02	0.00	0.08	0.00	0.00
F	0.36	0.36	0.38	0.47	0.43	0.37	0.41	0.38
总计	98.76	98.76	98.79	98.72	98.72	98.75	98.73	98.74
基于4个氧原子计算								
Si^{4+}	0.00	0.00	0.00	0.00	0.00	0.00	0.00	0.00
Al^{3+}	0.00	0.00	0.00	0.00	0.00	0.00	0.00	0.00
Ti^{4+}	0.00	0.00	0.00	0.00	0.00	0.00	0.00	0.00
Fe^{3+}	1.99	1.99	1.99	1.98	1.98	1.99	1.98	1.99
Fe^{2+}	1.01	1.00	0.98	1.01	1.00	1.00	1.01	1.01
V^{3+}	0.00	0.00	0.00	0.00	0.00	0.00	0.00	0.00
Cr^{3+}	0.00	0.00	0.00	0.00	0.00	0.00	0.00	0.00
Ni^{2+}	0.00	0.00	0.00	0.00	0.00	0.00	0.00	0.00
Mn^{2+}	0.00	0.00	0.00	0.00	0.00	0.00	0.00	0.00
Mg^{2+}	0.00	0.00	0.00	0.00	0.00	0.00	0.00	0.00
Ca^{2+}	0.00	0.00	0.02	0.00	0.01	0.00	0.00	0.00
K^+	0.00	0.00	0.00	0.00	0.00	0.00	0.00	0.00
Na^+	0.00	0.01	0.01	0.00	0.00	0.01	0.00	0.00
总计	3.00	3.00	3.00	2.99	2.99	3.00	2.99	3.00

注：Fe^{3+}与Fe^{2+}含量依据剩余O法计算。

表 3-6　矿石中磁铁矿与黑云母电子探针成分分析（质量分数）　　（%）

样品	DHS1369-2	DFe1430-1	DFe1430-2	DCu1402T	样品	DCu1402T-1	DCu1402T-2	DCu1402T-3
	露天堆矿场			铜矿区-Ⅰ		浸染状铁铜钴矿石（黑云母）		
SiO_2	0.02	0.05	0.00	0.04	SiO_2	36.31	36.45	36.45
Al_2O_3	0.06	0.10	0.08	0.09	TiO_2	1.64	1.67	2.04
TiO_2	0.00	0.13	0.15	0.17	Al_2O_3	13.92	14.53	13.64
Fe_2O_3	67.43	67.44	67.22	67.29	Fe_2O_3	5.72	6.99	6.49
FeO	30.83	30.60	30.87	30.29	FeO	18.69	18.32	18.24
V_2O_3	0.00	0.00	0.00	0.25	MgO	8.83	8.56	8.51
Cr_2O_3	0.05	0.00	0.00	0.00	Cr_2O_3	0.05	0.00	0.04
NiO	0.00	0.00	0.00	0.00	V_2O_3	0.00	0.12	0.00
MnO	0.00	0.03	0.00	0.00	MnO	0.03	0.00	0.00
MgO	0.00	0.00	0.00	0.04	CaO	0.00	0.00	0.00
CaO	0.00	0.00	0.05	0.04	Na_2O	0.22	0.11	0.24
K_2O	0.00	0.00	0.00	0.00	K_2O	9.21	8.92	9.24
Na_2O	0.00	0.08	0.00	0.15	F	1.82	1.65	1.58
F	0.34	0.31	0.34	0.37	Cl	1.18	0.95	1.22
总计	98.74	98.74	98.72	98.73	总计	97.61	98.27	97.69
基于 4 个氧原子计算					O=F+Cl	−1.5	−1.3	−1.5
Si^{4+}	0.00	0.00	0.00	0.00	总计	96.11	96.97	96.29
Al^{3+}	0.00	0.00	0.00	0.00	基于标准阳离子法计算			
Ti^{4+}	0.00	0.00	0.00	0.00	Si^{4+}	2.90	2.87	2.92
Fe^{3+}	1.99	1.98	1.98	1.98	Ti^{4+}	0.10	0.10	0.12
Fe^{2+}	1.01	1.00	1.01	0.99	Al^{3+}	1.32	1.36	1.30
V^{3+}	0.00	0.00	0.00	0.01	Fe^{3+}	0.35	0.42	0.40
Cr^{3+}	0.00	0.00	0.00	0.00	Fe^{2+}	1.26	1.22	1.23
Ni^{2+}	0.00	0.00	0.00	0.00	Mg^{2+}	1.06	1.02	1.03
Mn^{2+}	0.00	0.00	0.00	0.00	Na^+	0.03	0.02	0.04
Mg^{2+}	0.00	0.00	0.00	0.00	K^+	0.95	0.91	0.95
Ca^{2+}	0.00	0.00	0.00	0.00	总计	7.97	7.92	7.99
K^+	0.00	0.00	0.00	0.00	F	0.46	0.42	0.47
Na^+	0.00	0.01	0.00	0.01	Cl	0.16	0.13	0.16
总计	3.00	2.99	2.99	2.99	OH	1.38	1.46	1.37

注：磁铁矿 Fe^{3+} 与 Fe^{2+} 含量依据剩余 O 法计算，黑云母 Fe^{3+}、Fe^{2+} 含量据林文蔚等（1994）估算。其中，氧化物数值为 0 代表低于检测限。

表3-6中计算的磁铁矿晶体化学式如下：

DHS1369-2晶体化学式：

$$Fe^{3+}_{1.00}(Fe^{2+}_{1.01}Fe^{3+}_{0.99})_{2.00}O_{4.00}$$

DFe1430-1晶体化学式：

$$(Fe^{3+}_{0.98}Na^{+}_{0.01})_{0.99}(Fe^{2+}_{1.00}Fe^{3+}_{1.00})_{2.00}O_{4.00}$$

DFe1430-2晶体化学式：

$$Fe^{3+}_{0.99}(Fe^{2+}_{1.01}Fe^{3+}_{0.99})_{2.00}O_{4.00}$$

DCu1402T晶体化学式：

$$(Fe^{3+}_{0.97}Na^{+}_{0.01}V^{3+}_{0.01})_{0.99}(Fe^{2+}_{0.99}Fe^{3+}_{1.01})_{2.00}O_{4.00}$$

表3-6中计算的黑云母晶体化学式如下：

DCu1402T-1晶体化学式：

$$(K_{0.95}Na_{0.03})_{0.98}(Al^{3+}_{0.22}Fe^{3+}_{0.35}Ti^{4+}_{0.10}Mg^{2+}_{1.06}Fe^{2+}_{1.26})_{2.99}$$
$$[(Si_{2.90}Al^{3+}_{1.10})_{4.00}O_{10.00}][OH_{1.38}F_{0.46}Cl_{0.16}]_{2.00}$$

DCu1402T-2晶体化学式：

$$(K_{0.91}Na_{0.02})_{0.93}(Al^{3+}_{0.23}Fe^{3+}_{0.27}Ti^{4+}_{0.10}Mg^{2+}_{1.02}Fe^{2+}_{1.22})_{2.84}[(Si_{2.87}Al^{3+}_{1.13})_{4.00}O_{10.00}]$$
$$[OH_{1.46}F_{0.42}Cl_{0.13}]_{2.00}$$

DCu1402T-3晶体化学式：

$$(K_{0.95}Na_{0.04})_{0.99}(Al^{3+}_{0.22}Fe^{3+}_{0.40}Ti^{4+}_{0.12}Mg^{2+}_{1.03}Fe^{2+}_{1.23})_{3.00}[(Si_{2.92}Al^{3+}_{1.08})_{4.00}O_{10.00}]$$
$$[OH_{1.37}F_{0.47}Cl_{0.16}]_{2.00}$$

3.4 矿体特征

3.4.1 矿体吨位品位

大红山铁铜矿床中铁金属储量约455.27Mt，铜金属储量约1.44Mt，有Ⅰ、Ⅱ、Ⅲ、Ⅳ号矿体，其中，铁矿体、铜矿体分别以Ⅱ号和Ⅰ号最大，主要矿体的铁、铜、金等储量数据见表3-7。

表3-7 大红山矿床主要矿体吨位及品位

矿体编号	赋矿围岩	成化元素	金属储量/Mt	Fe品位/%	Cu品位/%	Au品位/g·t^{-1}	Ag品位/g·t^{-1}	Co品位/%	Pt品位/g·t^{-1}	Pd品位/g·t^{-1}
Ⅰ	Pt_1dm^3	Fe、Cu、Au、Ag、Co、Pt、Pd	Fe32.67，Cu1.42，Au0.001，Ag0.012	27.68	0.78	0.13	1.39	0.012	0.001	0.015
Ⅱ	Pt_1dh^1	Fe	Fe362.51	44.87	ND	ND	ND	ND	ND	ND
Ⅲ	Pt_1dh^2	Fe、Cu、Au、Ag、Co、Pt、Pd	Fe33.26，Cu0.02	31.54	0.58	0.09	2.6	0.006	0.00	0.012
Ⅳ	Pt_1dh^3	Fe、Cu	Fe26.83	34.64	0.23	ND	ND	ND	ND	ND

注：储量及品位数据来源于大红山铁铜矿床详查报告中各矿体数据统计；ND表示数据未知。

3.4.2 矿体展布

先前昆钢大红山矿业公司将大红山矿区划分为东部和西部两个矿段：东部矿段细分为浅部铁矿、深部铁矿、东段Ⅰ号铁铜矿、曼岗河北岸铁矿以及哈姆白祖铁矿5个矿带，包括12个矿组，合计71个矿体；西部矿段细分为Ⅰ号铁铜矿、鲁格铁矿、二道河铁矿3个矿带。

近年，昆钢大红山矿业公司和有关研究人员依据矿区地质勘探资料和矿山采矿过程中所获得地质资料的不断积累，建立了大红山铁铜矿床矿体的三维空间形态，表明大红山铁矿体为“船状”形态，铜矿体为层状、似层状（图3-23）。此外，经过我们对矿区的详细观察与综合分析，铁矿体在空间上是可以连通的，其“船状”空间形态准确，而前人将其划分为若干个矿体是限于当时的认识所造成的。

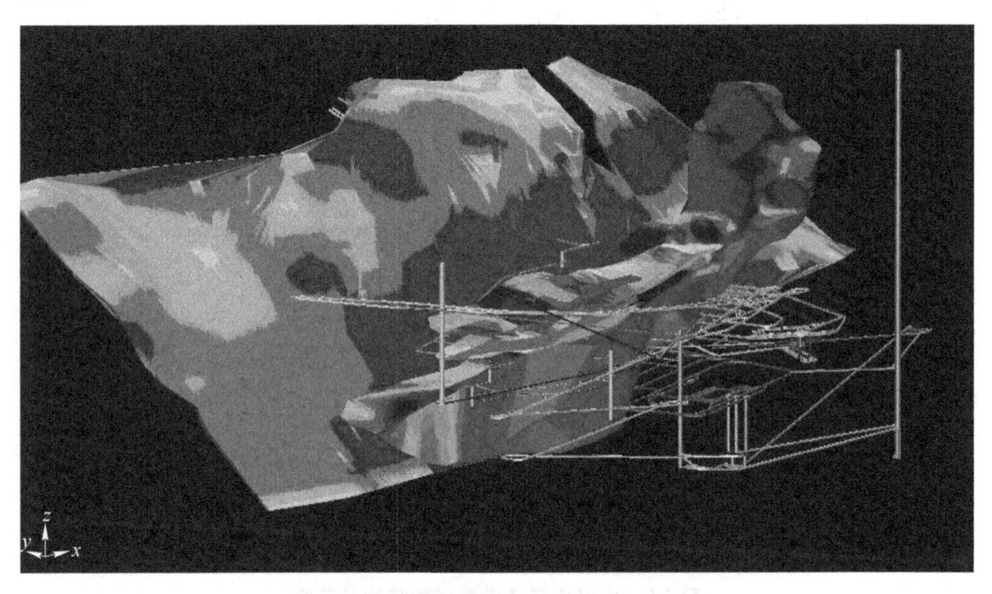

图3-23 大红山铁铜矿床中矿体立体形态
（右下部分代表铁矿体；左上部分代表铜矿体）
（据昆钢玉溪大红山矿业公司资料，2013）

野外地质证据表明，大红山矿区铁矿体在空间上被“辉长辉绿岩”（主体为蚀变辉长岩）所包围，也为矿山地质资料所证实（图3-24），红山岩组在空间上与铁矿密切共生（图3-25～图3-27），曼岗河岩组在空间上与铁铜矿体密切共生（图3-28～图3-30）。此外，矿区还常见有具侵入产状的“白云石钠长石岩”（钠长石碳酸岩）、石英斑岩、“斑状辉绿岩”（主体为蚀变辉长岩），局部也偶见辉绿岩脉（昆钢玉溪大红山矿业公司资料，2014）。

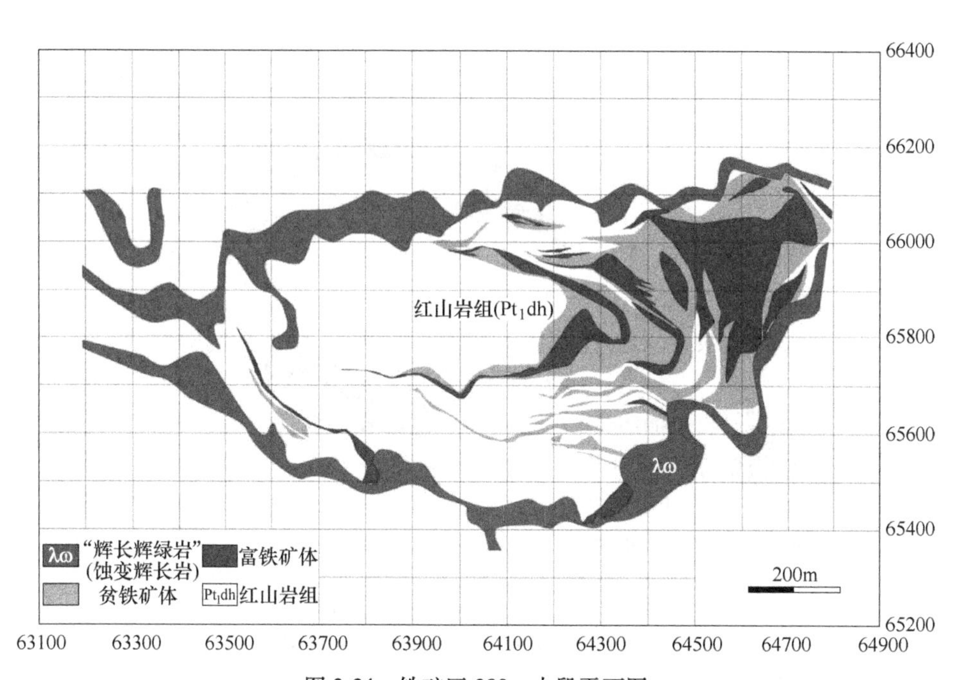

图 3-24 铁矿区 280m 中段平面图

（据昆钢玉溪大红山矿业公司资料，2008 年修编）

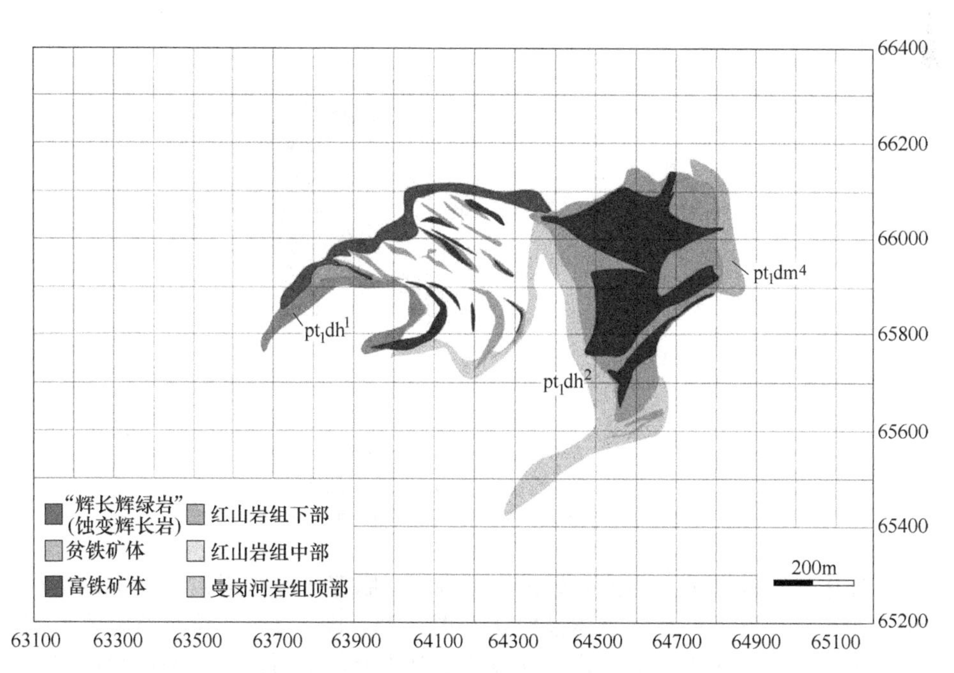

图 3-25 铁矿区 380m 中段平面图

（据昆钢玉溪大红山矿业有限公司资料，2008 年修编）

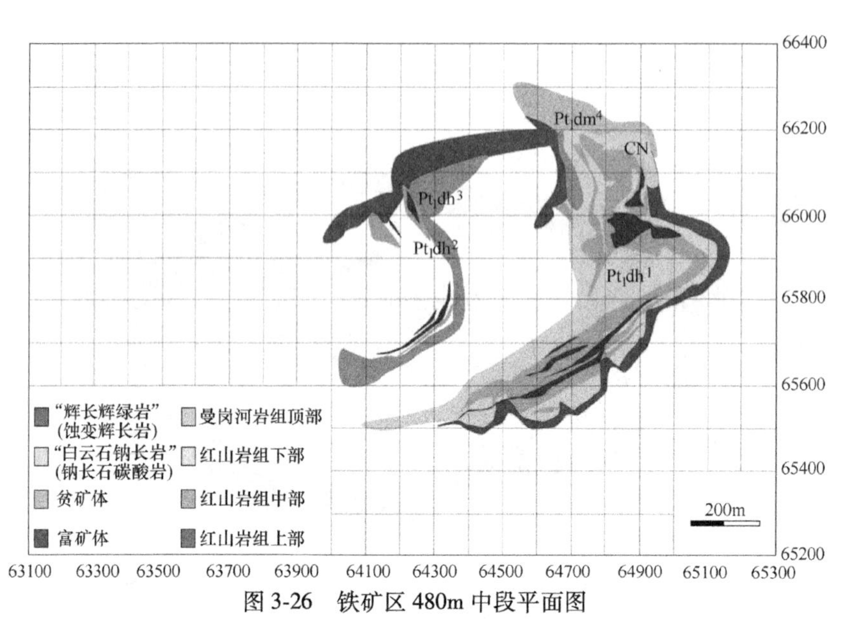

图 3-26 铁矿区 480m 中段平面图

（据昆钢玉溪大红山矿业有限公司资料，2008 年修编）

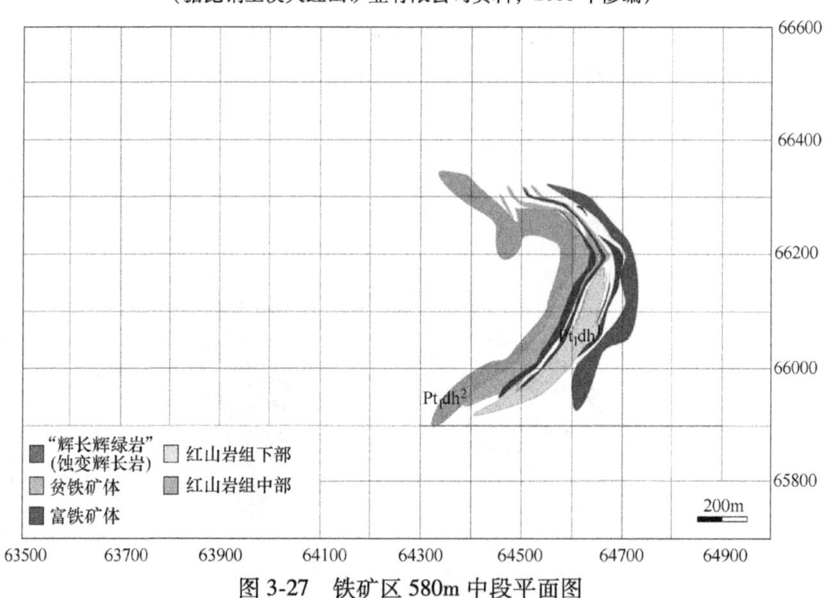

图 3-27 铁矿区 580m 中段平面图

（据昆钢玉溪大红山矿业有限公司资料，2008 年修编）

矿床中铁矿体总体上为蚀变辉长岩所圈闭，赋存于红山岩组。其中，赋存于红山岩组中下部的深部铁矿总体呈船状（图 3-28、图 3-29）。浅部铁矿体与铜矿体产出形态相似，表现为似层状、透镜状，总体上在不同标高呈叠瓦状产出，空间上也与"辉长辉绿岩"（蚀变辉长岩）、"白云石钠长岩"（钠长石碳酸岩）密切相关（图 3-28、图 3-29）。

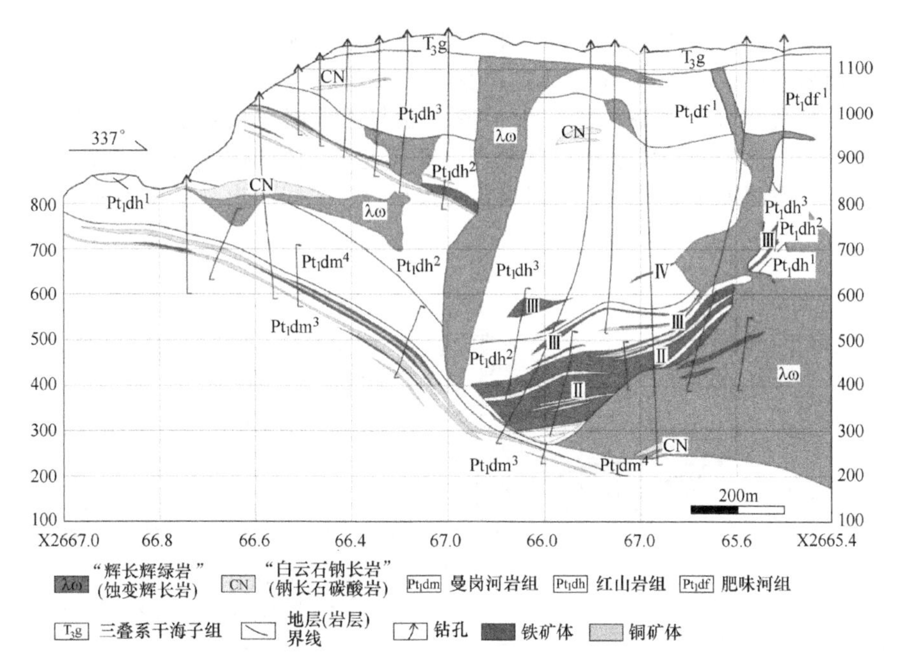

图 3-28 矿区东段 A37 号勘探线剖面图

（据昆钢玉溪大红山矿业有限公司资料，2008 年修编）

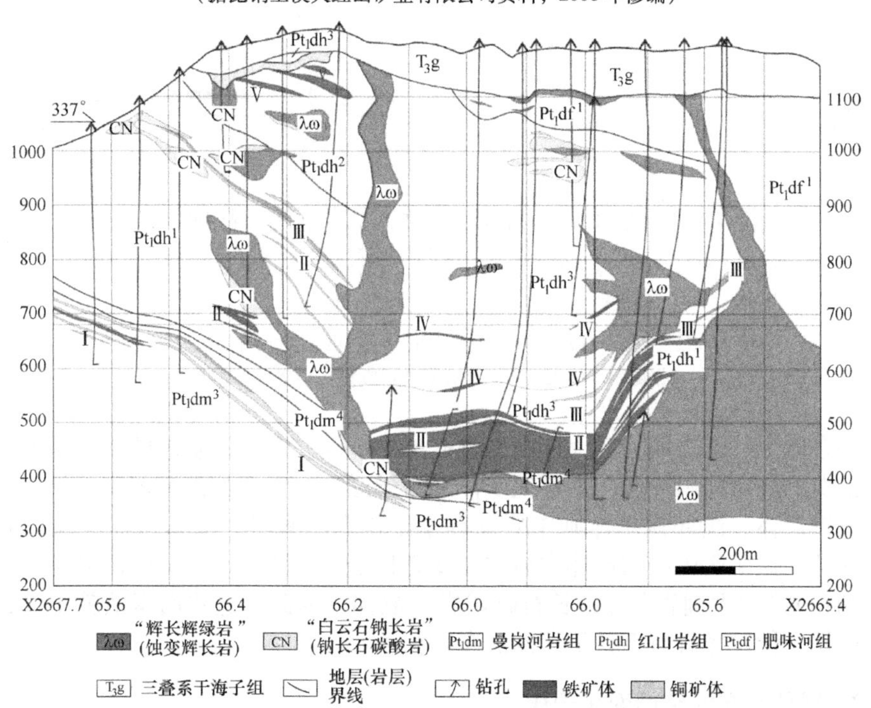

图 3-29 矿区东段 A38 号勘探线剖面图

（据昆钢玉溪大红山矿业有限公司资料，2008 年修编）

矿床中铜矿体总体上呈层状、似层状产出，与赋矿围岩近于整合产出，赋存于曼岗河岩组中上部（Pt_1dm^3）。矿体顶部为曼岗河岩组的“大理岩”“白云石钠长岩”所隔挡（图 3-28～图 3-30）。其产状与原地层产状基本一致。从空间上看，单个铜矿体和铁矿体呈透镜状分布，矿体总体上受围岩控制，大致呈层状、似层状，在空间展布上表现为不同标高大致平行、多层产出（图 3-28～图 3-30）。

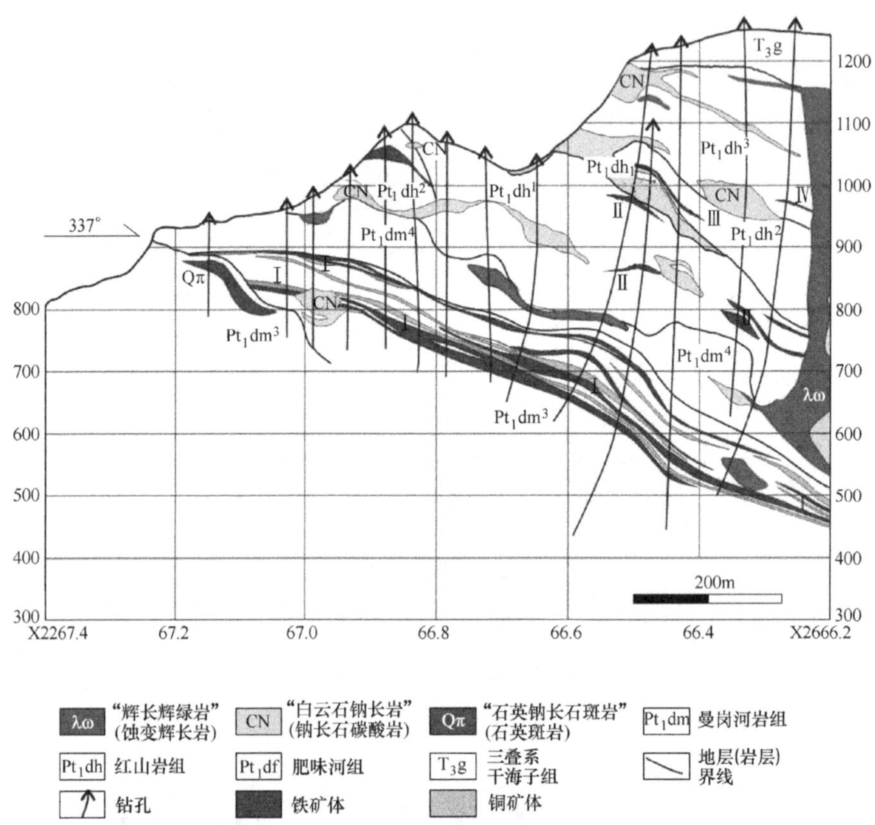

图 3-30 矿区东段 A40 号勘探线剖面图
（据昆钢玉溪大红山矿业有限公司资料，2008 年修编）

综合以上特征表明，在大红山铁铜矿床中，铁、铜矿体整体的展布受底巴都背斜南翼的红山向斜控制。深部铁矿体展布于红山向斜的核部薄弱带，呈船状产出，而铜矿体、浅部铁矿体则主要赋存于红山向斜翼部，呈似层状、透镜状产出。此外，铁矿区内的铁矿体主体被蚀变辉长岩岩体圈闭，铜矿体顶部受到“白云石钠长岩”“大理岩”（钠长石碳酸岩）隔挡。因此，这些因素造就了大红山矿床中铁、铜矿体具有上铁下铜的展布特征。

3.4.3 矿体展布的空间变化规律

对于铁矿体、铜矿体展布的空间变化，本次分别选择铁矿区 280m、380m、

480m、580m 中段平面图研究铁矿体的纵向变化规律，而选择矿区东段 A37、A38、A40 勘探线剖面图研究铁、铜矿体的横向变化规律。

（1）铁矿体：从图 3-31 可以看出，纵向上，铁矿体从深部向上矿体大致具有逐渐尖灭的趋势，且矿体主体上也具有向东延伸趋势。横向上，铁矿体由东向西深部铁矿体厚度比较稳定，但铁矿体主体赋存高度具有向上延伸的趋势，而伴生的小铜矿体也有增多的趋势（图 3-32）。

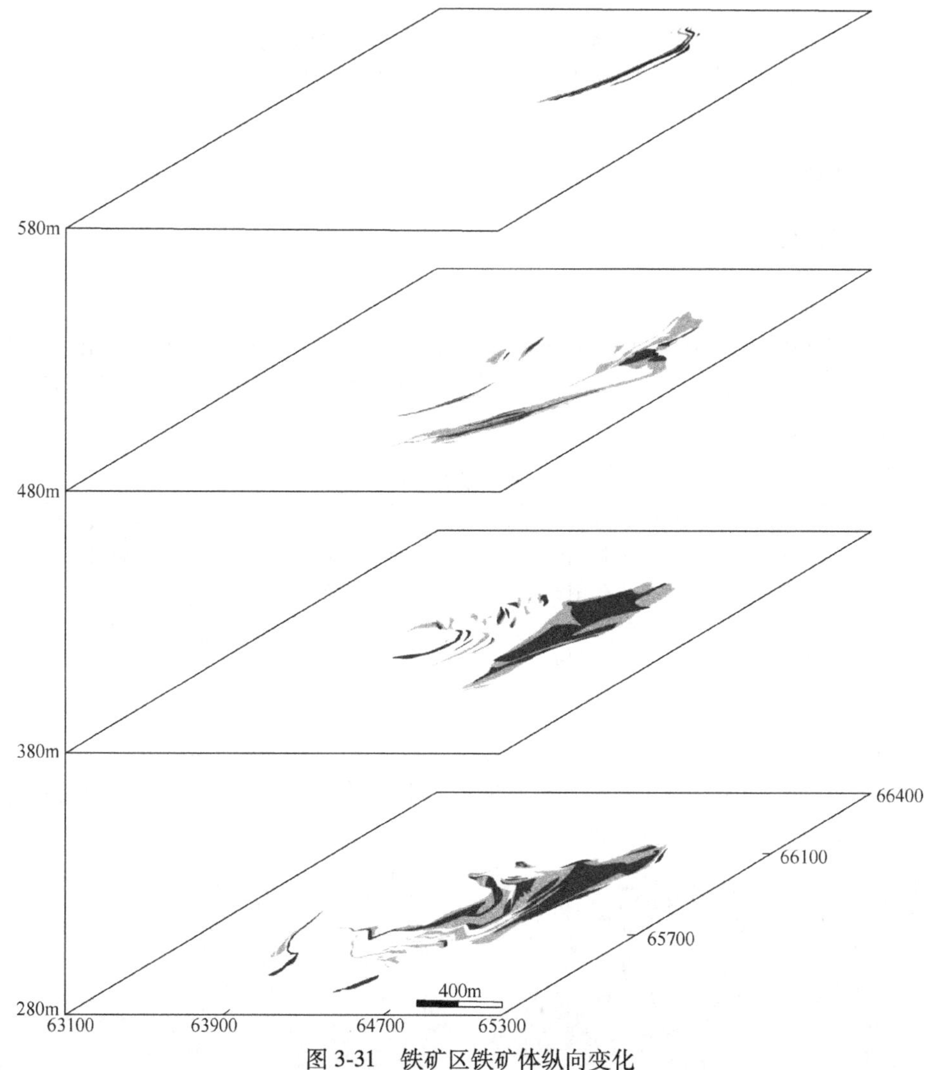

图 3-31　铁矿区铁矿体纵向变化

（中段平面简图底图据昆钢玉溪大红山矿业有限公司资料，2008 年修编）

（2）铜矿体：由图 3-32 可知，横向上，至东向西整体上铜矿体呈似层状，矿体厚度比较稳定，但矿体主体有向上延伸的趋势，且往上伴生的贫铁矿体增多。

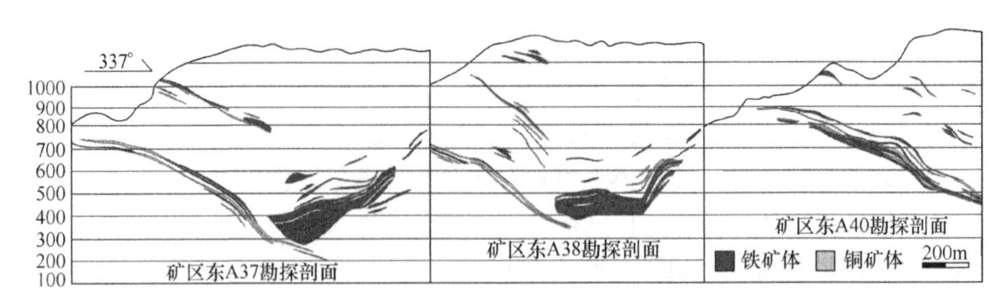

图 3-32　矿区铁、铜矿体至西向东横向变化

（勘探线剖面简图底图据昆钢玉溪大红山矿业有限公司资料，2008 年修编）

3.5　矿石特征

3.5.1　矿石组构

3.5.1.1　*矿石结构*

矿区矿石结构按成因可划分为结晶作用、交代作用、固溶体分离作用、压力作用形成，矿石结构分类详见表 3-8。此外，压碎结构主要发育在铜矿区的矿石中，铁矿区次之。

表 3-8　矿区矿石结构分类

结晶作用形成的结构	交代作用形成的结构	固溶体分离形成的结构	压力作用形成的结构
自形粒状结构	残余结构	叶片状结构	压碎结构
半自形粒状结构	文象结构	板状结构	压力双晶结构
他形粒状结构	浸蚀结构		揉皱结构
包含结构	世代结构		
共边结构	假象结构		

他形粒状结构：矿区主要的矿石结构，磁铁矿、黄铜矿、菱铁矿、赤铁矿、磁黄铁矿、黄铁矿斑铜矿呈不规则的他形晶粒散布于矿石中，粒径主要集中于 0.05～0.2mm（图 3-33～图 3-36）。

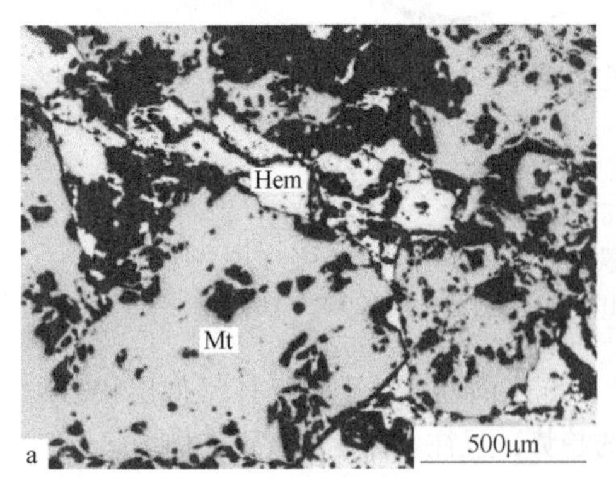

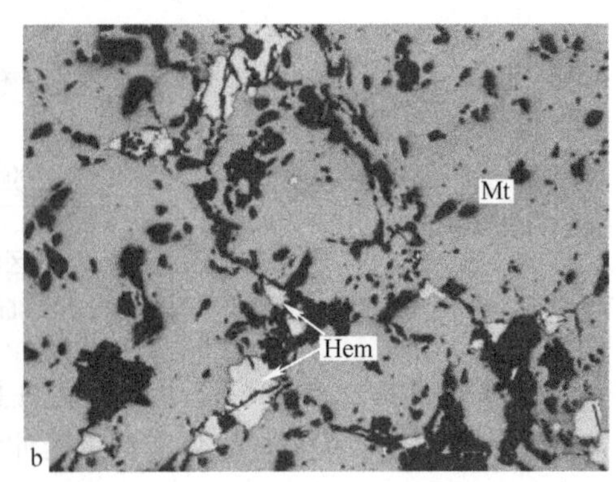

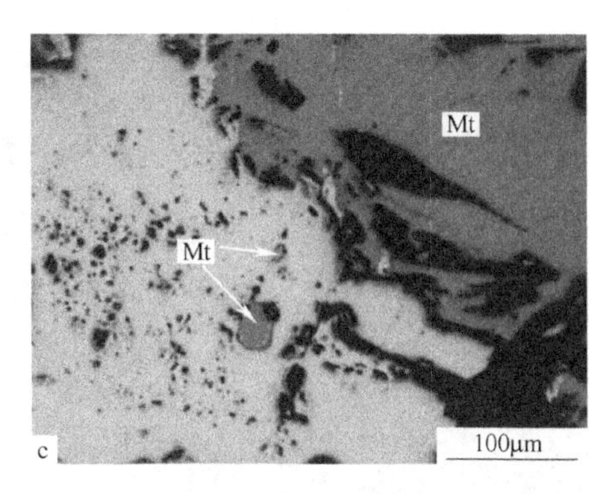

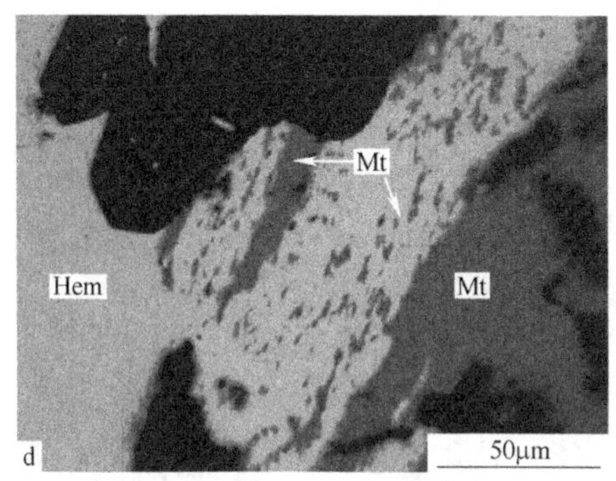

图 3-33 矿区块状磁铁矿石结构特征

a（反射单偏光）—赤铁矿沿磁铁矿含边界分布；b（反射单偏光）—赤铁矿沿磁铁矿边缘交代；c（反射单偏光）—赤铁矿沿磁铁矿交代，局部形成交代残余结构，可见磁体矿呈孤立状分布于赤铁矿中；d（反射单偏光）—交代形成的似文象结构

矿物代号：Mt—磁铁矿；Hem—赤铁矿

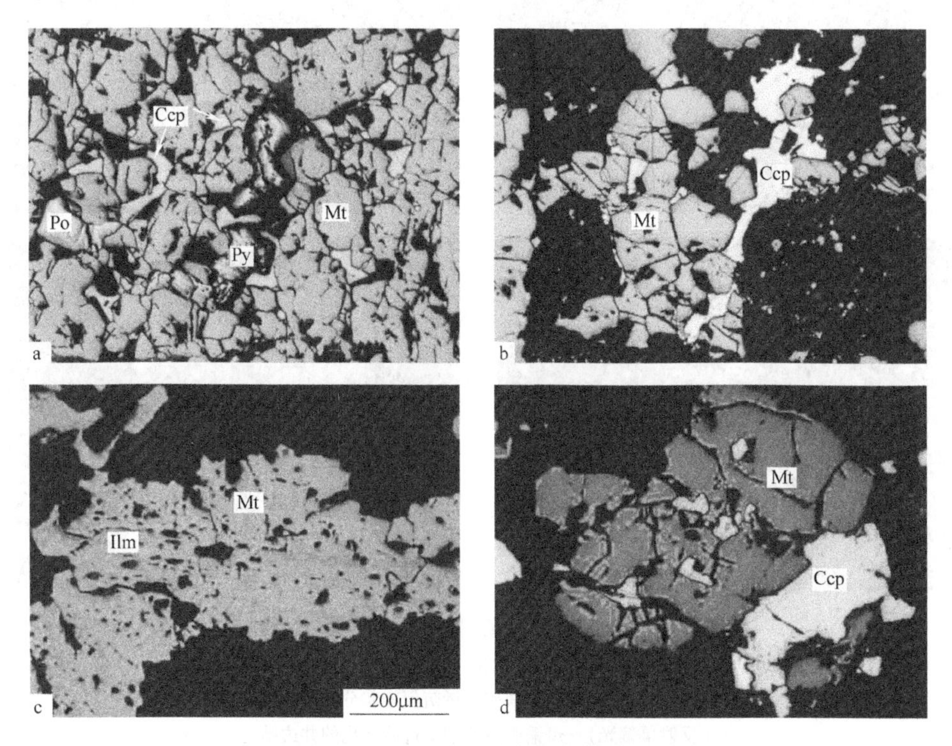

图 3-34 矿区浸染状铁铜矿石结构特征

a（反射单偏光）—他形黄铜矿、黄铁矿、磁黄铁矿分布于磁铁矿颗粒间隙及脉石矿物中；

b（反射单偏光）—黄铜矿沿磁铁矿边部及裂隙分布，时间相对较晚；

c（反射单偏光）—磁铁矿中钛铁矿呈叶片状，大致沿磁铁矿出溶；

d（反射单偏光）—黄铜矿沿磁铁矿裂隙及边缘轻微交代磁铁矿形成浸蚀结构

矿物代号：Mt—磁铁矿；Ccp—黄铜矿；Ilm—钛铁矿；Po—磁黄铁矿；Py—黄铁矿

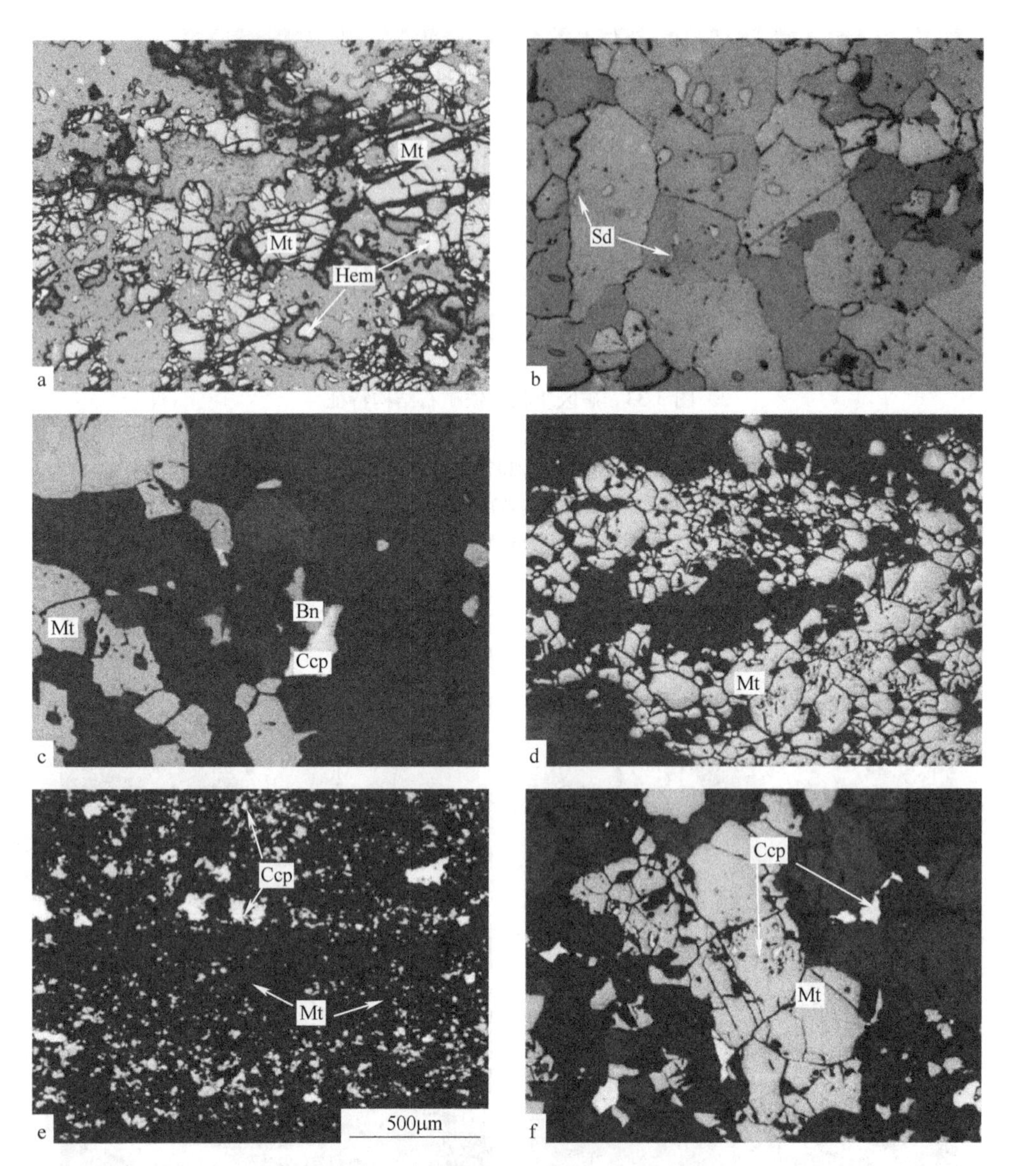

图 3-35 矿区纹层状/条带状铁铜矿石结构特征

a（反射单偏光）—自形磁铁矿的压碎结构，见脉石交代；

b（反射单偏光）—鳞片状菱铁矿呈稀疏侵染状分布于铁白云石中；

c（反射单偏光）—斑铜矿与黄铜矿过渡变化的共边结构；

d（反射单偏光）—磁铁矿呈条带状展布，磁铁矿颗粒大小混杂，总体粒度较其他成因小；

见磁铁矿与脉石矿物接触面多较为平直，交代迹象不明显；

e（反射单偏光）—纹层状铁铜矿微观特征；

f（反射单偏光）—黄铜矿沿磁铁矿裂隙轻微交代形成的浸蚀结构

矿物代号：Mt—磁铁矿；Ccp—黄铜矿；Hem—赤铁矿；Bn—斑铜矿；Sd—菱铁矿

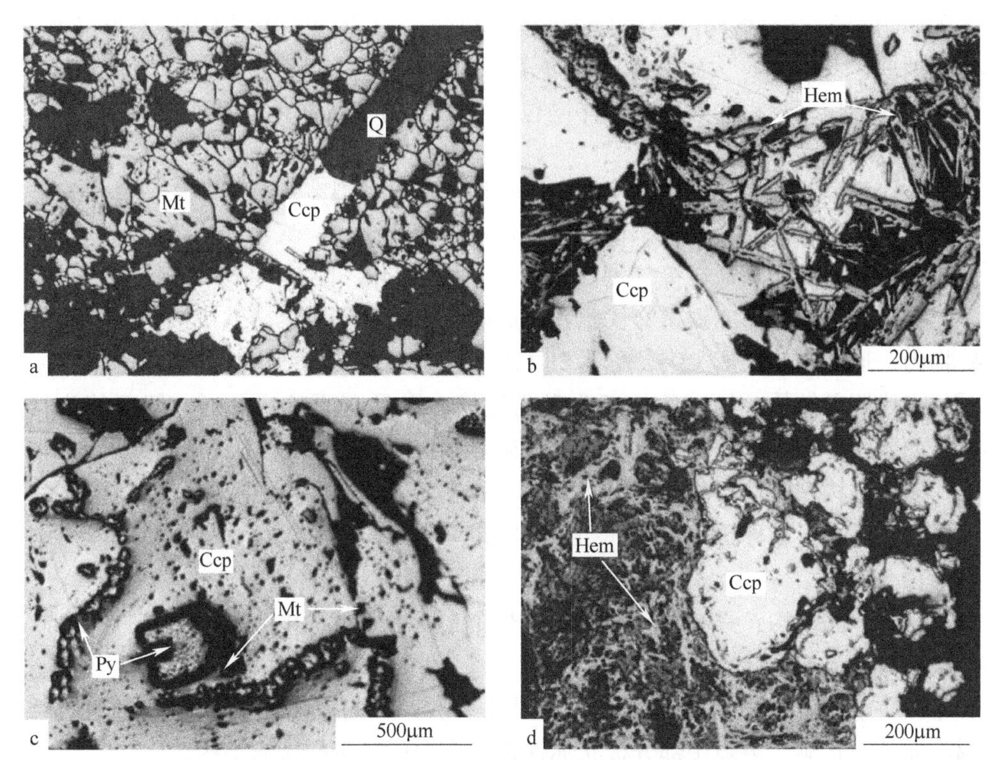

图 3-36 矿区脉状铁铜矿石结构特征

a（反射单偏光）—后期石英脉中黄铜矿穿插条带磁铁矿；
b（反射单偏光）—板状赤铁矿穿插黄铜矿形成三脚架及残余结构；
c（反射单偏光）—交代残余结构，黄铜矿交代黄铁矿及磁铁矿呈孤立状；
d（反射单偏光）—黄铜矿世代结构，具两个世代
矿物代号：Mt—磁铁矿；Ccp—黄铜矿；Hem—赤铁矿；Py—黄铁矿；Q—石英

半自形粒状结构：是矿区内矿石的主要结构之一，除上所述及的矿石矿物主要呈他形晶外，还有一部分磁铁矿、赤铁矿、黄铁矿具半自形产出于矿石中（图 3-34b，图 3-35d，图 3-36a、c）。

自形粒状结构：较少，如磁铁矿、黄铁矿自形的立方体或者五角十二面体局部分布于矿石中（图 3-35a）。

共边结构：矿物颗粒之间界面平整，呈平滑或舒缓波状，无交代溶蚀迹象，两矿物同时或近于同时形成，如黄铜矿与斑铜矿共边（图 3-35c）。

交代残余结构：是矿区分布较普遍的矿石结构。黄铜矿交代磁铁矿、黄铁矿、赤铁矿，赤铁矿交代磁铁矿，黄铁矿交代磁黄铁矿，黄铁矿交代磁铁矿，赤铁矿交代黄铜矿等（图 3-33c，图 3-34a，图 3-35a，图 3-36a~c）。

固溶体分离结构：由于温度降低，均匀固溶体中的不同组分会分离出两种或

多种矿物相的一种结构。当温度下降较慢时，在磁铁矿（主晶）中有叶片状、板状钛铁矿（客晶）大致沿解理定向分布（图 3-34c）。

包含结构：较粗的黄铜矿晶体中包含自形五角十二面体的细小磁铁矿颗粒，形成包含结构。

交代浸蚀结构：交代矿物沿被交代矿物的边缘、裂隙、解理等部位进行轻度交代，呈尖楔状侵入被交代矿物或者星状出现在被交代矿物中。如黄铜矿交代磁铁矿，赤铁矿交代磁铁矿等（图 3-33a、b，图 3-34d、图 3-35f）。

交代文象结构：赤铁矿交代磁铁矿成多个蠕虫状颗粒，磁铁矿被包裹在交代矿物内，形似古代象形文字，称为似文象结构或交代文象结构（图 3-33d）。

交代假象结构：原矿物被新生矿物置换，以具有原矿物晶形、解理等为特点。如磁铁矿被赤铁矿交代成假象赤铁矿。

压碎结构：脆性矿物受到压力作用，晶粒产生破碎、断裂现象，位移不大，可拼合成原晶形者称压碎结构，如铜矿区常见不等粒的黄铁矿、磁铁矿具压碎结构（图 3-37a）。

压力双晶结构：具有可塑性和延展性的磁黄铁矿，受应力易发生塑性变形，形成压力双晶。

揉皱结构：矿物受应力后，产生塑性变形，弯曲成微型褶皱，称为揉皱结构。如矿石孔洞、裂隙中部分板状赤铁矿受应力后产生的揉皱结构。

3.5.1.2 *矿石构造*

矿区矿石的构造类型有块状构造、浸染状构造、角砾状构造、纹层状构造、条带状构造、脉状构造、网脉状构造、角砾状构造等，并且以块状构造、浸染状构造为主。现将矿石的构造分述如下。

块状构造：磁铁矿、赤铁矿及少量主要为磁铁矿、赤铁矿密集、无定向分布构成，并含有少量硫化物矿物如黄铜矿等，金属矿物含量大于 80%（图 3-37a、b）。

浸染状构造：矿石、金属矿物类型多，分布广泛。矿石矿物主要为磁铁矿、黄铜矿、赤铁矿等构成，含少量硫化物、菱铁矿、钛铁矿。矿石中多种矿物集合体稠密浸染状散布于矿石中（图 3-37c、d）。

脉状构造：分布无规律，可见穿插矿区内主体的铁、铜矿体或者赋矿围岩，黄铜矿、黄铁矿、磁铁矿、赤铁矿等矿物浸染状-星点状散布于脉体中，含量小于 30%（图 3-37m、n）。此外，也可见赤铁矿、黄铜矿沿构造裂隙整体呈脉状产出，并呈胶结物形式胶结围岩角砾（图 3-37l）。

纹层状构造：见于含铁铜矿体中，黄铜矿、磁铁矿及少量黄铁矿、赤铁矿、磁黄铁矿等矿物集合体与脉石矿物韵律分布，大致平行，纹层厚 0.5~2cm，连续性好（图 3-37e）。

Q
Mt
1cm
1cm
a
b
Ccp
Mt
Hem
c
d
PHS 1367
Sd
e
f
g
h
"变钠质熔岩角砾"(钠长石岩)

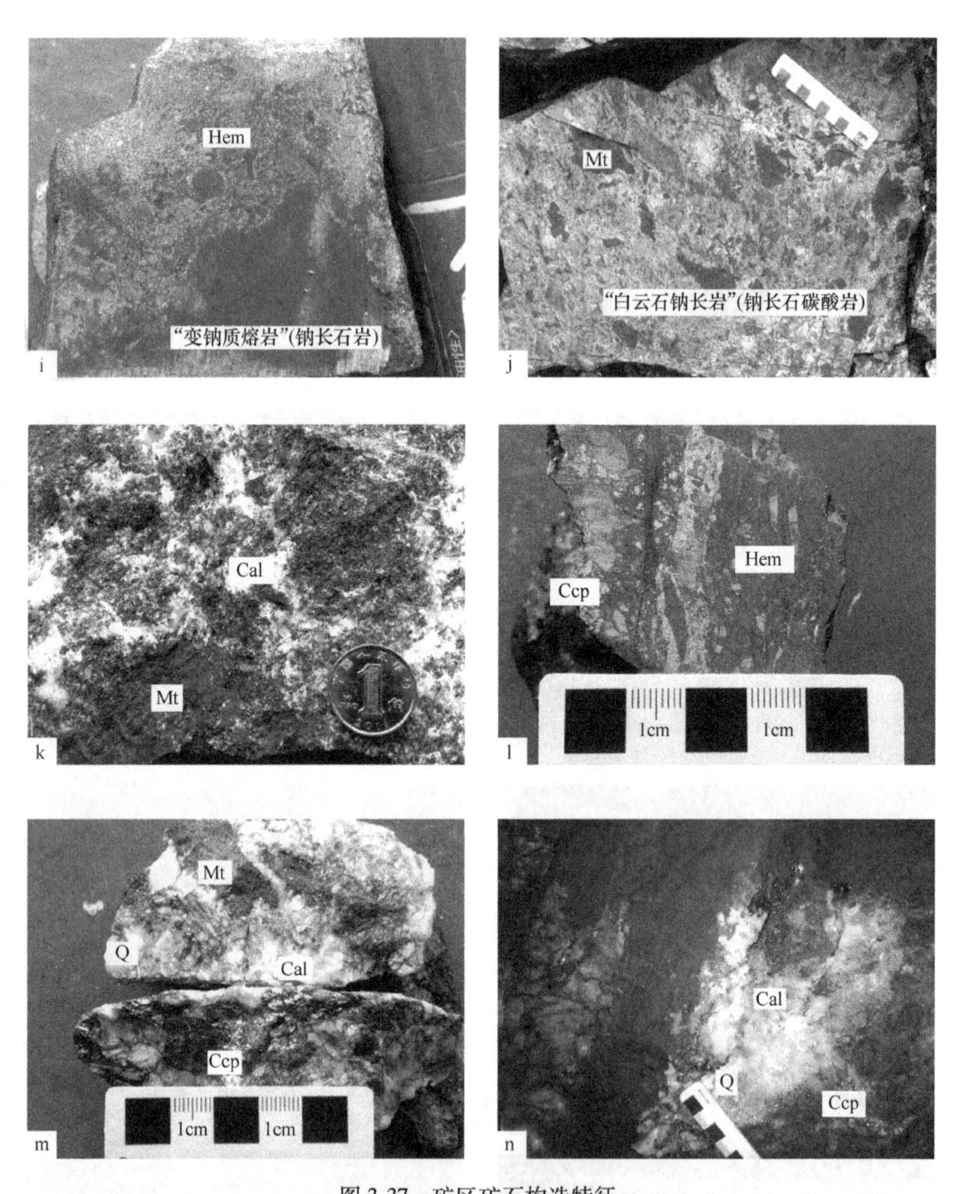

图 3-37 矿区矿石构造特征

a—块状磁铁矿石，可见赤铁矿发育，石英团块较少；b—块状粗粒磁铁矿，石英团块、细脉发育；c—浸染状铁铜矿石；d—浸染状磁铁矿石，可见赤铁矿沿磁铁矿边部发育，石英团块较为发育；e—纹层状铁铜矿石；f—条带状菱铁矿石，见稀疏浸染状黄铜矿；g—条带状铁矿石，赤铁矿、磁铁矿呈条带状；h—角砾状磁铁矿石中，见磁铁矿呈基质胶结“变钠质熔岩”（钠长石岩）角砾；i—角砾状赤铁矿石；j—磁铁矿角砾分布于“白云石钠长岩”（钠长石碳酸岩）中；k—“变钠质熔岩”（钠长石岩）中含磁铁矿角砾，其角砾间为方解石胶结；l—脉状铁铜矿石，产于构造裂隙中；m—脉状黄铜矿、磁铁矿石，产于含石英的方解石脉中；n—脉状黄铜矿石，产于含方解石的石英脉中

矿物代号：Mt—磁铁矿；Ccp—黄铜矿；Hem—赤铁矿；Sd—菱铁矿；Q—石英；Cal—方解石

条带状构造：含铜菱铁矿体、铁矿体中，黄铜矿、菱铁矿及磁铁矿、黄铜矿、赤铁矿等矿物集合体局部与脉石矿物韵律分布，条带厚度变化大，连续性差（图 3-37f、g）。

角砾状构造：角砾为“变钠质熔岩”（钠长石岩）、“大理岩”（钠长石碳酸岩）或磁铁矿石，棱角状-次棱角状，大小不一，从数毫米至数十厘米不等。构成胶结物类型多，包括：（1）磁铁矿、赤铁矿、钠长石及石英等矿物；（2）长石、石英等脉石矿物；（3）以白云石/铁白云石、方解石为主的脉石矿物（图 3-37h~k）。

3.5.2 矿石矿物成分

矿区矿物有氧化物、硫化物、硅酸盐、碳酸盐矿物以及铜矿区局部可见少许自然铜，共计有 5 种矿物类型，矿物组成详见表 3-9。

表 3-9 矿区矿石的矿物组成一览表

矿物类别	主要矿物	次要矿物	微量矿物
金属矿物	磁铁矿、黄铜矿、赤铁矿	菱铁矿、黄铁矿、镜铁矿、磁黄铁矿、斑铜矿	钛铁矿、自然金
非金属矿物	钠长石、石英、铁白云石	普通角闪石、黑云母、普通辉石、钾长石、白云石、绿泥石、绢云母、铁铝榴石、方解石、白云母、滑石	磷灰石、榍石

磁铁矿：矿区矿石的主要金属矿物，主要产于磁铁矿石、磁铁矿-赤铁矿矿石、磁铁矿-黄铜矿矿石以及少量脉状黄铜矿-磁铁矿矿石中。浅部磁铁矿常呈块状、浸染状、角砾状以及少量的脉状、条带状，深部磁铁矿常呈块状、浸染状。磁铁矿呈他形-自形粒状结构，微-粗粒不等，粒径主要为 0.05~0.1mm，最大可达 1cm，常为黄铜矿、赤铁矿交代呈残余结构，少量与黄铜矿呈包含结构以及与钛铁矿呈固溶体分离结构。磁铁矿相对稳定，仅在断裂附近、矿体边部、脉体边部以及地表见部分磁铁矿转变成赤铁矿、镜铁矿甚至褐铁矿。

黄铜矿：铜矿区含铁铜矿体中主要的金属矿物，主要产于黄铜矿-磁铁矿矿石、黄铜矿-菱铁矿矿石以及黄铜矿-黄铁矿-磁黄铁矿矿石中。黄铜矿在深部含铁铜矿石中，常呈浸染状、纹层状、条带状，以及星散浸染状-浸染状、团块状产于脉体中。黄铜矿呈他形结构，多为粒状集合体，粒径主要为 0.05~0.2mm 或略粗，常交代磁铁矿、黄铁矿呈残余结构以及可见与斑铜矿呈共边结构。地表或断裂破碎带矿石中，由于风化和氧化作用，黄铜矿部分、甚至全部转变成孔雀石和蓝铜矿。

赤铁矿：矿区铁矿体、含铁铜矿体中均可见，但以铁矿区深部铁矿体中最为常见，主要产于赤铁矿-磁铁矿石中，少量见于赤铁矿-黄铜矿-黄铁矿石中。呈浸染状、块状以及少量脉状，他形-自形结构，具有粒状、板状单体，孔洞中放射板状集合体，粒径主要为0.2~0.4mm，最大可达1.5cm，常交代磁铁矿呈残余结构、似文象结构、假象结构，受应力作用形成揉皱结构。在断裂中、脉体中以及热液活动部位，部分可转变成镜铁矿。

菱铁矿：矿区内的Ⅲ、Ⅳ号矿体中主要金属矿物，主要产于菱铁矿-黄铜矿矿石中。呈浸染状、条带状，具鳞片状单体结构，与铁白云石密切共生。

黄铁矿：各个矿体中均有，量少，属次要金属矿物。与黄铜矿、磁黄铁矿伴生，呈半自形-自形的粒状结构，粒径主要为0.05~0.2mm，少数颗粒略粗，常交代磁铁矿、磁黄铁矿呈残余结构或被黄铜矿交代呈残余结构、骸晶结构，受应力作用形成压碎结构、双晶结构。在构造破碎带、裂隙中，由于氧化作用可形成黄铁矿蓝紫色浸色。

3.5.3 矿石化学成分

大红山铁铜矿区矿体可分为铁矿体、含铁铜矿体两个大类。云南省地质矿产局第一地质大队九分队（1983）将其详细划分为：（1）铁矿石可细分为富铁矿石（TFe含量平均为47.69%~59.17%）、贫铁矿石（TFe含量平均为25.44%~42.15%）、表外矿石（TFe含量平均为20.35%~25.57%）三个亚类；（2）含铁铜矿体Cu总含量平均为0.50%~2.10%，SFe总含量平均为9.30%~25.82%。矿石主要含有Fe、Cu元素，伴生少量Ti、Mn、Co、Cr、V等元素，基本不含Pb、Zn元素。

3.6 围岩蚀变

矿区的主要赋矿围岩，受各种地质作用影响，推测先是原地层（主要是曼岗河岩组和红山岩组中原来的岩石地层，据些许残存的证据推测可能有泥质岩地层）或者辉长岩岩体因受到富硅碱和碳酸盐流体呈含量不等组合交代而形成交代蚀变岩。后又经历区域变质，造成一些新生矿物如绿泥石、方解石的形成，先存的部分矿物重结晶，矿物变形、压碎或者具定向性。

（1）壳幔流体参与交代混染蚀变期：以钠化、硅化和铁白云石/白云石化为主，局部绢云母化与部分普通角闪石化、黑云母化、铁铝榴石化（图3-38a、b、d、e）；

（2）区域变质期：以铁铝榴石、普通角闪石、黑云母、绿泥石、方解石及局部磁铁矿的重结晶，矿物压碎、变形或者具定向性（图3-38c、f）。

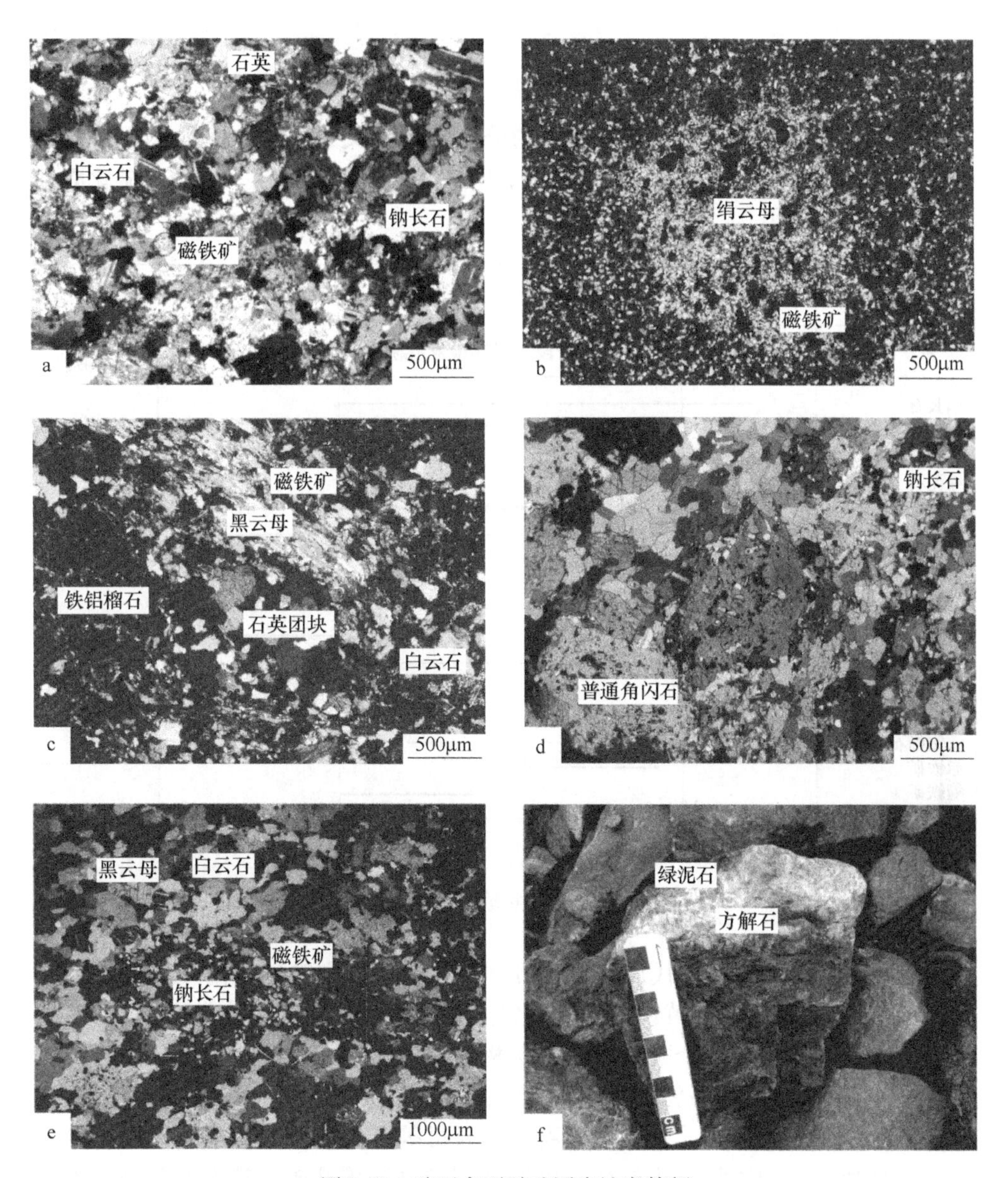

图 3-38 矿区主要赋矿围岩蚀变特征

a（透射正交偏光）—钠长石岩，可见壳幔流体参与交代混染蚀变期微粒钠长石-铁白云石/白云石-石英，稀疏浸染状磁铁矿矿化发育；b（透射正交偏光）—钠长石岩，可见壳幔流体参与交代混染蚀变期长石的绢云母化、磁铁矿化；c（透射正交偏光）—铁铝榴石矽卡岩，铁铝榴石晶体、石英团块不均匀分布构成角砾状形态，可见区域变质期的黑云母沿角砾周围分布，具一定的定向性，并且“角砾”表现出一定变形和压碎，表现动力变质重结晶现象；d（透射正交偏光）—铁铝榴石矽卡岩，普通角闪石晶体不均匀分布构成角砾状形态，且普通角闪石中有微粒钠长石、白云石/铁白云石呈浸染状散布，可能说明晚期具重结晶现象；e（透射正交偏光）—钠长石碳酸岩，可见有微粒钠长石-铁白云石-磁铁矿-黑云母含量不等组合呈条带状分布；f—区域变质期的无矿方解石脉中见绿泥石化

3.7 成矿期

基于矿区野外不同产状类型矿石的分布与穿插关系，结合室内矿石结构构造、矿物共生组合、矿物成分等研究，表明矿区铁铜矿具两期、多阶段矿化叠加的特点，见图3-39。

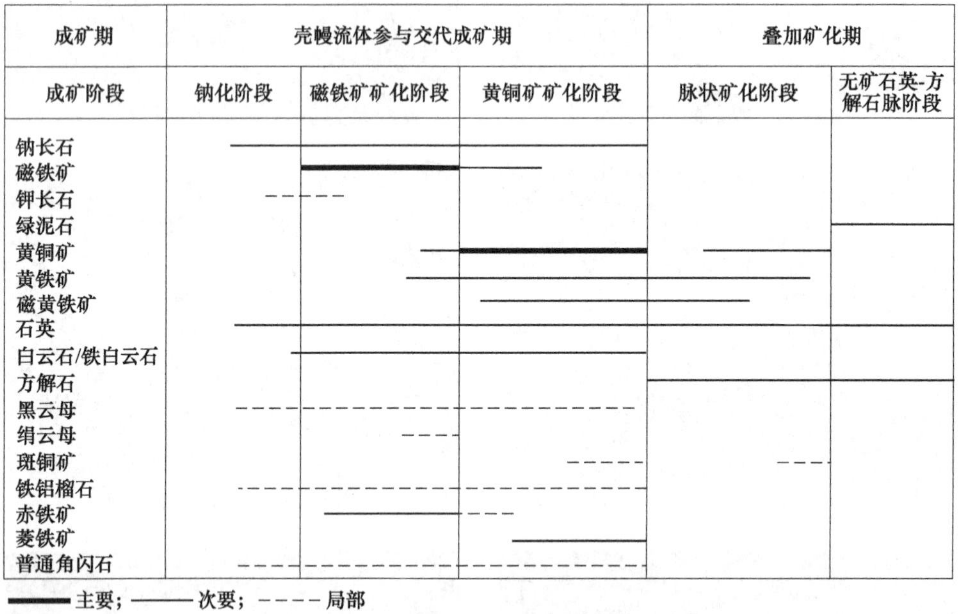

成矿期	壳幔流体参与交代成矿期			叠加矿化期	
成矿阶段	钠化阶段	磁铁矿矿化阶段	黄铜矿矿化阶段	脉状矿化阶段	无矿石英-方解石脉阶段
钠长石					
磁铁矿					
钾长石					
绿泥石					
黄铜矿					
黄铁矿					
磁黄铁矿					
石英					
白云石/铁白云石					
方解石					
黑云母					
绢云母					
斑铜矿					
铁铝榴石					
赤铁矿					
菱铁矿					
普通角闪石					

━━ 主要；——— 次要；- - - - 局部

图3-39 矿区主要矿物生成顺序

（1）壳幔流体参与交代成矿期：可划分为钠化、磁铁矿矿化（局部伴有赤铁矿矿化）（图3-33）与黄铜矿矿化（伴生有磁铁矿、菱铁矿矿化）（图3-34a、b、d和图3-35b、e）三个阶段。矿石矿物以磁铁矿、赤铁矿、黄铜矿、菱铁矿为主，次为黄铁矿、磁黄铁矿、钛铁矿等；脉石矿物主要为钠长石、石英、白云石/铁白云石、铁铝榴石、普通角闪石、黑云母等。壳幔流体参与交代成矿期主要矿石矿物组合：磁铁矿-赤铁矿、磁铁矿-黄铜矿-菱铁矿，其中氧化物、硫化物的结晶顺序从早至晚为磁铁矿-赤铁矿-磁黄铁矿-黄铁矿-黄铜矿-菱铁矿。

（2）叠加矿化期：分为1）脉状矿化阶段（图3-37k、i、m、n和图3-36），其中矿石矿物组合主要为磁铁矿-赤铁矿、赤铁矿-黄铜矿-黄铁矿、磁铁矿-黄铜矿-黄铁矿；2）无矿石英-方解石脉阶段（图3-38f）。矿石矿物以黄铜矿、赤铁矿、磁铁矿为主，次为黄铁矿、磁黄铁矿等；脉石矿物主要有方解石、石英、绿泥石等。叠加矿化期中脉状矿化阶段的主要氧化物、硫化物的结晶顺序从早至晚为磁铁矿-赤铁矿-磁黄铁矿-黄铁矿-黄铜矿。

4 岩石、矿石地球化学

4.1 岩石、矿石地球化学特征

4.1.1 样品及分析方法

通过对矿区地表、坑道详细观察并采集岩石、矿石样品的基础上，选择具有代表性的新鲜样品用于全岩主量、稀土、微量和成矿元素分析。其中，包括钠长石岩、铁铝榴石矽卡岩、钠长石碳酸岩、蚀变辉长岩、石英斑岩及铁矿石。除石英斑岩（编号 DFe14106）采自于矿区曼岗河南岸外，其中编号如 DFe1406 等样品采自铁矿区，编号 DCu1401 等采自铜矿区，而编号 DHS1359 等样品多采自铁矿区，少部分采自铜矿区。

样品的主量、稀土和微量元素分析在澳实分析测试（广州）有限公司完成。主量元素用 X 射线荧光光谱仪（偏硼酸锂融全岩分析 ME-XRF26）测定，检出限为 0.01%，精度优于 5%；稀土和微量元素运用电感耦合等离子体质谱仪（ICP-MS、ME-MS81）测定，测试过程为先将试样加入到偏硼酸锂/四硼酸锂溶剂中混合均匀，然后在 1025℃以上的熔炉中熔化，待溶液冷却后用硝酸、盐酸和氢氟酸定容，再利用等离子体质谱仪进行分析，其测试精度优于 5%。

样品的成矿元素分析在西南冶金测试中心完成，检测设备为 NexION 300x ICP-MS、iCAP6300 全谱仪、Axios X 荧光仪、ICE3500 原子吸收仪以及 HC5878 红外碳硫仪，检测方法为重量法、质谱法、等离子发射光谱法、高频红外吸收法、X 荧光法。检测依据为 DZG20-02、DZG20-06，检测环境的温度为 20℃，湿度为 55%。

4.1.2 主量元素

矿区岩矿石的主量分析结果见表 4-1 和表 4-2。

大红山矿区岩矿石的 SiO_2 含量为 34.5%～78.6%，全碱含量为 1.1%～10.5%，主要投点位于碱性系列区域，部分落点于亚碱性区域（图 4-1）。其岩石类型包括蚀变辉长岩、钠长石岩、二长岩质交代岩、铁铝榴石矽卡岩、钠长石碳酸岩和石英斑岩，矿石为铁矿石。

表 4-1 矿区岩矿石主量氧化物分析结果之一（质量分数） （%）

岩性	钠长石岩						蚀变辉长岩							
样品	DHS1352	DCu1401	DCu1405	DFe1403B	DFe1404B	DFe1413B	DCu1431	DFe1406	DFe1408B	DFe1423	DFe1431	DFe1433	DFe1454	DFe1462
SiO_2	57. 50	66. 90	45. 90	48. 70	51. 90	54. 30	50. 00	48. 90	48. 20	45. 30	54. 70	48. 40	41. 30	53. 70
TiO_2	1. 38	0. 69	1. 02	2. 60	1. 84	1. 52	2. 93	2. 26	1. 50	1. 88	1. 38	1. 84	3. 29	1. 37
Al_2O_3	11. 54	10. 45	10. 20	15. 10	9. 41	12. 65	12. 25	14. 05	12. 15	14. 60	15. 10	13. 80	13. 45	14. 90
Fe_2O_3	12. 34	0. 63	6. 61	6. 55	3. 58	12. 79	8. 19	4. 71	4. 24	5. 17	3. 67	4. 99	6. 20	5. 83
FeO	7. 47	4. 94	19. 00	8. 65	5. 73	7. 36	7. 15	7. 78	9. 79	13. 35	2. 89	7. 63	10. 45	6. 75
MnO	0. 02	0. 39	1. 06	0. 13	0. 20	0. 02	0. 06	0. 10	0. 15	0. 19	0. 07	0. 05	0. 14	0. 06
MgO	0. 38	1. 46	1. 50	0. 97	2. 86	0. 42	4. 83	6. 14	7. 92	5. 87	2. 51	6. 67	7. 59	2. 41
CaO	1. 13	2. 55	0. 91	1. 71	6. 51	1. 35	3. 92	6. 26	4. 76	1. 76	4. 71	7. 21	6. 09	3. 99
Na_2O	6. 46	5. 12	2. 11	7. 65	5. 36	6. 94	5. 93	5. 75	1. 82	4. 43	8. 31	4. 64	3. 19	7. 72
K_2O	0. 09	0. 28	0. 61	0. 17	0. 03	0. 04	0. 39	0. 65	1. 54	0. 58	0. 04	1. 46	1. 78	0. 37
P_2O_5	0. 55	0. 15	0. 43	0. 37	0. 32	0. 63	0. 51	0. 11	0. 23	0. 23	0. 06	0. 13	0. 73	0. 33
LOI	0. 39	4. 64	5. 95	5. 85	10. 95	0. 79	2. 54	1. 73	6. 00	4. 74	5. 94	1. 56	3. 27	1. 01
总量	100. 15	99. 22	99. 02	99. 71	99. 42	99. 78	99. 76	99. 82	99. 62	99. 79	99. 82	100. 13	100. 08	99. 65
FeO^T	18. 6	5. 5	24. 9	14. 5	8. 9	18. 8	14. 5	12. 0	13. 6	18. 0	6. 2	12. 1	16. 0	12. 0
$Mg^{\#}$	8	35	12	17	47	9	55	58	59	44	61	61	56	39

表 4-2 矿区岩矿石主量氧化物分析结果之二（质量分数） （%）

岩性	蚀变辉长岩		铁铝榴石矽卡岩		钠长石岩（具钠长石、石英大晶体或者两者构成的团块状、透镜状集合体不均匀分布）					二长岩质交代岩	钠长石碳酸岩	铁矿石		石英斑岩
样品	DFe1496	DFe14100	DHS1356	DHS1358	DHS1359	DHS1363	DHS1364	DFe1438	DFe1453	DFe1417	DFe1409B	DFe1449	DFe1495	DFe14106
SiO_2	37. 30	43. 10	43. 26	46. 42	56. 91	41. 46	40. 42	44. 50	46. 30	57. 60	34. 50	54. 70	51. 70	78. 60
TiO_2	4. 20	2. 12	0. 53	2. 27	5. 61	2. 62	1. 62	1. 94	2. 43	1. 30	0. 61	1. 63	2. 80	0. 14
Al_2O_3	11. 35	13. 75	6. 40	12. 55	16. 18	14. 20	11. 07	14. 50	13. 80	12. 25	6. 37	2. 13	6. 18	12. 60
Fe_2O_3	13. 23	4. 48	12. 54	13. 13	3. 27	4. 18	2. 86	18. 83	7. 76	1. 71	1. 19	35. 68	28. 03	0. 26
FeO	12. 65	10. 60	11. 23	13. 78	3. 71	14. 33	16. 24	7. 66	6. 05	7. 65	5. 22	1. 06	3. 48	0. 33
MnO	0. 18	0. 43	0. 17	0. 19	0. 12	1. 62	0. 65	0. 01	0. 10	0. 13	0. 33	0. 01	0. 01	0. 02
MgO	5. 44	3. 27	1. 54	3. 84	0. 26	2. 69	4. 39	2. 32	6. 03	0. 76	9. 46	0. 52	0. 59	0. 05
CaO	4. 54	7. 87	5. 33	1. 59	1. 54	3. 87	5. 44	0. 38	8. 22	3. 63	14. 75	1. 25	1. 40	0. 11
Na_2O	3. 30	4. 56	0. 05	1. 07	9. 56	2. 76	0. 26	5. 58	4. 03	6. 67	3. 03	1. 05	1. 24	7. 28
K_2O	0. 15	1. 36	0. 10	2. 10	0. 11	3. 11	1. 25	1. 44	1. 86	0. 04	0. 35	0. 05	1. 02	0. 06
P_2O_5	0. 13	0. 22	0. 23	0. 49	0. 03	0. 41	0. 21	0. 21	0. 34	0. 28	0. 13	0. 36	1. 08	0. 01
LOI	5. 15	6. 37	6. 90	0. 78	2. 08	7. 31	14. 10	0. 92	1. 33	6. 58	22. 84	1. 27	0. 98	0. 28
总量	99. 55	100. 13	99. 12	99. 77	99. 79	100. 34	100. 54	99. 39	100. 36	99. 67	99. 43	99. 93	99. 11	99. 84
FeO^T	24. 5	14. 6	22. 5	25. 6	6. 6	18. 1	18. 8	24. 6	13. 0	9. 2	6. 3	33. 1	28. 7	0. 6
$Mg^{\#}$	43	35	20	33	11	25	33	35	64	15	76	47	47	21

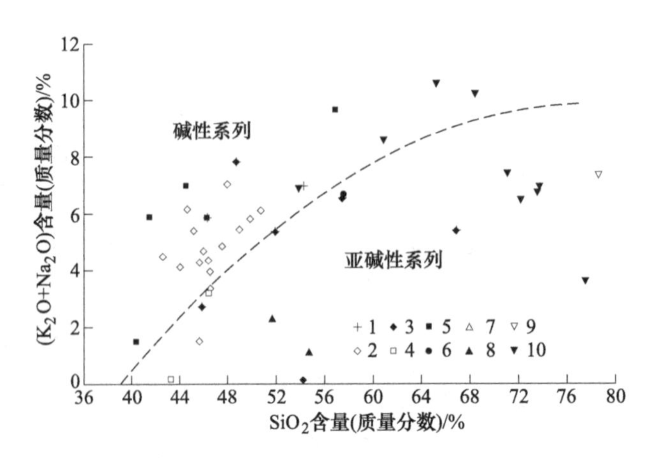

图 4-1 矿区岩矿石硅碱图

1—蚀变辉长岩（本书）；2—蚀变辉长岩（据钱锦和，1990；Zhao，2010）；3—钠长石岩；4—铁铝榴石矽卡岩；5—钠长石岩（具钠长石、石英大晶体或者两者构成的团块状、透镜状集合体不均匀分布）；6—二长岩质交代岩；7—钠长石碳酸岩；8—铁矿石；9—石英斑岩；10—石英斑岩（据钱锦和、沈远仁，1990）

此外，大红山矿区岩矿石在硅碱图解中的投点还具有一个明显的特征，即总碱含量主体上与 SiO_2 含量呈正相关关系，除 SiO_2 含量高于 70%后或者在铁矿石中则呈负相关关系。

（1）依据钠长石岩中的不同的特点，将其进一步划分为矿化钠长石岩（样品编号 DCu1405、DFe1403B 和 DFe1413B）、未矿化钠长石岩以及钠长石岩（具钠长石、石英构成的团块状、透镜状集合体不均匀分布）三个亚类。

1）钠长石岩（包括矿化、未矿化钠长石岩）的 SiO_2 含量为 45.9%~66.9%，含量变化大；Al_2O_3 含量为 9.41%~12.65%；Fe_2O_3 含量范围在 0.6%~12.79%，主要集中于 6.61%~12.79%；FeO 含量为 4.94%~19%；MnO 含量为 0.02%~1.09%；MgO 含量为 0.38%~2.86%；CaO 含量为 0.91%~6.51%；Na_2O 含量为 2.11%~7.65%；K_2O 含量为 0.03%~0.61%；TiO_2 含量为 0.69%~2.6%；P_2O_5 含量为 0.15%~0.63%。其中，具铁、铜矿化的样品（DCu1405、DFe1413B）中 SiO_2 含量集中于 45.9%~54.3%，稍低于其他未矿化的钠长石岩的 SiO_2 含量 51.9%~66.9%。此外，铜矿化钠长石岩（DCu1405）中 Na_2O 含量为 2.11%，K_2O 含量为 0.61%，FeO^T含量为 24.9%，与其他未矿化或仅具铁矿化样品相比具有相对低钠高钾的含量特点，反映钾化与铜关系密切。

2）钠长石岩（具钠长石、石英大晶体或者两者构成的团块状、透镜状集合体不均匀分布）的主量氧化物含量变化相对较大。SiO_2 含量为 40.2%~56.91%，除样品 DHS1359 的 SiO_2 含量为 56.9%之外；Al_2O_3 含量为 11.07%~16.18%；

Fe_2O_3 含量范围在 2.86%～18.83%，多集中于 2.86%～7.76%；FeO 含量为 3.71%～16.24%；MnO 含量为 0.01%～1.62%；MgO 含量为 0.26%～6.03%；CaO 含量为 0.38%～8.22%；Na_2O 含量为 0.26%～9.56%；K_2O 含量为 0.11%～3.11%；TiO_2 含量为 1.62%～5.61%；P_2O_5 含量为 0.03%～0.41%。其中个别样品如 DFe1438 中 Fe_2O_3 含量高达 18.83%，主要为磁铁矿化所导致。

（2）蚀变辉长岩的 SiO_2 含量范围在 37.3%～54.7%，大部分集中在 44.1%～49.8%，符合基性岩的 SiO_2 含量范围 45%～52%，而少部分偏离此范围，不排除流体改造的影响；Al_2O_3 含量为 9.47%～16.71%；Fe_2O_3 含量范围在 3.15%～13.23%；FeO 含量为 2.89%～13.35%；MnO 含量为 0.05%～0.43%；MgO 含量为 2.41%～8.51%；CaO 含量为 1.76%～10.20%；Na_2O 含量为 1.37%～8.31%；K_2O 含量为 0.14%～2.03%；TiO_2 含量为 0.71%～4.2%；P_2O_5 含量为 0.06%～1.89%。这些特征与我国基性岩类平均值相比较，总体上具有富集 Fe、Na 而贫 Ca、Mg、Ti、K、P 和 Al 的特点，可能反映了矿区辉长岩源区的特点。

（3）铁铝榴石矽卡岩的 SiO_2 含量为 43.26%～46.42%；Al_2O_3 含量为 6.4%～12.55%；Fe_2O_3 含量范围为 12.54%～13.13%；FeO 含量为 11.23%～13.78%；MnO 含量为 0.17%～0.19%；MgO 含量为 1.54%～3.84%；CaO 含量为 1.59%～5.33%；Na_2O 含量为 0.05%～1.07%，相对其他赋矿岩石的 Na_2O 含量稍低；K_2O 含量为 0.1%～2.1%；TiO_2 含量为 0.53%～2.27%；P_2O_5 含量为 0.23%～0.49%。

（4）二长岩质交代岩的 SiO_2 含量为 57.6%，Al_2O_3 含量为 6.37，Fe_2O_3 含量为 1.71%；FeO 含量为 7.65%，MnO 含量为 0.13%，MgO 含量为 0.76%，CaO 含量为 3.63%，Na_2O 含量为 6.67%，K_2O 含量为 0.04%，TiO_2 含量为 1.3%，P_2O_5 含量为 0.28%。这些特点反映其岩石中以钠长石、石英为主，可能发育少量 H_2O 水矿物（如黑云母），与上述的钠长石岩在矿物组成上相似。

（5）钠长石碳酸岩的 SiO_2 含量为 34.5%，具有低的 SiO_2 含量，推测为极高的烧失量（达 22.84%）所导致。Al_2O_3 含量为 12.25%，Fe_2O_3 含量为 1.19%，FeO 含量为 5.22%，MnO 含量为 0.33%，MgO 含量为 9.46%，CaO 含量为 14.75%，Na_2O 含量为 3.03%，K_2O 含量为 0.35%，TiO_2 含量为 0.61%，P_2O_5 含量为 0.13%。其中，钠长石碳酸岩 CaO（14.75%）、MgO（9.46%）含量高，其次为 Na_2O（3.03%），且高含量的烧失量（达 22.84%）可能主要是 CO_2，反映了岩石主要由铁白云石与一定量的钠长石、石英组成为特征。

（6）铁矿石的 SiO_2 含量相对较高（51.7%～54.7%），高的 Fe_2O_3 含量（28.03%～35.68%）。此外，还含有一些少量的氧化物，如 Al_2O_3 含量为 2.13%～6.18%；FeO 含量为 1.06%～3.48%；MnO 含量为 0.01%；MgO 含量为

0.52%~0.59%；CaO 含量为 1.25%~1.4%；Na_2O 含量为 1.05%~1.24%；K_2O 含量为 0.05%~1.02%；TiO_2 含量为 1.63%~2.8%；P_2O_5 含量为 0.36%~1.08%。高的 SiO_2 含量和低的 Na_2O 含量、烧失量反映铁矿石中主要以磁铁矿、石英及少量钠长石组成。

（7）石英斑岩较矿区其他岩矿石相对富集 SiO_2（53.9%~78.6%）。Al_2O_3 含量为 11.59%~18.78%；Fe_2O_3 含量范围为 0.26%~0.71%，FeO 含量为 0.33%~3.86%，MnO 含量为 0.01%~0.36%，MgO 含量为 0.05%~2.6%，CaO 含量为 0.11%~3.16%；Na_2O 含量为 3.48%~10.49%，K_2O 含量为 0.05%~0.14%，TiO_2 含量为 0.14%~1.08%，P_2O_5 含量为 0.01%~0.13%。以富 SiO_2、Na_2O 和贫钾 K_2O 为特征。

在大红山矿区岩矿石的 Harker 图解中（图 4-2），总体而言，SiO_2 与 Al_2O_3、TiO_2、Fe_2O_3、CaO、P_2O_5 和 MnO 投点没有明显的相关性，而与 MgO、FeO 有一定的负相关关系。此外，SiO_2 与 Na_2O、K_2O 的投点关系有些怪异，反映在当 Na_2O 含量超过 4%以后，具有明显的正相关关系，当 Na_2O 含量超过 10%以后，则具有明显的负相关关系；而当 K_2O 含量超过 0.5%以后，两者则具有明显的负相关关系。

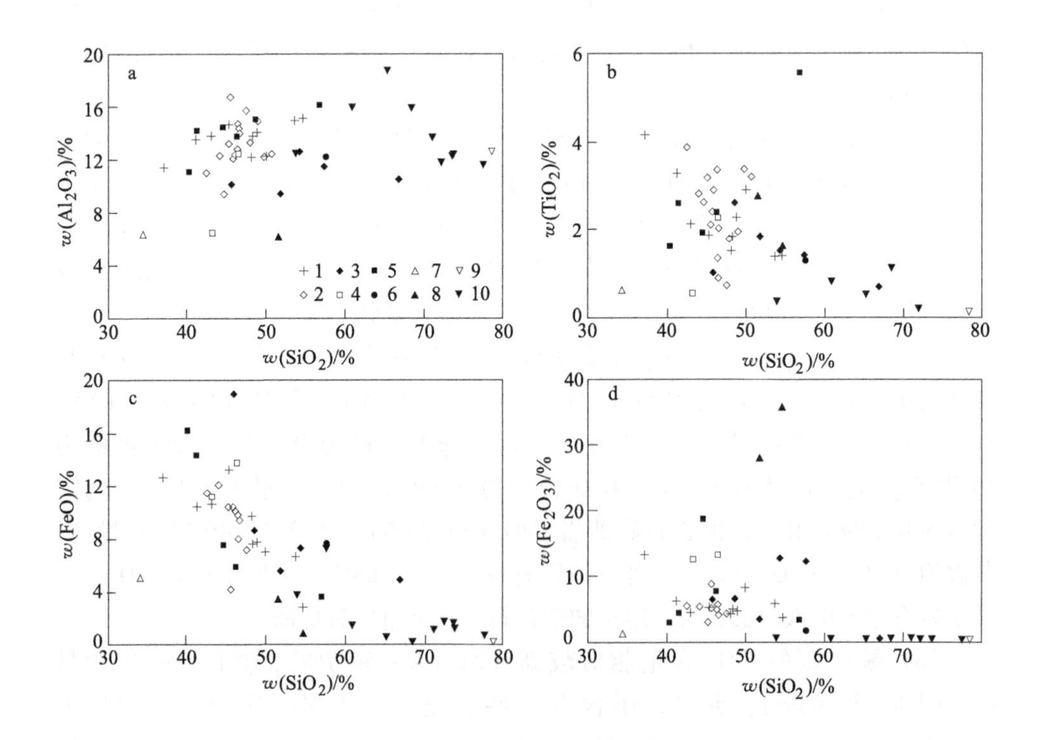

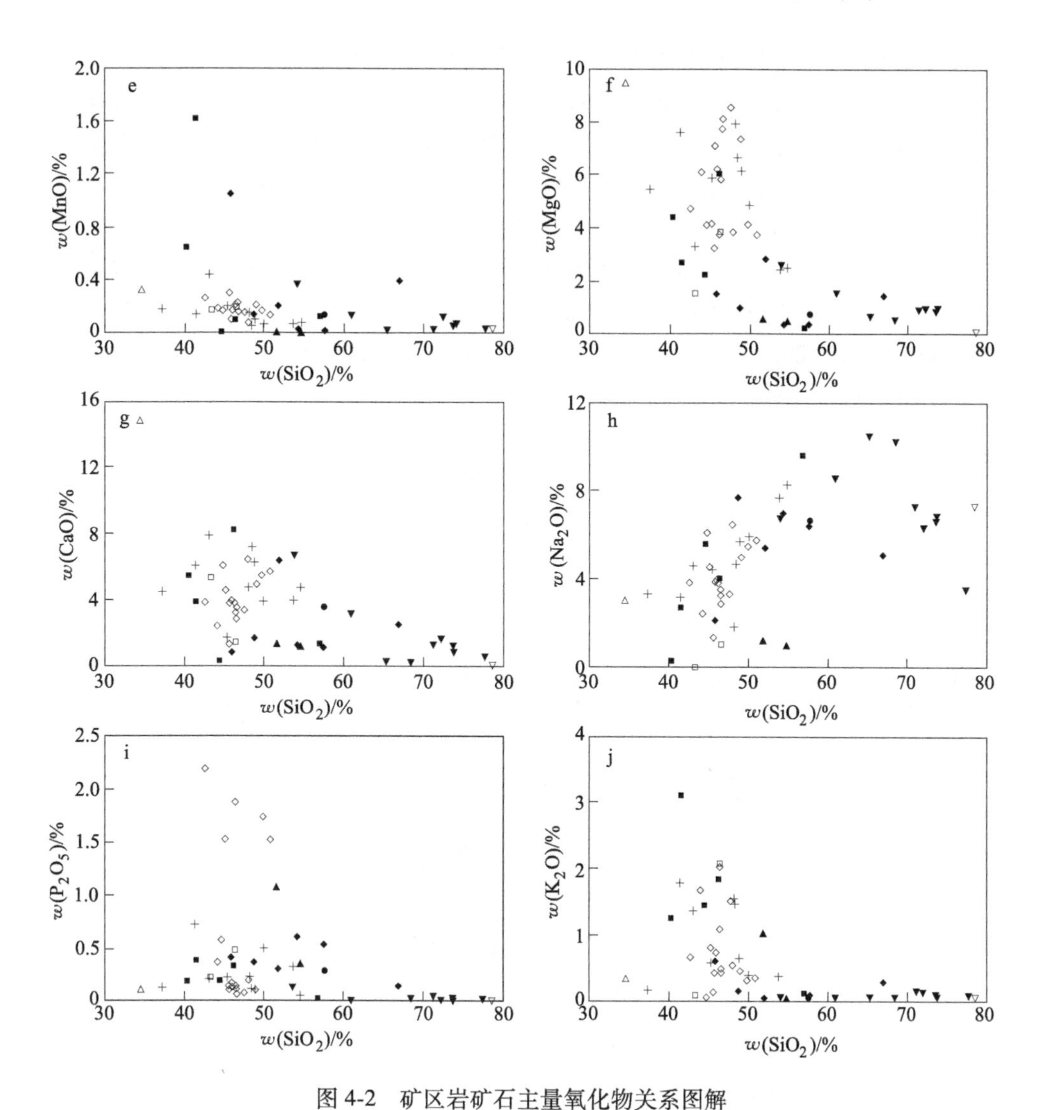

图 4-2 矿区岩矿石主量氧化物关系图解

a—蚀变辉长岩（本书）；b—蚀变辉长岩（据钱锦和，1990；Zhao，2010）；c—钠长石岩；d—铁铝榴石矽卡岩；e—钠长石岩（具钠长石、石英大晶体或者两者构成的团块状、透镜状集合体不均匀分布）；f—二长岩质交代岩；g—钠长石碳酸岩；h—铁矿石；i—石英斑岩（本书）；j—石英斑岩（据钱锦和、沈远仁，1990）

除此之外，大红山矿区岩矿石普遍钠化，在 $w(Na_2O)$ 与部分主量氧化物的 Harker 图解中（图 4-3），总体上，Na_2O 与 Al_2O_3、FeO^T、MgO 和 LOI 投点比较分散，但仍有一定规律可循。如 Na_2O 与 Al_2O_3 的投点中，除铁矿石、钠长石碳酸岩样品中落点明显偏离其他赋矿岩石趋势外，其余赋矿岩石样品总体上投点具有正相关关系，仅在蚀变辉长岩中两者投点关系复杂，这些特征反映 Al_2O_3 含量主要受赋矿岩石中钠长石含量控制，其次可能为普通角闪石、黑云母；Na_2O 与 FeO^T的投点中，除在铁铝榴石矽卡岩中具有正相关关系外，总体上具一定负相关关系，可能暗示其他赋矿岩石中含铁的矿物在钠化过程中 Fe 被带走，而铁铝榴石的形成可能与富铁流体环境有关；Na_2O 与 MgO 的投点中，蚀变辉长岩样品总体上投点具有负相关关系；MgO 与 LOI 的投点中，除蚀变辉长岩与部分铁铝榴石矽卡岩投点关系复杂外，其余样品具有正相关关系，暗示蚀变辉长岩与铁铝榴石矽卡岩的烧失量受含 H_2O 暗色矿物（如普通角闪石、黑云母）和碳酸盐矿物（如白云石、铁白云石）综合控制，其余的岩矿石则受碳酸盐矿物（如白云石、铁白云石）主控。

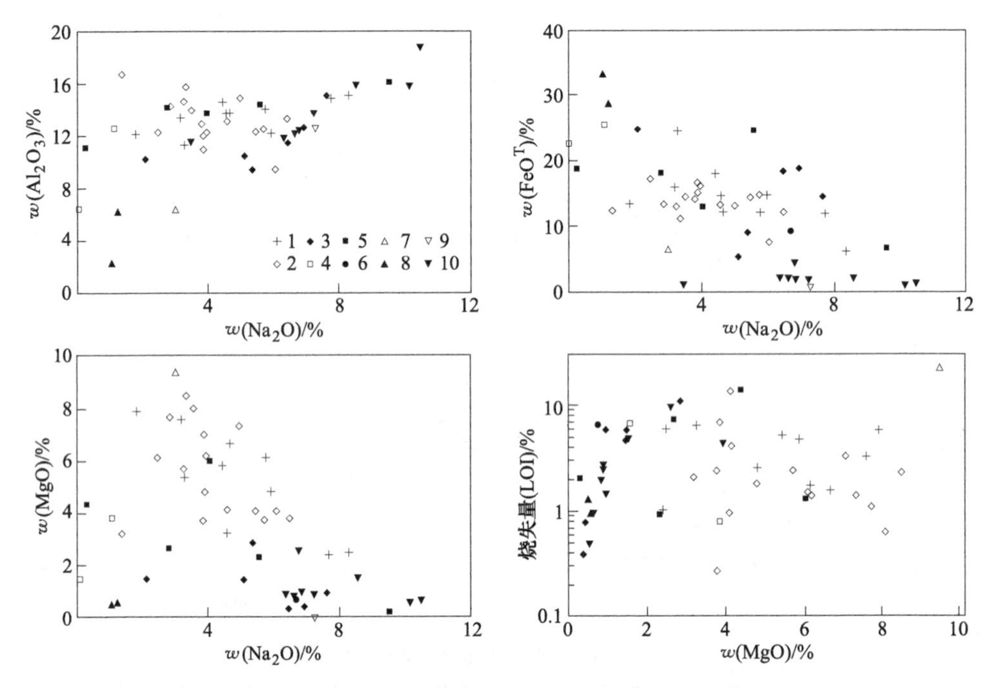

图 4-3 矿区岩矿石部分主量氧化物或者烧失量关系图解

1—蚀变辉长岩（本书）；2—蚀变辉长岩（据钱锦和，1990；Zhao，2010）；3—钠长石岩；4—铁铝榴石矽卡岩；5—钠长石岩（具钠长石、石英大晶体或者两者构成的团块状、透镜状集合体不均匀分布）；6—二长岩质交代岩；7—钠长石碳酸岩；8—铁矿石；9—石英斑岩（本书）；10—石英斑岩（据钱锦和、沈远仁，1990）

4.1.3 稀土元素

矿区岩矿石的稀土元素分析结果见表 4-3~表 4-5，稀土元素标准化配分图解见图 4-4。

表 4-3 矿区岩矿石稀土元素分析结果之一

岩性		钠长石岩						蚀变辉长岩							
样品		DHS1352	DCu1401	DCu1405	DFe1403B	DFe1404B	DFe1413B	DCu1431	DFe1406	DFe1408B	DFe1423	DFe1431	DFe1433	DFe1454	DFe1462
含量/ppm	La	10. 75	4. 70	83. 90	77. 10	5. 00	11. 50	12. 90	16. 60	2. 60	13. 70	13. 00	31. 90	9. 90	14. 00
	Ce	18. 23	8. 90	166. 50	155. 00	11. 60	23. 30	32. 60	40. 30	6. 00	32. 00	29. 20	64. 30	27. 20	30. 00
	Pr	3. 19	1. 09	19. 90	18. 30	1. 63	2. 88	4. 67	5. 61	0. 87	4. 26	3. 73	7. 67	4. 12	3. 53
	Nd	14. 27	4. 40	75. 70	70. 30	7. 10	11. 30	21. 80	23. 30	4. 30	18. 30	15. 20	29. 10	19. 40	13. 70
	Sm	3. 71	1. 32	15. 75	13. 55	2. 31	3. 17	6. 28	5. 81	1. 62	4. 40	3. 30	5. 71	6. 09	3. 34
	Eu	1. 14	0. 53	6. 42	5. 43	0. 90	1. 64	2. 25	2. 10	0. 63	1. 46	1. 15	1. 63	1. 86	1. 07
	Gd	5. 49	2. 12	15. 80	15. 30	3. 25	6. 46	8. 57	7. 15	4. 66	4. 71	3. 58	5. 49	6. 69	4. 51
	Tb	1. 43	0. 45	2. 53	2. 55	0. 60	1. 59	1. 54	1. 48	1. 23	0. 68	0. 51	0. 83	1. 03	0. 77
	Dy	10. 01	2. 56	13. 10	14. 75	3. 86	10. 25	9. 01	9. 88	8. 54	3. 90	2. 86	4. 94	6. 14	4. 58
	Ho	1. 96	0. 54	2. 66	2. 91	0. 91	2. 44	1. 98	2. 35	1. 83	0. 77	0. 54	0. 94	1. 27	1. 13
	Er	7. 22	1. 53	7. 50	7. 27	2. 63	7. 81	5. 40	7. 24	5. 03	2. 21	1. 73	2. 80	3. 51	3. 61
	Tm	1. 16	0. 24	1. 19	1. 00	0. 44	1. 28	0. 81	1. 10	0. 73	0. 30	0. 32	0. 47	0. 61	0. 57
	Yb	7. 68	1. 61	7. 48	5. 07	2. 67	8. 84	5. 29	6. 04	3. 95	2. 08	1. 71	2. 60	3. 16	3. 75
	Lu	1. 16	0. 25	1. 17	0. 76	0. 51	1. 50	0. 76	0. 77	0. 58	0. 33	0. 32	0. 43	0. 48	0. 65
	Y	66. 80	15. 20	76. 40	80. 70	26. 00	76. 60	54. 50	62. 90	50. 00	21. 00	15. 80	26. 50	36. 90	34. 20
	ΣREE	154. 20	45. 44	496. 00	469. 99	69. 41	170. 56	168. 36	192. 63	92. 57	110. 10	92. 95	185. 31	128. 36	119. 41
Ce/Ce*		0. 74	0. 91	0. 95	0. 96	0. 97	0. 95	1. 01	1. 00	0. 96	1. 00	1. 00	0. 96	1. 02	1. 00
Eu/Eu*		0. 77	0. 96	1. 23	1. 15	1. 00	1. 08	0. 94	1. 00	0. 65	0. 97	1. 02	0. 88	0. 89	0. 84
$(La/Yb)_N$		1. 00	2. 09	8. 05	10. 91	1. 34	0. 93	1. 75	1. 97	0. 47	4. 72	5. 45	8. 80	2. 25	2. 68
$(La/Sm)_N$		1. 87	2. 30	3. 44	3. 67	1. 40	2. 34	1. 33	1. 84	1. 04	2. 01	2. 54	3. 61	1. 05	2. 71
$(Gd/Yb)_N$		0. 59	1. 09	1. 75	2. 50	1. 01	0. 60	1. 34	0. 98	0. 98	1. 87	1. 73	1. 75	1. 75	0. 99
Nb/La		2. 5	3. 1	0. 4	0. 3	6. 6	7. 2	2. 0	0. 8	3. 9	1. 0	1. 7	0. 3	1. 6	1. 7

注：1ppm = 10^{-6}。

表 4-4 矿区岩矿石稀土元素分析结果之二

岩性		蚀变辉长岩		铁铝榴石矽卡岩		钠长石岩（具钠长石、石英大晶体或者两者构成的团块状、透镜状集合体不均匀分布）				二长岩质交代岩		钠长石碳酸岩
样品		DFe1496	DFe14100	DHS1356	DHS1358	DHS1359	DHS1363	DHS1364	DFe1438	DFe1453	DFe1417	DFe1409B
含量/ppm	La	13. 60	20. 80	11. 39	4. 95	4. 87	8. 71	8. 47	16. 90	3. 10	8. 70	8. 10
	Ce	28. 90	39. 90	73. 51	50. 11	63. 19	44. 27	113. 35	28. 90	12. 10	18. 30	17. 80
	Pr	3. 53	5. 17	2. 74	1. 28	1. 07	3. 42	2. 54	3. 36	2. 44	2. 43	2. 15
	Nd	14. 30	22. 40	11. 72	5. 90	4. 44	16. 93	11. 58	13. 20	13. 20	10. 50	8. 80
	Sm	3. 34	5. 70	2. 63	1. 46	0. 92	4. 24	3. 13	3. 05	4. 77	2. 67	1. 92
	Eu	1. 23	2. 16	1. 00	0. 67	0. 35	1. 29	0. 99	1. 56	1. 85	1. 02	0. 82
	Gd	3. 65	6. 13	2. 89	1. 87	1. 20	3. 35	4. 17	2. 82	6. 23	3. 46	1. 99
	Tb	0. 58	1. 05	0. 56	0. 38	0. 20	0. 56	0. 91	0. 48	1. 07	0. 61	0. 38
	Dy	3. 31	5. 86	3. 35	2. 45	1. 13	3. 27	5. 59	2. 45	6. 60	3. 38	1. 69
	Ho	0. 67	1. 13	0. 63	0. 50	0. 24	0. 66	0. 97	0. 49	1. 37	0. 72	0. 38
	Er	2. 09	3. 50	2. 47	2. 03	1. 11	2. 61	3. 50	1. 59	4. 01	1. 89	1. 13
	Tm	0. 29	0. 50	0. 39	0. 34	0. 18	0. 42	0. 46	0. 31	0. 59	0. 26	0. 18
	Yb	1. 76	2. 65	2. 75	2. 53	1. 47	2. 84	2. 90	1. 68	3. 58	1. 65	1. 06
	Lu	0. 31	0. 46	0. 44	0. 44	0. 25	0. 44	0. 43	0. 30	0. 59	0. 25	0. 21
	Y	18. 90	32. 30	33. 30	15. 50	9. 30	21. 60	25. 60	14. 30	39. 00	19. 90	10. 90
	ΣREE	96. 46	149. 71	149. 76	90. 42	89. 91	114. 62	184. 59	91. 39	100. 50	75. 74	57. 51
Ce/Ce*		0. 98	0. 90	3. 07	4. 69	6. 39	1. 95	5. 83	0. 87	1. 00	0. 94	1. 01
Eu/Eu*		1. 07	1. 11	1. 11	1. 24	1. 00	1. 01	0. 83	1. 60	1. 04	1. 03	1. 27
$(La/Yb)_N$		5. 54	5. 63	2. 97	1. 40	2. 38	2. 20	2. 09	7. 22	0. 62	3. 78	5. 48
$(La/Sm)_N$		2. 63	2. 36	2. 80	2. 19	3. 42	1. 33	1. 75	3. 58	0. 42	2. 10	2. 72
$(Gd/Yb)_N$		1. 72	1. 91	0. 87	0. 61	0. 68	0. 97	1. 19	1. 39	1. 44	1. 73	1. 55
Nb/La		0. 8	0. 5	1. 0	6. 8	14. 3	1. 7	1. 2	0. 7	6. 4	2. 7	0. 8

注：1ppm=10^{-6}。

表 4-5　矿区岩矿石稀土元素分析结果之三

类型		铁矿石					石英斑岩
样品		DFe1449	DFe1495	DHS1354	DHS1361	DHS1362	DFe14106
含量/ppm	La	16.60	30.00	30.82	3.38	13.33	2.70
	Ce	29.30	45.10	71.98	41.90	100.40	5.80
	Pr	3.26	4.45	4.92	0.89	2.77	0.68
	Nd	12.20	15.70	16.67	4.05	10.66	2.60
	Sm	3.01	3.78	2.99	1.15	1.94	0.65
	Eu	2.36	6.69	3.28	0.76	1.03	0.22
	Gd	3.71	4.94	3.11	1.35	2.11	0.81
	Tb	0.60	0.98	0.51	0.24	0.30	0.12
	Dy	3.62	5.55	2.53	1.27	1.40	0.81
	Ho	0.74	1.08	0.40	0.21	0.23	0.18
	Er	2.30	2.79	1.33	0.75	0.98	0.69
	Tm	0.35	0.37	0.17	0.08	0.09	0.18
	Yb	1.96	1.96	1.08	0.45	0.59	0.91
	Lu	0.30	0.27	0.16	0.06	0.08	0.19
	Y	21.70	26.70	13.00	11.40	9.80	5.30
	LREE	66.73	105.72	130.66	52.13	130.13	12.65
	HREE	35.28	44.64	22.29	15.81	15.58	9.19
	∑REE	102.01	150.36	152.95	67.94	145.71	21.84
Ce/Ce*		0.90	0.84	1.27	5.70	3.78	1.01
Eu/Eu*		2.16	4.73	3.26	1.86	1.55	0.93
$(La/Yb)_N$		6.08	10.98	20.47	5.39	16.21	2.13
$(La/Sm)_N$		3.56	5.12	6.65	1.90	4.44	2.68
$(Gd/Yb)_N$		1.57	2.09	2.38	2.48	2.96	0.74
Nb/La		0.8	1.0				3.6

注：$1ppm=10^{-6}$。

（1）钠长石岩可划分为矿化钠长石岩（样品编号 DCu1405、DFe1403B 和 DFe1413B）、未矿化钠长石岩以及钠长石岩（具钠长石、石英大晶体或者两者构成的团块状、透镜状集合体不均匀分布）三个亚类，三者的稀土元素分配模式存在一定差异。

1）未矿化钠长石岩的稀土元素总量$\sum w(REE)$为$(45.44\sim154.20)\times10^{-6}$，轻、重稀土（LREE、HREE）分异不强烈，$(La/Yb)_N=1.00\sim2.09$，HREE 均显

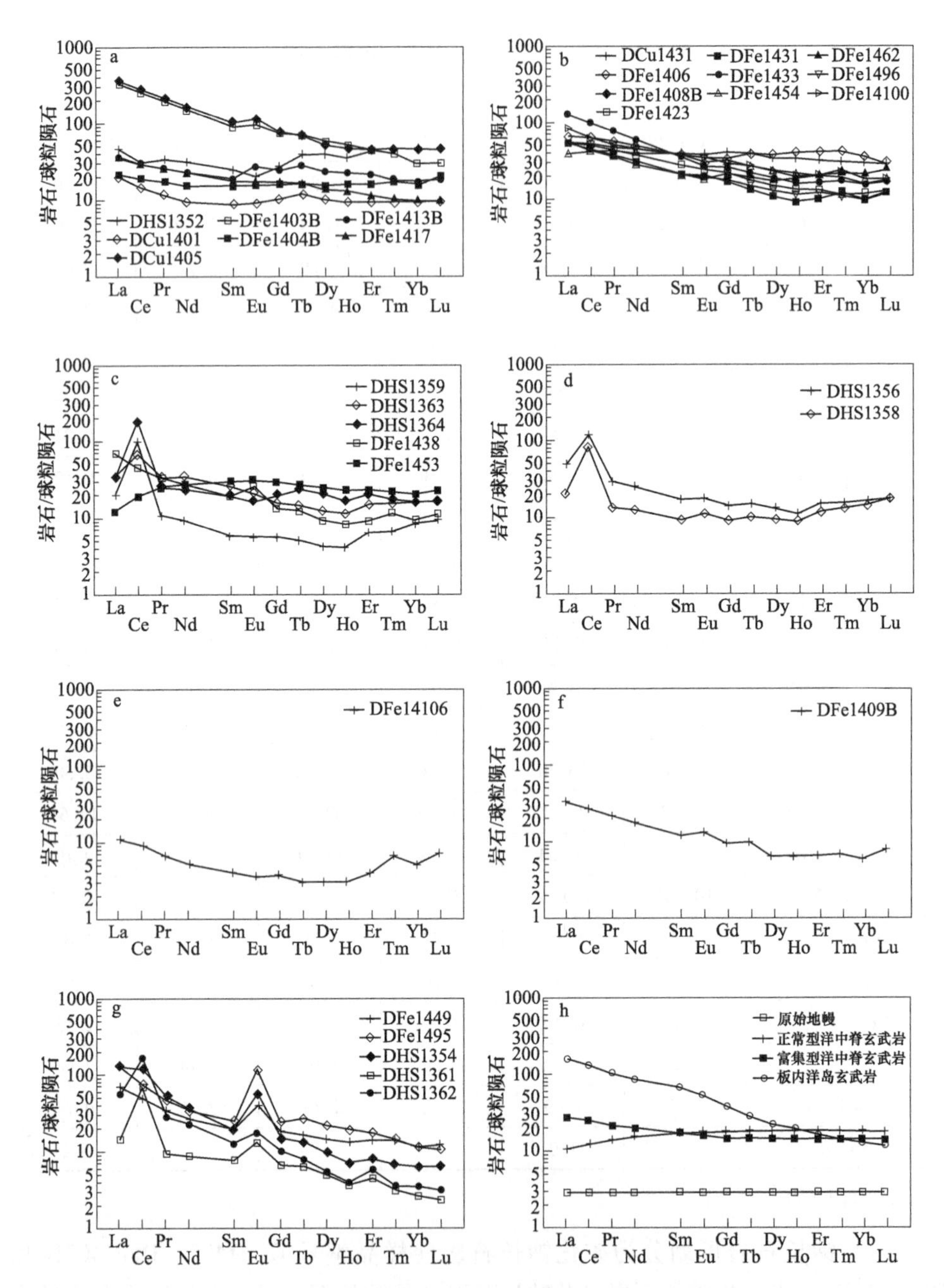

图 4-4　矿区岩矿石的稀土元素标准化配分形式图解

（标准化值据 Sun and McDonough，1989）

a—钠长石岩、二长岩质交代岩；b—蚀变辉长岩；c—钠长石岩（具钠长石、石英大晶体或者两者构成的团块、集合体不均匀分布）；d—铁铝榴石矽卡岩；e—石英斑岩；f—钠长石碳酸岩；g—铁矿石；h—不同岩矿石比较

较轻微的富集，球粒陨石标准化的稀土配分形式总体上较为平坦。其中，轻、重稀土内部分异也较弱：$(La/Sm)_N=1.40\sim2.30$，$(Gd/Lu)_N=0.59\sim1.09$。Eu 异常不明显（$Eu/Eu^*=0.77\sim1.00$），Ce 异常也不明显（$Ce/Ce^*=0.74\sim0.97$）。

2）矿化钠长石岩除样品 DFe1413B（$\sum w(REE)=170.56\times10^{-6}$）外，总量明显较高（$\sum w(REE)=(469.99\sim496.00)\times10^{-6}$），总体上轻、重稀土（LREE、HREE）分异较为强烈，$(La/Yb)_N$ 集中于 8.05~10.91，LREE 富集，球粒陨石标准化的稀土配分形式明显右倾。其中，轻、重稀土内部分异也较强：$(La/Sm)_N=3.44\sim3.67$，$(Gd/Lu)_N=1.75\sim2.50$。具微弱 Eu 异常（$Eu/Eu^*=1.15\sim1.23$），Ce 异常也不明显（$Ce/Ce^*=0.95\sim0.96$）。

3）钠长石岩（具钠长石、石英大晶体或者两者构成的团块状、透镜状集合体不均匀分布）的 ∑REE 含量为 $(89.91\sim184.59)\times10^{-6}$，除具铁矿化的样品 DFe1438 的轻、重稀土（LREE、HREE）分异较强（$(La/Yb)_N=7.22$），总体上分异较弱（$(La/Yb)_N$主要集中于 0.62~2.38），LREE 均显轻微的富集，球粒陨石标准化的稀土配分形式总体上较为平坦，其轻、重稀土内部分异也较弱：$(La/Sm)_N=0.42\sim3.42$，$(Gd/Lu)_N=0.68\sim1.44$。具微弱正 Eu 异常（$Eu/Eu^*=0.83\sim1.04$），Ce 异常明显（$Ce/Ce^*=0.87\sim6.39$），且多数具正 Ce 异常，说明样品受明显的氧化作用影响。此外，铁矿化的样品 DFe1438 具轻、重稀土分异较强，Eu 异常正异常明显（$Eu/Eu^*=1.60$），与具矿化的钠长石岩相似。

（2）蚀变辉长岩的 ∑REE 含量为 $(92.57\sim196.63)\times10^{-6}$，轻、重稀土（LREE、HREE）分异中等，$(La/Yb)_N=1.75\sim8.80$，LREE 均显较轻微的富集，球粒陨石标准化的稀土配分形式总体上较为平坦。其中，轻、重稀土内部分异也较弱：$(La/Sm)_N=1.05\sim3.61$，$(Gd/Lu)_N=0.98\sim1.91$。除个别样品外，大部分 Eu 异常不明显（$Eu/Eu^*=0.84\sim1.11$），Ce 异常不明显（$Ce/Ce^*=0.90\sim1.01$），反映样品受氧化作用影响较弱。其稀土配分形式特征与 E-MORB 相似（Sun and McDonough，1989），而区别于 OIB 轻、重稀土分异较明显。

（3）铁铝榴石矽卡岩的 ∑REE 含量为 $(90.42\sim170.56)\times10^{-6}$，轻、重稀土（LREE、HREE）分异较弱，$(La/Yb)_N=1.40\sim2.97$，LREE 均显轻微的富集，球粒陨石标准化的稀土配分形式总体上较为平坦。其中，轻、重稀土内部分异也较弱：$(La/Sm)_N=2.19\sim2.80$，$(Gd/Lu)_N=0.61\sim0.87$。具微弱正 Eu 异常（$Eu/Eu^*=1.11\sim1.24$），明显的 Ce 正异常（$Ce/Ce^*=3.07\sim4.69$），说明样品较高的 HREE 含量可能受铁铝榴石控制，同时可能反映铁铝榴石形成时的氧逸度较高。

（4）二长岩质交代岩与钠长石岩具有相似的稀土配分形式，总稀土含量为 75.74×10^{-6}，轻、重稀土（LREE、HREE）分异不强烈（$(La/Yb)_N=3.78$），LREE 均显轻微的富集，球粒陨石标准化的稀土配分形式总体上较为平坦。其中，轻、重稀土内部分异也较弱：$(La/Sm)_N=2.10$，$(Gd/Lu)_N=1.73$。具微弱正 Eu 异常（Eu/Eu* = 1.03），Ce 异常不明显（Ce/Ce* = 0.94）。

（5）钠长石碳酸岩也与钠长石岩具有相似的稀土配分形式，总稀土含量为 57.51×10^{-6}，轻、重稀土（LREE、HREE）分异不强烈（$(La/Yb)_N$ = 5.48），LREE 均显轻微的富集，球粒陨石标准化的稀土配分形式总体上较为平坦。其中，轻、重稀土内部分异也较弱：$(La/Sm)_N$ = 2.72，$(Gd/Lu)_N$ = 1.55。具微弱正 Eu 异常（Eu/Eu* = 1.27），Ce 异常不明显（Ce/Ce* = 1.01）。

（6）铁矿石可划分为交代蚀变铁矿石（样品编号 DFe1449、DFe1495 和 DHS1362）、富铁矿石（样品编号 DHS1354、DHS1361），其总体的稀土配分图与蚀变辉长岩相似。铁矿石总稀土含量 $\sum w$(REE) = (67.94 ~ 152.95)×10^{-6}，轻、重稀土（LREE、HREE）分异较蚀变辉长岩更为强烈，$(La/Yb)_N$ = 5.39 ~ 20.47，LREE 富集明显，球粒陨石标准化的稀土配分形式明显右倾。其中，轻、重稀土内部分异也较强：$(La/Sm)_N$ = 1.90 ~ 6.65，$(Gd/Lu)_N$ = 1.57 ~ 2.96。正 Eu 异常明显（Eu/Eu* = 1.55 ~ 4.73），交代蚀变铁矿石具弱的负 Ce 异常（Ce/Ce* = 0.84 ~ 0.90），而富铁矿石则具明显的正 Ce 异常（Ce/Ce* = 1.27 ~ 5.70）。

（7）石英斑岩总稀土的含量较其他岩矿石低（$\sum w$(REE) = 21.84×10^{-6}），轻、重稀土（LREE、HREE）分异不强烈，$(La/Yb)_N$ = 2.13，LREE 微弱富集，球粒陨石标准化的稀土配分形式总体上较为平坦（图 4-2f）。其中，轻、重稀土内部分异也较弱：$(La/Sm)_N$ = 2.13，$(Gd/Lu)_N$ = 0.74。微弱负 Eu 异常（Eu/Eu* = 0.93），Ce 异常不明显（Ce/Ce* = 1.01），其特征与下地壳稀土元素配分模式相似。

综上所述，大红山矿区蚀变辉长岩以及铁矿石总体上具有大致相似的球粒陨石标准化的稀土配分模式，暗示两者具有相似源区，且表现出无 Eu 异常或正 Eu 异常，可能反映成矿物质来源较深，推测应当起源于地幔。此外，岩矿石的稀土元素配分模式也有一定规律可循，如具铁铜矿化的赋矿岩石（包括钠长石岩、蚀变辉长岩、钠长石碳酸岩与交代蚀变铁矿石）Ce 异常不明显，而富铁矿石与钠长石岩（具钠长石、石英构成的团块状、透镜状集合体不均匀分布）、铁铝榴石矽卡岩均具明显的 Ce 正异常，表明两者形成时的氧化还原环境有所差异。富铁矿石（DHS1361、DHS1362）表现出 Ce 正异常，有可能与热液作用影响有关；而铁铝榴石矽卡岩中多数也表现出 Ce 正异常，可能为岩石破碎造成局部氧逸度增高。

4.1.4 微量元素

矿区岩矿石的微量元素分析结果见表 4-6、表 4-7。总体上，大离子亲石元素（LILE）变化较大，例如 Rb 含量在（0.7 ~ 67.98）×10^{-6}之间，Sr 含量在（5.8~113.5)×10^{-6}之间，Cs 含量在（0 ~ 3.53)×10^{-6}之间，Ba 含量在（6.5~

表 4-6 矿区岩矿石微量元素分析结果之一 （×10⁻⁶）

岩性	钠长石岩						蚀变辉长岩								
样品	DHS1352	DCu1401	DCu1405	DFe1403B	DFe1404B	DFe1413B	DCu1431	DFe1406	DFe1408B	DFe1423	DFe1431	DFe1433	DFe1454	DFe1462	DFe1496
Cs	—	0.08	1.02	0.68	0.07	0.1	0.92	0.67	1.08	3.03	0.23	0.63	0.7	0.42	0.44
Rb	3.98	4.9	15.5	7.2	0.6	0.9	24	25.3	44.3	21.4	1.6	29.9	34.7	6.9	4.8
Ba	99.2	57.4	186.5	38.5	26.6	37	31.1	48.9	257	134	6.5	137	188.5	15.2	27.2
Th	7.21	5.39	9.54	4.63	4.64	14.2	1.46	1.42	0.71	1.21	12.55	3.8	0.6	8	0.68
U	1.15	2.67	4.47	2.55	2.01	4.79	0.49	0.6	0.26	0.35	0.85	1.53	0.35	0.71	0.22
Nb	26.48	14.5	33.8	23.8	33	82.9	25.2	13.7	10.1	13.5	21.9	9.3	16.2	24.4	10.5
Ta	1.71	1.2	2.6	1.7	2.2	5.3	1.7	0.9	0.8	1.1	1.5	0.7	1	1.5	0.6
Sr	23.48	22.7	18.4	43.4	29.4	24.5	42.4	70.4	47.7	103	43.6	23.2	35.7	18.2	30.5
Zr	560	170	492	191	228	718	227	117	95	121	233	92	171	267	84
Hf	13.22	4.4	11	5.1	5.2	17.2	5.5	3.4	2.5	3.2	6.6	3	5	7.2	2.8
Cr	4.3	90	30	80	50	10	30	50	140	100	20	150	60	40	10
Ga	—	15.8	21	20.8	13.3	26.1	22.7	19.9	18.1	22.8	17.6	21.6	19.7	20	22
V	162	55	184	531	270	55	567	558	470	529	163	515	683	220	1480

注：“—”代表低于检测限。

表 4-7　矿区岩矿石微量元素分析结果之二　($\times10^{-6}$)

岩性	蚀变辉长岩	铁铝榴石矽卡岩		钠长石岩（具钠长石、石英大晶体或者两者构成的团块状、透镜状集合体不均匀分布）					二长岩质交代岩	钠长石碳酸岩	铁矿石		石英斑岩
样品	DFe14100	DHS1356	DHS1358	DHS1359	DHS1363	DHS1364	DFe1438	DFe1453	DFe1417	DFe1409B	DFe1449	DFe1495	DFe14106
Cs	0. 68	—	—	—	—	—	0. 52	3. 53	0. 05	0. 37	0. 07	0. 15	0. 04
Rb	35. 2	6. 37	48. 9	8. 44	67. 98	48. 01	45. 4	33. 3	0. 7	17. 6	2	24. 7	1. 7
Ba	179. 5	903. 5	688. 2	66	289. 9	206. 4	289	497	35. 4	22. 6	11. 6	522	8. 9
Th	0. 49	3. 35	1. 96	1. 28	1. 21	2. 37	1. 09	1. 24	9. 2	2. 64	1. 15	1. 92	18. 05
U	1. 41	2. 25	0. 66	0. 42	0. 19	0. 59	0. 99	0. 67	2. 97	0. 66	2. 32	0. 9	1. 15
Nb	10. 1	10. 83	33. 78	69. 45	15. 17	9. 77	12. 5	19. 9	23. 8	6. 4	13. 3	30. 3	9. 6
Ta	0. 6	0. 68	1. 58	3. 7	0. 81	0. 56	0. 8	1. 3	2. 1	0. 6	0. 7	1. 8	1. 4
Sr	37. 6	50. 76	17. 68	26. 85	23. 73	30. 37	11. 3	113. 5	43. 2	73. 1	5. 8	7. 6	8. 8
Zr	109	307	221	578	159	118	111	158	324	96	107	249	180
Hf	3. 4	6. 81	4. 6	15. 04	3. 5	2. 48	3. 3	4. 6	8	2. 2	3. 3	7	7. 2
Cr	90	14. 9	3. 81	76. 8	44. 8	81. 4	130	90	50	40	60	40	30
Ga	16. 9	—	—	—	—	—	19. 5	18. 1	21. 4	9. 5	4. 9	8. 8	16. 5
V	574	281	492	397	490	368	626	500	588	140	349	435	30

注：“—”代表低于检测限。

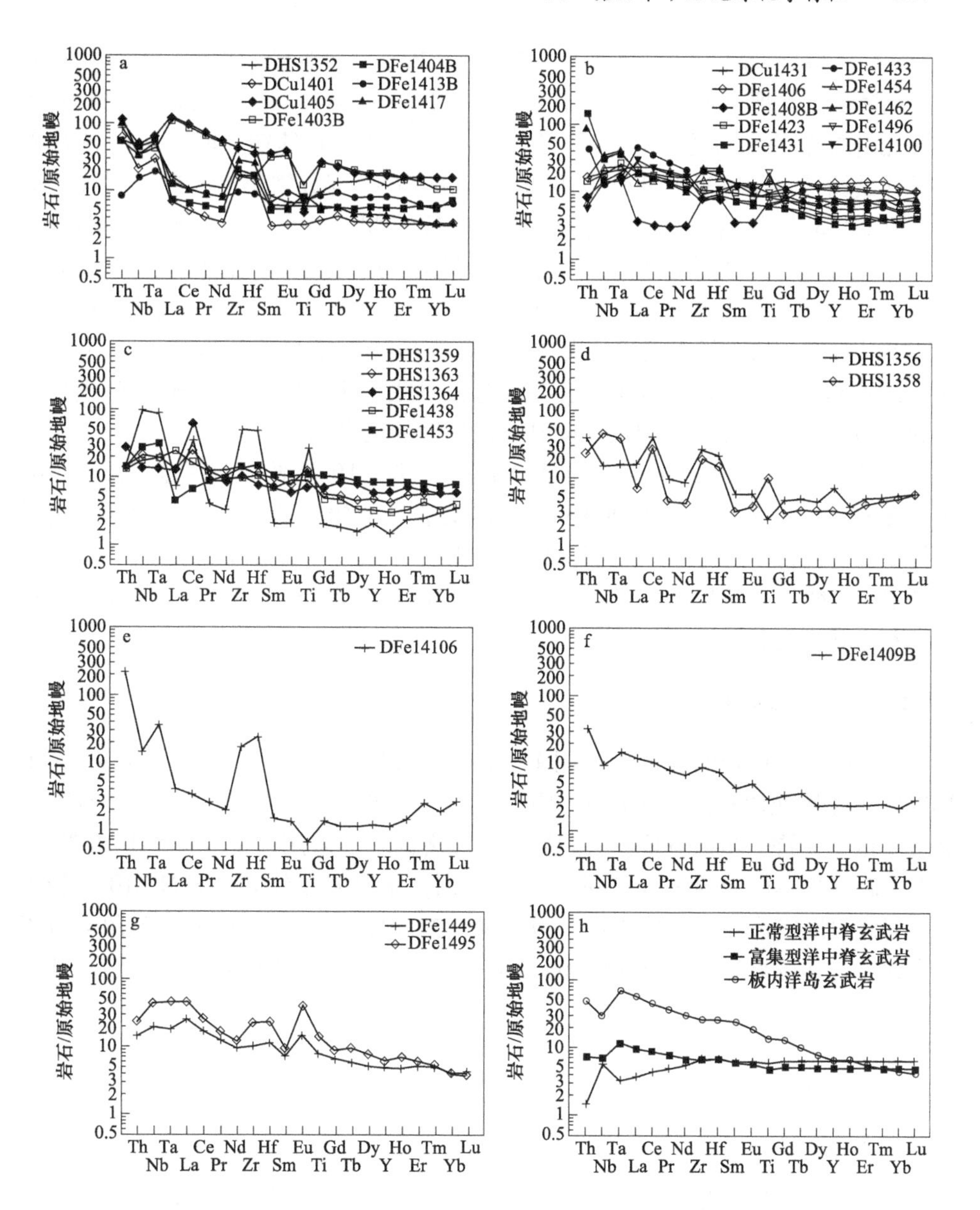

图 4-5 矿区岩矿石微量元素标准化配分图解（标准化值据 Sun and McDonough，1989）
a—钠长石岩、二长岩质交代岩；b—蚀变辉长岩；c—钠长石岩（具钠长石、石英大晶体或者两者构成的团块、集合体不均匀分布）；d—铁铝榴石矽卡岩；e—石英斑岩；f—钠长石碳酸岩；g—铁矿石；h—不同岩矿石比较

903.5)$\times10^{-6}$之间；高场强元素（HFSE）变化相对不大，例如 Nb 含量在（6.4~82.9)$\times10^{-6}$之间，Zr 含量在（84~718)$\times10^{-6}$之间，Hf 含量在（2.2~17.2)$\times10^{-6}$之间，Y 含量在（5.3~80.7)$\times10^{-6}$之间。鉴于矿区岩石成岩时代老及构造复杂

等因素，考虑到大离子亲石元素 K、Rb、Sr、Ba、U 等易活动性质，在原始地幔标准化微量元素配分形式见图解中未参与讨论（图 4-5）。大红山矿区岩矿石虽然表现出复杂的配分形式，但仍有一定规律可循，如具铁、铜矿化的钠长石岩（样品编号 DCu1405、DFe1403B 和 DFe1413B）、部分铁铝榴石矽卡岩（样品编号 DHS1356）与钠长石碳酸岩均显示出一致的 Nb-Ta 槽、Ti 负异常（图 4-5a、d、f），可能反映地壳物质参与的特点；石英斑岩具明显的 Zr 正异常、Ti 负异常特征，可能也反映了地壳来源的特征（图 4-5e）；蚀变辉长岩与交代蚀变铁矿石总体上具有相似的微量元素配分模式，多数样品的 Ti 异常不明显或者 Ti 的正异常（图 4-5b、g），可能反映了两者源区的相似性，部分具较为明显的 Zr 正异常及少数 Ti 明显负异常可能也反映受到不同程度的地壳混染。

此外，蚀变辉长岩的高场强元素 Nb、Ta、Zr、Hf 负异常不明显，甚至少数样品具 Zr、Hf 正异常，说明蚀变辉长岩的微量元素 Nb、Ta、Zr、Hf 具明显负异常与岛弧玄武岩不同（Woodhead，1988；McCulloch and Gamble，1989），也不同于轻重稀土明显分异与 Nb、Ta 具明显正异常的 IOB 环境，而与 E-MORB 的微量元素配分形式相似（图 4-5h）。

4.1.5 构造环境判别

矿区蚀变辉长岩的构造判别图解如图 4-6 和图 4-7 所示。在微量元素 Zr/4-2Nb-Y 三角形判别图解（图 4-6a）中，投点较分散，主要落入 A、B 区，少部分落入 C 区；为进一步区分地幔玄武岩和碱性玄武岩，运用微量元素 Th-Hf-Ta 三角形图解（Wood，1980；图 4-6b）进行判别，显示大部分落入 E-MORB 和板内拉斑玄武岩区或边界，少数落点于板内碱性玄武岩区；用 Zr-Ti-Y 三角图解对板内玄武岩与其他类型玄武岩（Pearce and Cann，1973；图 4-6c）进行判别，显示

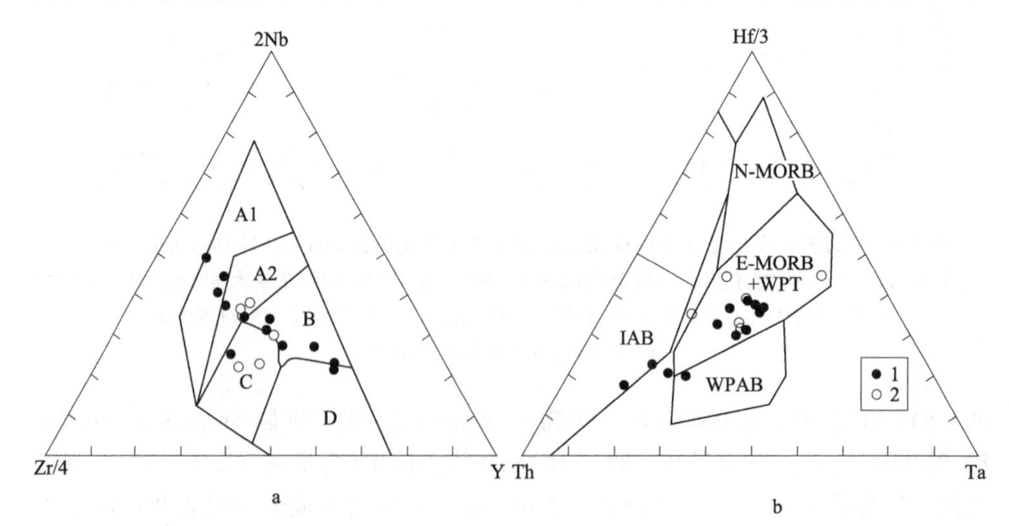

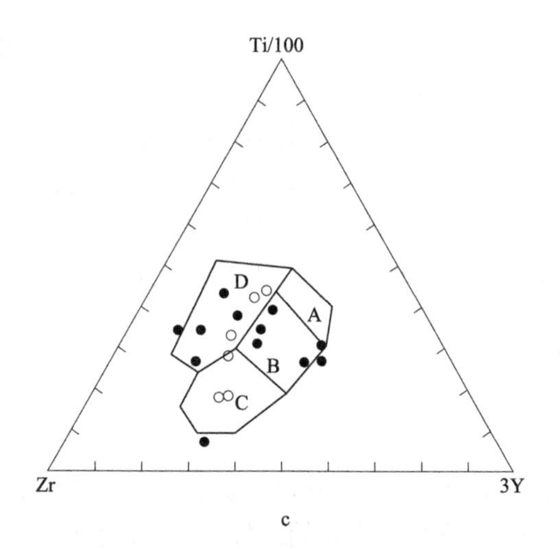

图 4-6 矿区蚀变辉长岩的不活动元素构造判别图

a—玄武岩的 Nb-Zr-Y 图（据 Meschede，1986）；b—玄武岩的 Th-Hf-Ta 判别图解（据 Wood，1980）；c—区分板内玄武岩和其他类型的 Zr-Ti-Y 图解（据 Pearce and Cann，1973）

A—岛弧拉斑玄武岩；B—MORB、岛弧拉斑玄武岩和钙碱性玄武岩；C—钙碱性玄武岩；D—WPB 数据来源：1—本书蚀变辉长岩数据；2—前人蚀变辉长岩数据（据 Zhao，2010）

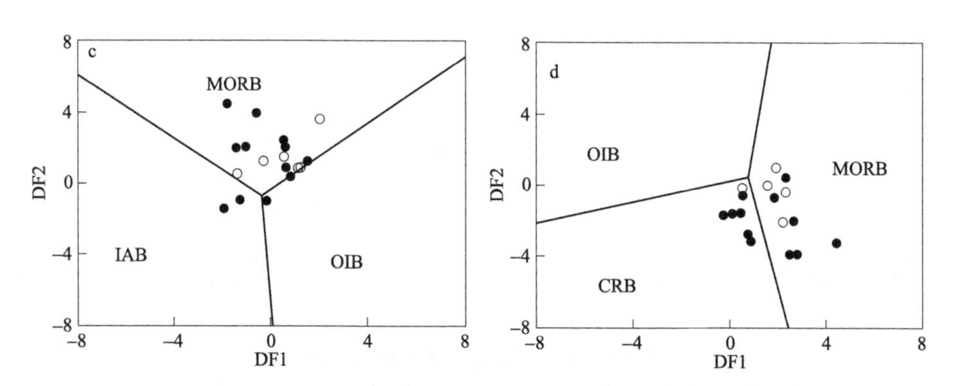

图 4-7 矿区蚀变辉长岩的不活动元素（取对数）的判别图解（底图据 Agrawal，2008）

数据来源：1—蚀变辉长岩（本书）；2—蚀变辉长岩（据 Zhao，2010）

其点主要落入 WPB 区，少数落入 MORB、岛弧拉斑玄武岩和钙碱性玄武岩区；在此基础上，Agrawal（2008）提出用 ln(La/Th)、ln(Sm/Th)、ln(Yb/Th) 与 ln(Nb/Th) 参数组合的方法，能有效判别板块边缘与板内构造环境，成功率可达 78%~97%，样品投入计算得到的图 4-7 显示，主要落入 CRB 和 MORB 区，少数落入 IAB 区。与此同时，结合稀土、微量元素配分模式图，反映大红山矿区蚀变辉长岩具 E-MORB 与大陆裂谷玄武岩（CRB）的特征。

4.2　岩石成因讨论

4.2.1　地壳混染

矿区幔源基性岩浆在上升过程中存在被壳源物质混染的可能性，证据如下：（1）Weaver（1991）研究认为原始地幔的 Nb/La = 1，大红山矿区中蚀变辉长岩的 Nb/La 比值为 0.3~3.9，主要集中于 0.8~1.8 之间，反映了基性岩浆可能受到了不同程度的地壳混染；（2）大红山矿区蚀变辉长岩的 Ba/Nb 比值为 0.3~25.45，La/Nb 比值为 0.26~3.43，Nb/U 比值为 6.08~141.28，Ce/Pb 比值为 7.28~272.13，这些元素比值特征都表明可能基性岩浆经历过地壳混染（Hofmann，1988；Sun and McDonough，1989）。

4.2.2　部分熔融

矿区蚀变辉长岩的哈克图解（图 4-2）氧化物的相关关系特征表明，基性岩浆可能没有经历过辉石、斜长石的结晶分异，通常辉石的结晶分异会导致残余岩浆体系随着 CaO 含量降低而 Al_2O_3 含量升高，即 CaO/Al_2O_3 比值随着 SiO_2 含量的升高而降低，然而蚀变辉长岩样品投点十分分散，可见 3 个样品投点明显偏离总体趋势，所以并不符合这种演化趋势（图 4-8a）。

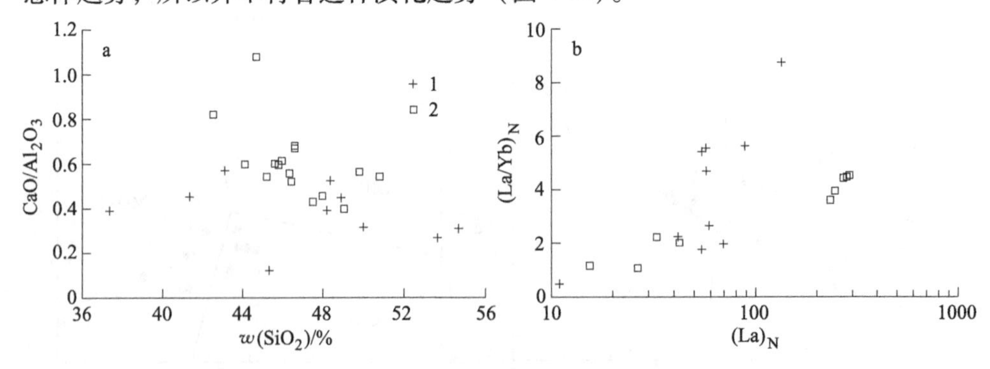

图 4-8　矿区蚀变辉长岩 Harker 图解

a—蚀变辉长岩主量氧化物 Harker 图解；b—蚀变辉长岩（La)$_N$-(La/Yb)$_N$ 图解

数据来源：1—蚀变辉长岩（本书）；2—蚀变辉长岩（Zhao，2010）

此外，蚀变辉长岩具有平滑右倾的稀土元素配分模式（$(La/Yb)_N=1.75\sim8.80$），稀土配分模式无明显的 Eu 异常（图 4-8b），表明矿区基性岩浆演化过程中并无明显的斜长石结晶分异，同时（$La)_N$-$(La/Yb)_N$ 图解也清晰地反映出基性岩浆的成分变异受控于部分熔融作用而不是分离结晶作用。

4.2.3 源区特征

矿区蚀变辉长岩的 $Mg^{\#}$值（$Mg^{\#}=100[Mg^{2+}/(Mg^{2+}+Fe^{2+})]$）的变化范围介于 35~68 之间（部分 $Mg^{\#}$值据钱锦和和沈远仁，1990），且主要集中于 52~68（表 4-1）。对于本次研究的 10 个样品，$Mg^{\#}$值大于 58 的样品 SiO_2 含量相对较低，具有粗粒结构，钠长石、角闪石、黑云母化为特征；反之则 SiO_2 含量较高（除白云石化样品之外），矿物粒度较细，具钠长石、角闪石、黑云母、白云石、磁铁矿化为特征。这些现象表明蚀变辉长岩低的 $Mg^{\#}$值可能与流体作用有关，同时可能也反映了与矿化有关的蚀变为钠化、硅化、碳酸盐化。

蚀变辉长岩与 E-MORB 相似，轻、重稀土分异较弱，高场强元素 Nb、Ta、Zr、Hf 负异常不明显，在构造判别图解中主要投点位于 CRB 和 MORB 区，此外，蚀变辉长岩的 ε_{Nd}同位素显示岩浆源区具有亏损岩石圈地幔特征（Zhao，2010）。综合这些特征，反映基性岩浆可能属大陆裂谷环境形成，岩石圈地幔组分参与到基性岩浆的形成过程中。

蚀变辉长岩的（$La)_N$-$(La/Yb)_N$ 图解（图 4-8b）反映其受控于源区部分熔融，且应当为源区低的部分熔融，因源区高的部分熔融产生的岩浆没有上升潜力。蚀变辉长岩的全碱-SiO_2（图 4-1）、SiO_2 与 Na_2O、K_2O 的投点关系复杂（图 4-2h、j），甚至部分出现垂直上升趋势，这可能与深部流体作用有关（罗照华等，2003）。同时从矿区主要赋矿岩石岩相学（第 3 章已介绍）特征可以看出，主要赋矿岩石（包括蚀变辉长岩）中常见微粒钠长石-白云石/铁白云石-石英-磁铁矿-普通角闪石-黑云母呈含量不等组合，也常见钠长石或由钠长石、石英构成的团块以及局部可见钠长石、黑云母构成的团块（可能为辉长岩碎块）被熔蚀呈浑圆状、不规则状，证实了基性岩浆作用过程中的富流体环境，推测流体可能有富硅碱和碳酸盐流体，同时可能也是富铁的。

综上所述，不难发现大红山矿区基性岩浆作用过程中经历了复杂的地球化学过程，可能包括源区岩石低的部分熔融形成基性岩浆、富硅碱和碳酸盐流体（同时可能也是富铁的）及地壳混染等改造。

4.3 成矿元素地球化学

4.3.1 矿化元素组合

据近几年对大红山矿区野外观察、室内光薄片鉴定与岩矿石成矿元素综合分析（表 4-8~表 4-11），矿区内成矿元素的矿化组合可分为铁矿、铁铜矿、铜矿、

表 4-8 矿区岩矿石成矿元素分析结果之一

样品	钠长石岩			蚀变辉长岩					铁铝榴石矽卡岩				
	DFe1404B	DFe1413B	DHS1352	DFe1406	DFe1433	DFe1434	DFe1454	DCu1431	DCu1436	DCu1427	DHS1358	DHS1366	DHS1368
Fe 含量/%	6. 89	14. 24		9. 65	10. 22	16. 32	13. 29	11. 97	15. 61	19. 3			
Cu 含量/%	0. 00299	0. 00174	0. 03	0. 001	0. 0058	0. 0195	0. 01093	0. 00727	0. 1681	0. 2654	0. 01	0. 14	0. 13
Au 含量/ppm		0. 0157	0. 04	0. 0148	0. 0179	0. 0145	0. 0199	0. 0182	0. 0276	0. 0348	0. 03	0. 04	0. 04
Ag 含量/ppm	0. 42	0. 41	0. 47	0. 5	0. 42	0. 62	0. 66	0. 54	0. 51	0. 63	0. 46	0. 69	0. 51
Co 含量/ppm	19. 9	17. 9	19	61. 7	30. 6	72. 7	47	29. 9	63. 3	99. 1	126		
Ni 含量/ppm	11. 8	10. 7	20	91. 1	59. 7	19. 1	71. 8	17. 5	129. 2	32. 5	32		
V 含量/ppm	117	69	162	421	408	108	512	356	263	70	492		
Ti 含量/%	0. 3406	0. 8101		1. 297	0. 9416	0. 3106	1. 497	0. 8772	0. 5353	0. 2757			
S 含量/%	0. 0638	0. 0223	0. 04	0. 0168	0. 0206	0. 1448	0. 161	0. 0258	1. 2309	0. 306	0. 02		
Cr 含量/ppm			4. 3								3. 8		
Nb 含量/ppm													
Ta 含量/ppm													
U 含量/ppm												0. 19	0. 15
Se 含量/ppm			0. 26								0. 56		
Mo 含量/ppm			2. 2								1. 5	1. 4	1. 3
Pb 含量/%													
Zn 含量/%												0. 02	0. 01
Mn 含量/%													
P 含量/%													

注：1ppm = 10^{-6}。

表 4-9 矿区岩矿石成矿元素分析结果之二

样品	钠长石岩（具钠长石、石英大晶体或者两者构成的团块状、透镜状集合体不均匀分布）							铁矿石					
	DFe1457	DHS1353	DHS1359	DHS1363	DHS1364	DHS1365	DCu1407	DFe1410B	DFe1425	DFe1430-1	DFe1437	DFe1443	DFe1445
Fe 含量/%	6. 47	20. 26				6. 69	7. 36	41. 69	63. 75	52. 16	26. 44	63. 94	34. 95
Cu 含量/%	0. 00152	0. 01		0. 05	0. 03	0. 02	0. 1243	0. 00115	0. 00091	0. 08939	0. 00287	0. 0021	0. 0242
Au 含量/ppm	0. 2697		0. 02	0. 04	0. 02	0. 02	0. 0243	0. 0162	0. 0223	0. 0589	0. 0218	0. 0145	0. 0152
Ag 含量/ppm	0. 53		0. 44	0. 54	0. 52	0. 61	0. 47	0. 56	0. 48	0. 4	0. 44	0. 42	0. 42
Co 含量/ppm	9. 3	23	17	61	85	44	29. 1	36. 4	64. 2	96. 6	38. 6	89. 8	9. 9
Ni 含量/ppm	2. 1	17	8. 1	80	104	32	42. 3	63. 6	105. 2	19. 2	38. 3	158. 9	1. 6
V 含量/ppm	472	274	397	490	368	83	227	4378	450	174	390	186	130
Ti 含量/%	1. 066	1. 02				0. 4	0. 3756	0. 5389	0. 1303	0. 1552	0. 8177	0. 0465	1. 103
S 含量/%	0. 0334	0. 01		0. 13	0. 19	0. 2	0. 1208	0. 0137	0. 0106	0. 0868	0. 0239	0. 0112	0. 0139
Cr 含量/ppm		22	77	45	81	50. 6							
Nb 含量/ppm		33. 2				10. 7							
Ta 含量/ppm		1. 62				0. 58							
U 含量/ppm		2. 77				1. 87							
Se 含量/ppm		0. 49	0. 13	0. 53	0. 42	0. 2							
Mo 含量/ppm			1. 1	1. 1	2. 4	2. 1							
Pb 含量/%													
Zn 含量/%					0. 01								
Mn 含量/%		0. 01				0. 66							
P 含量/%		0. 19				0. 07							

注：1ppm=10^{-6}。

表 4-10　矿区岩矿石成矿元素分析结果之三

样品	铁矿石												
	DFe1458	DFe1464	DFe1471	DFe1478	DFe1479	DFe1489	DFe1490	DFe14104	DCu1425	DCu1430	DCu1435	DFe1415	DFe1472
Fe 含量/%	38. 64	29. 04	62. 1	43. 23	51. 64	50. 41	30. 08	19. 77	42	60. 58	45. 16	38. 54	46. 49
Cu 含量/%	0. 0011	0. 03311	0. 00276	0. 0058	0. 00171	0. 00586	0. 00192	0. 00319	0. 06684	0. 01261	0. 1286	0. 00105	0. 001
Au 含量/ppm	0. 0151	0. 0308	0. 0212	0. 0779	0. 0721	0. 0163	0. 0253	0. 0146	0. 0228	0. 0177	0. 0673	0. 0194	0. 0284
Ag 含量/ppm	0. 5	0. 43	0. 47	0. 43	0. 51	0. 43	0. 43	0. 4	0. 49	0. 59	0. 58	0. 4	0. 41
Co 含量/ppm	18. 8	104. 5	36. 2	6	66. 4	46. 6	10. 6	88. 8	40. 2	33. 3	78. 2	46. 9	7
Ni 含量/ppm	20	79. 4	32. 2		53. 5	54. 7	7. 7	23. 5	97. 2	218	38. 2	32. 5	
V 含量/ppm	269	282	165	202	173	252	219	383	381	3343	127	318	159
Ti 含量/%	0. 9286	0. 6556	0. 1614	0. 9059	0. 1383	0. 5137	0. 5844	0. 796	0. 3599	0. 0567	0. 1572	0. 3439	0. 6398
S 含量/%	0. 0144	0. 0488	0. 0124	0. 0161	0. 011	0. 0138	0. 0107	0. 0085	0. 0938	0. 0164	0. 2971	0. 0168	0. 0128
Cr 含量/ppm													
Nb 含量/ppm													
Ta 含量/ppm													
U 含量/ppm													
Se 含量/ppm													
Mo 含量/ppm													
Pb 含量/%													
Zn 含量/%													
Mn 含量/%													
P 含量/%													

注：1ppm = 10^{-6}。

表 4-11 矿区岩矿石成矿元素分析结果之四

样品	铁矿石							铜矿石或铁铜矿石								
	DCu1411	DFe1405B	DHS1357	DHS1360	DHS1362	DHS1354	DHS1361	DCu1402	DCu1426	DCu1409	DCu1403	DCu1408	DHS1356	DHS1369	DHS1367	DFe1444-2
Fe 含量/%	28.28	17.31	42.53	29.46	47.78	55.24	69.04	39.13	17.33	21	29.75	33.25			31.83	33.46
Cu 含量/%	0.0398	0.00265	0.25			0.16		14.5732	3.84069	1.99787	0.2039	0.99688	4.7	4.65	1.01	1.70585
Au 含量/ppm	0.0163	0.0144						1.013	0.4665	0.0534	0.0271	0.024	0.04	9.09	0.21	0.0435
Ag 含量/ppm	0.43	0.44						4.6	0.92	0.52	0.43	0.45	5.56	2.28	1.37	0.78
Co 含量/ppm	106.4	126.4	54	9.8	38	78	55	1307	99.3	143.6	59.9	237.6	57		141	249.6
Ni 含量/ppm	45.5	59.1	40	19	66	29	116	797	156.1	34.7	172.6	60.3	33		59	93.5
V 含量/ppm	281	509	154	108	103	93	221	139	360	177	335	124	281		178	451
Ti 含量/%	0.5467	0.8101	0.33	1.4	0.65	0.29	0.05	0.0849	0.6098	0.2662	0.6714	0.0512			0.61	0.2714
S 含量/%	0.0058	0.0472	0.27	0.01	0.01	0.18	0.02	33.3951	4.0524	0.0191	0.4248	1.1106	4.89		1.26	2.0866
Cr 含量/ppm			31	8.4	13	11	4.3						15		35	
Nb 含量/ppm			12.6	7.94	2.79	13.2	0.8								13.1	
Ta 含量/ppm			0.39	0.42	0.13	0.56	0.15								0.78	
U 含量/ppm			9.19	0.68	0.36	9.59	1.94							0.23	1.53	
Se 含量/ppm			3.69	0.15	0.1	1.47	0.28						20.4		6.28	
Mo 含量/ppm													2.9	2.5	29.7	
Pb 含量/%													0.01	0.01		
Zn 含量/%													0.02	0.02		
Mn 含量/%			0.33	0.04	0.01	0.27	0.01								0.75	
P 含量/%			0.25	0.17	0.1	0.11	0.11								0.1	

注：1ppm=10^{-6}。

铜金矿、钴矿、铜钴矿。各类矿石中伴生的成矿元素如下：

（1）铁矿，矿区内广泛分布，其他元素含量低，局部伴生 V；

（2）铁铜矿，常伴生 Co；

（3）铜矿：常伴生 Ag，其他元素的含量很低；

（4）铜金矿：常伴生 Ag；

（5）钴矿：常伴生 Cu；

（6）铜钴矿：伴生 Au 含量可达 1g/t。

此外，矿区铁和铜元素矿化情况见图 4-9，可划分为铁矿石、铁铜矿石、铜矿石三种。

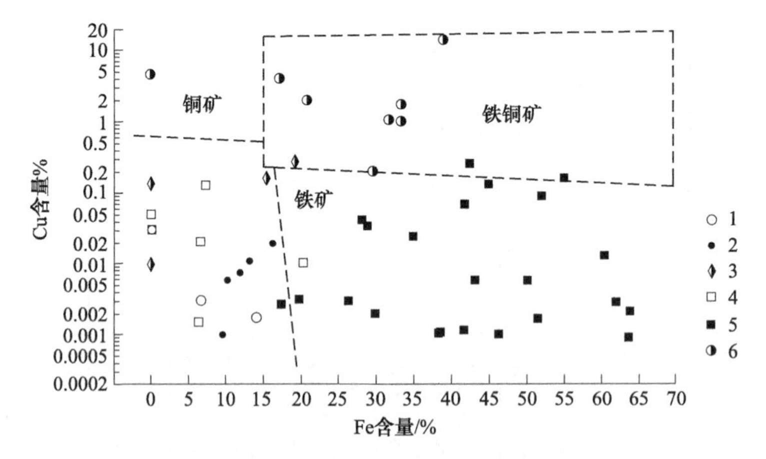

图 4-9　矿区岩矿石 Fe 含量-Cu 含量关系图

（根据 S 和 Cu 含量扣除形成黄铜矿和黄铁矿所需的 Fe）

1—钠长石岩；2—蚀变辉长岩；3—铁铝榴石矽卡岩；4—钠长石岩（具钠长石、石英大晶体或者两者构成的团块状、透镜状集合体不均匀分布）；5—铁矿石；6—铁铜矿石或铜矿石

4.3.2　岩矿石中成矿元素与伴生元素分配规律

（1）该矿床中，Co 含量局部可以达到工业品位（Co 含量≥$500×10^{-6}$）而构成独立的钴矿或铜钴矿。同时在岩矿石 Fe 含量-Co 含量关系图解中，发现铜矿石或铁铜矿石中，当 Fe 含量>25%时，与 Co 含量呈现好的正相关关系（图 4-10）。

（2）Ti 含量与 Fe 含量大致具有负相关关系（图 4-11），Ti 的较高含量仅出现在蚀变辉长岩和 SiO_2 含量小于 53% 的交代蚀变岩中，个别铁矿石样品（DHS1368：细粒富磁铁矿石，铁矿区露天采场）中 Ti 含量可达 1.4%。其中，磁铁矿石中 Ti 的含量主要集中于 0.1%～0.8%，平均值为 0.5%；铁铜矿石或铜矿石中 Ti 的含量范围为 0.05%～0.6%，平均值为 0.32%。

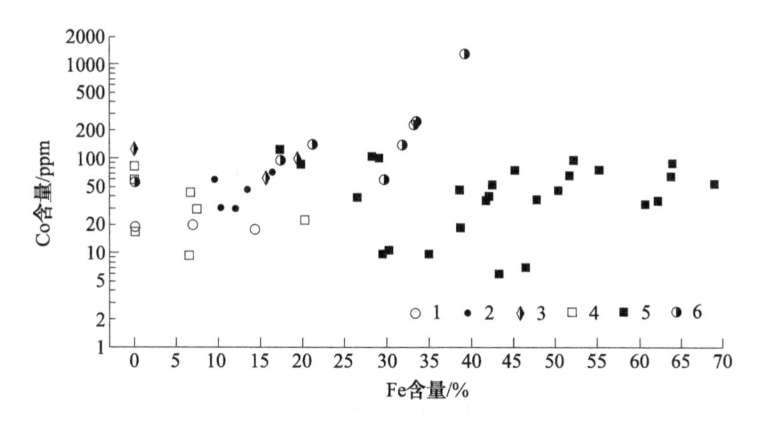

图 4-10 矿区岩矿石 Fe 含量-Co 含量关系图

1—钠长石岩；2—蚀变辉长岩；3—铁铝榴石矽卡岩；4—钠长石岩（具钠长石、石英大晶体或者两者构成的团块状、透镜状集合体不均匀分布）；5—铁矿石；6—铁铜矿石或铜矿石

（$1ppm = 10^{-6}$）

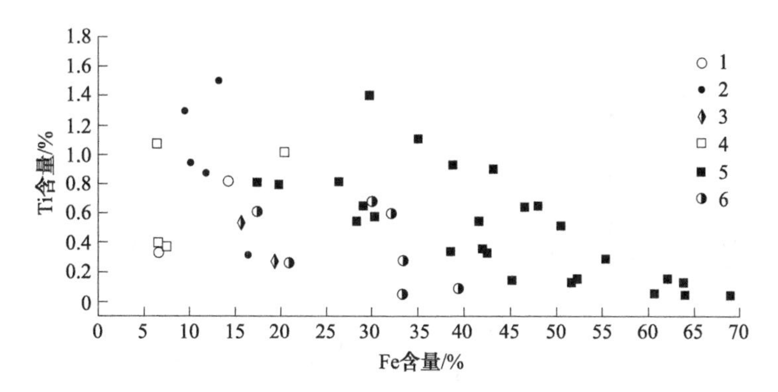

图 4-11 矿区岩矿石 Fe 含量-Ti 含量关系图

1—钠长石岩；2—蚀变辉长岩；3—铁铝榴石矽卡岩；4—钠长石岩（具钠长石、石英大晶体或者两者构成的团块状、透镜状集合体不均匀分布）；5—铁矿石；6—铁铜矿石或铜矿石

（3）岩矿石中 V 含量与 Ti 含量关系总体上不明显（图 4-12）。但部分（如蚀变辉长岩）表现出正相关关系以及相对高的 V、Ti 含量，且矿区铁矿石中钒的高含量与 Ti 含量的关系不明显，如样品 DFe1410、DCu1430，可能反映 V 具有独立成矿的趋势，有一定的综合利用价值。

（4）Cu 含量和 Au 含量大致具有正相关关系（图 4-13）。铜矿石或铁铜矿石中，Au 含量明显高于铁矿石和各类交代蚀变岩，说明能构成独立的铜矿、铜金矿。

（5）Cu 含量和 Ag 含量相关关系整体上并不明显，但在铜矿石或铁铜矿石中

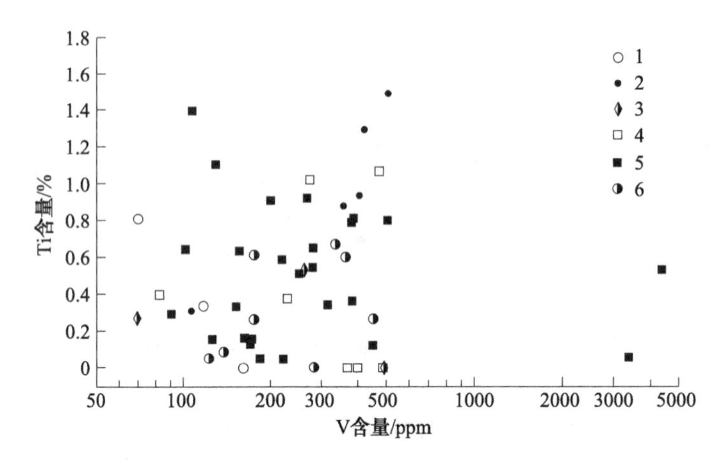

图 4-12　矿区岩矿石 V 含量-Ti 含量关系图

1—钠长石岩；2—蚀变辉长岩；3—铁铝榴石矽卡岩；4—钠长石岩（具钠长石、石英大晶体或者两者构成的团块状、透镜状集合体不均匀分布）；5—铁矿石；6—铁铜矿石或铜矿石

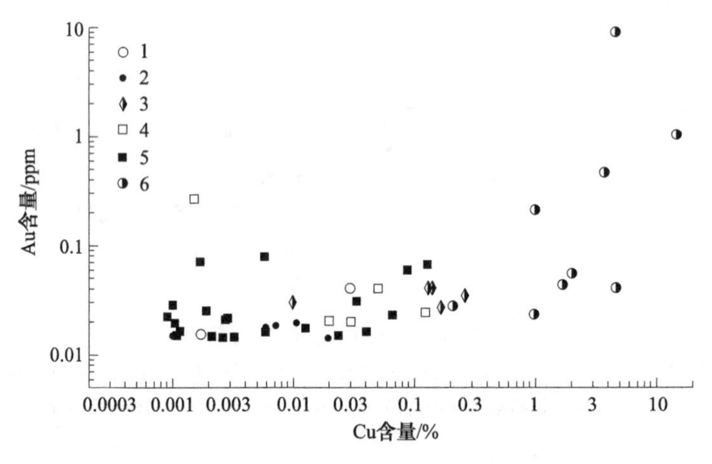

图 4-13　矿区岩矿石 Cu 含量-Au 含量关系图

1—钠长石岩；2—蚀变辉长岩；3—铁铝榴石矽卡岩；4—钠长石岩（具钠长石、石英大晶体或者两者构成的团块状、透镜状集合体不均匀分布）；5—铁矿石；6—铁铜矿石或铜矿石

Ag 含量较高，最高可达 5.56ppm，且与 Cu 呈现较好的正相关关系（图 4-14），伴生的 Ag 含量为 0.4~5.56ppm，平均为 0.73ppm。

（6）Au 含量和 Ag 含量相关关系不明显（图 4-15），总体上含量较低，仅有铁铜矿石或铜矿石中局部能够成独立的铜金矿石、金矿石。

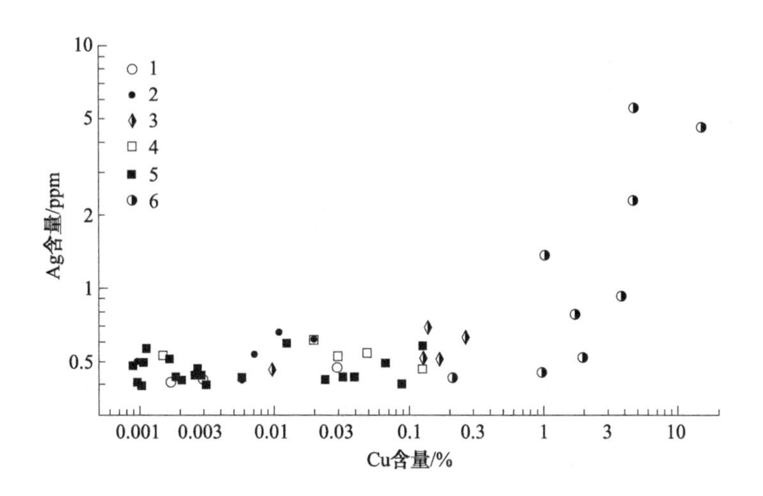

图 4-14 矿区岩矿石 Cu 含量-Ag 含量关系图

1—钠长石岩；2—蚀变辉长岩；3—铁铝榴石矽卡岩；4—钠长石岩（具钠长石、石英大晶体或者两者构成的团块状、透镜状集合体不均匀分布）；5—铁矿石；6—铁铜矿石或铜矿石

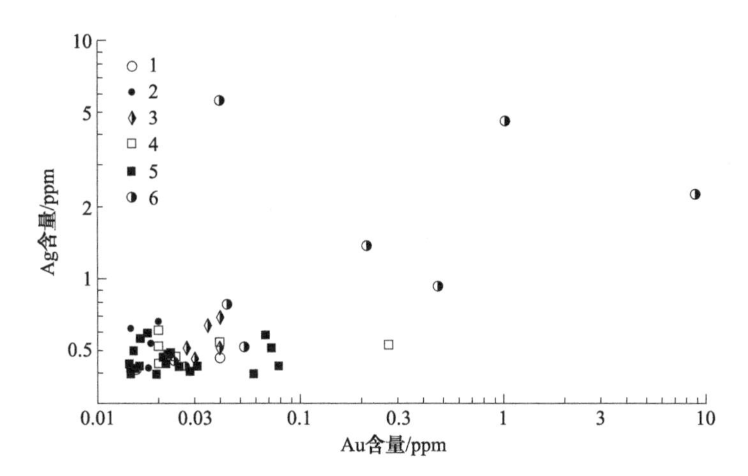

图 4-15 矿区岩矿石 Au 含量-Ag 含量关系图

1—钠长石岩；2—蚀变辉长岩；3—铁铝榴石矽卡岩；4—钠长石岩（具钠长石、石英大晶体或者两者构成的团块状、透镜状集合体不均匀分布）；5—铁矿石；6—铁铜矿石或铜矿石

（7）矿区岩矿石样品中的 Co 含量与 Ni 含量有明显的正相关关系（图 4-16）。矿石中，少数样品的 Co 含量/Ni 含量比值大于 2，Co 含量/Ni 含量比值可高达 6.5，大部分样品 Co 含量/Ni 含量比值主要集中于 0.2~1.9，平均为 0.9。

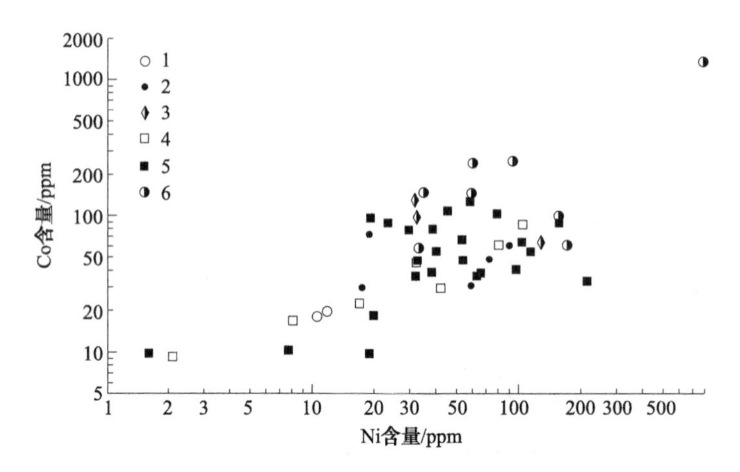

图 4-16　矿区岩矿石 Ni 含量-Co 含量关系图

1—钠长石岩；2—蚀变辉长岩；3—铁铝榴石矽卡岩；4—钠长石岩（具钠长石、石英大晶体或者两者构成的团块状、透镜状集合体不均匀分布）；5—铁矿石；6—铁铜矿石或铜矿石

5 成岩与成矿年代

5.1 成岩年代

扬子地台西南缘“康滇地轴”是我国南方前震旦纪地层出露最广泛的地区之一，其古老的结晶基底以大红山岩群、河口群、东川群、通安组等岩系为代表。以往的锆石 U-Pb 定年资料显示，大红山岩群约 1.7Ga（Hu et al.，1991；吴孔文，2008；Zhao et al.，2010；杨红等，2012）、河口群 1.8～1.7Ga（耿元生，2007；周家云等，2011；王冬兵等，2012;）、东川群 1.7～1.5Ga（Sun et al.，2009；Zhao et al.，2010）及通安组 1.8～1.5Ga（耿元生等，2012；庞维华等，2015）在时间上大致相当。大红山岩群位于扬子地台西南缘，是该地区变质级别相对较高、形成时代较老的岩石单元。此外，以往的学者认为大红山岩群的老厂河组、曼岗河岩组形成于约 1.7Ga 的古元古代晚期（Greentree and Li，2008；Zhao，2010；Zhao and Zhou，2011；杨红等，2012），红山岩组的“变钠质火山岩”的岩浆锆石 U-Pb 上交点年龄约为 1665Ma（Hu et al.，1991）。

我们通过野外地质观察发现，矿区内发育有大量的“变钠质熔岩”（钠长石岩)、“辉长辉绿岩”（蚀变辉长岩）及少量的“石英钠长石斑岩”（石英斑岩)，但部分仍缺乏精确的年龄限定。因此，本章补充 2 件蚀变辉长岩、曼岗河岩组顶部的 1 件石英斑岩以及 1 件红山岩组中的铁矿化钠长石岩样品进行 LA-ICP-MS 锆石 U-Pb 定年，补充大红山岩群中钠长石岩、蚀变辉长岩、石英斑岩的年代学研究。

5.1.1 样品及分析方法

本次研究用于锆石的原位 U-Pb 测年与原位微量、稀土元素测试的样品岩性、采样位置简述为：DFe1413 铁矿化钠长石岩，样品采自大红山铁矿露天采场红山岩组，坐标：$X=464295$，$Y=2666548$，$H=943$m；DFe1406 蚀变辉长岩，样品采自大红山铁矿露天采场，坐标：$X=464344$，$Y=2666396$，$H=1008$m；DFe1454 蚀变辉长岩，样品采自大红山铁矿区 340m 中段 A32 线北端；DFe14106 石英斑岩，样品采自曼岗河南岸，坐标：$X=464537$，$Y=2667424$，$H=844$m。

样品中的锆石挑选工作在河北省区域地质矿产调查研究所实验室完成，后由中国地质科学院地质研究所北京离子探针中心负责将所挑选的锆石制成靶及进行锆石阴极发（CL）光图像采集，阴极发光图像采集仪器为 Chroma 阴极发光探头的 HTACHI-S3000N 扫描电镜。并在综合分析锆石微观结构的反射光、阴极发光图像基础上，选择合适的锆石微区进行原位年龄及微量、稀土元素的测试。

LA-ICP-MS 锆石 U-Pb 定年及原位微量、稀土元素测试在中国科学院贵阳地化所矿床地球化学国家重点实验室完成。采用的仪器为美国 PerkinElmer 公司生产的 ELAN DRC-e 型等离子质谱仪与美国莱伯泰科有限公司生产的 GeoLasPro 193nm 型准分子激光剥蚀器。实验中采用 He 作为剥蚀物质的载气。此外，激光脉冲频率低达 1Hz，可以获得光滑的分析信号（Hu et al.，2012b）。U-Th-Pb 同位素组成分析的外标为标准锆石 91500，内标为国际标样 NIST610，TEM 为监控盲样；以 NIST612 作为元素分析计算时的外标，Si 作为内标。普通 Pb 校正参照 Anderson（2002），锆石样品的 U-Pb 年龄谐和图绘制与年龄权重平均计算均采用 Isoplot/Ex_ver3（Ludwig，2003）完成。

5.1.2 LA-ICP-MS 锆石 U-Pb 定年

5.1.2.1 铁矿化钠长石岩（DFe1413）

样品中锆石多呈半自形-自形的柱状，少数呈他形破碎不规则的粒状。长短轴比值为 1∶1~2∶1，长轴粒径为 150~300μm。锆石的阴极发光图像（图 5-1a）具有较暗岩浆环带，锆石局部发育不规则的亮斑，推测为流体事件改造导致。采用 LA-ICP-MS 方法对该样品锆石的 22 个微区进行原位 U-Pb 年龄测试及微量、稀土元素分析（表 5-1），相对应的稀土元素配分模式见图 5-2a。

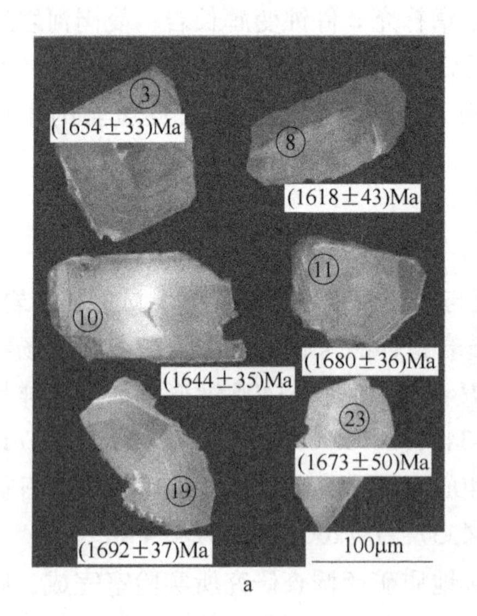

a

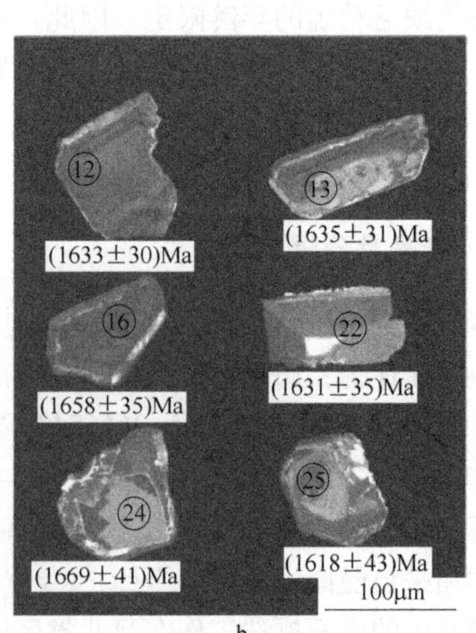

b

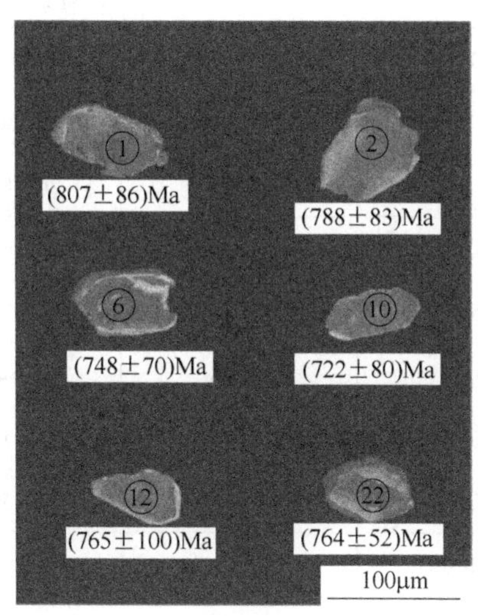

c

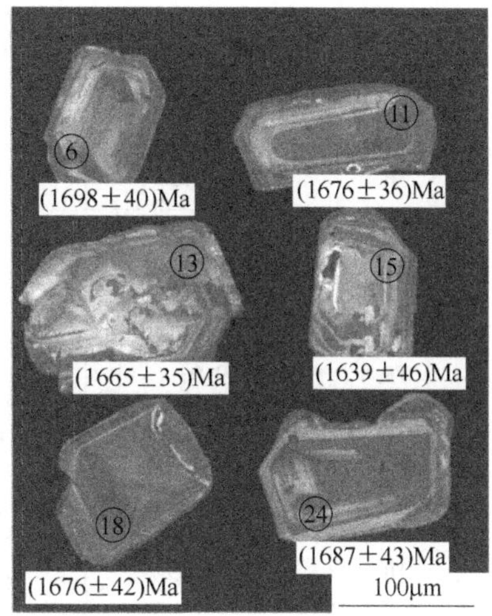

d

图 5-1 矿区铁矿化钠长石岩、蚀变辉长岩及石英斑岩中锆石的阴极发光图像

a—DFe1413；b—DFe1406；c—DFe1454；d—DFe14106

表 5-1 矿区铁矿化钠长石岩、蚀变辉长岩及石英斑岩中锆石微区 LA-ICP-MS 平均稀土、微量元素化学组成特征

编号		DFe1413	DFe1406	DFe1454	DFe14106
锆石类型		岩浆	岩浆	变质	岩浆
测点数/个		24	21	19	25
含量/ppm	Ti	30.25	43.87	1915.72	13.37
	Y	2344.00	8397.19	461.98	3159.35
	Nb	11.23	23.79	2.94	15.62
	La	0.06	0.30	0.56	0.30
	Ce	9.55	158.74	5.25	28.29
	Pr	0.23	2.15	0.62	0.30
	Nd	3.99	37.08	3.93	4.50
	Sm	9.13	64.46	1.74	11.93
	Eu	2.39	23.00	0.75	3.19
	Gd	53.35	276.84	4.62	69.64

续表 5-1

编号		DFe1413	DFe1406	DFe1454	DFe14106
含量/ppm	Tb	18. 17	84. 73	1. 60	22. 86
	Dy	214. 46	893. 04	23. 93	269. 81
	Ho	80. 42	294. 50	12. 74	102. 68
	Er	346. 67	1165. 62	79. 86	458. 79
	Tm	69. 03	220. 17	22. 15	95. 54
	Yb	610. 64	1836. 26	274. 40	878. 79
	Lu	115. 76	317. 71	88. 63	178. 57
	Hf	8116. 69	10410. 99	10861. 63	10942. 81
	Ta	4. 20	8. 16	0. 35	6. 38
	Th	204. 89	677. 37	36. 51	472. 60
	U	207. 71	337. 90	386. 66	516. 36
Th/U		0. 986	2. 005	0. 094	0. 915
Lu/Hf		0. 014	0. 031	0. 008	0. 016
∑REE 含量/ppm		1533. 86	5374. 59	520. 78	2125. 19
Eu/Eu^*		0. 26	0. 45	0. 76	0. 26
Ce/Ce^*		11. 15	21. 15	1. 89	20. 24
$(La/Yb)_N$		0. 000067	0. 000108	0. 001378	0. 000229
$(La/Sm)_N$		0. 0042	0. 0029	0. 2027	0. 0157
$(Gd/Yb)_N$		0. 0705	0. 1217	0. 0136	0. 0639

锆石微区中 Th 含量为 59. 10~614. 02ppm[1]（表 5-2），U 的含量为 123. 68~362. 68ppm，其 Th/U 比值均大于 0. 4，介于 0. 4778~1. 6930，表明具有岩浆锆石成因特征（Hoskin and Black，2000）。锆石的 Lu/Hf 比值平均为 0. 014，∑REE 含量较高，平均值为 1533. 86ppm（表 5-1），球粒陨石标准化的稀土元素配分曲线以重稀土（HREE）明显富集、轻稀土（LREE）相对亏损、明显 Eu 负异常（Eu/Eu^* =0. 26）和 Ce 正异常（Ce/Ce^* = 11. 15）为特征（图 5-2a），与典型的岩浆锆石稀土元素特征相似（Hoskin and Ireland，2000；Belousova et al.，

[1] $1ppm=10^{-6}$。

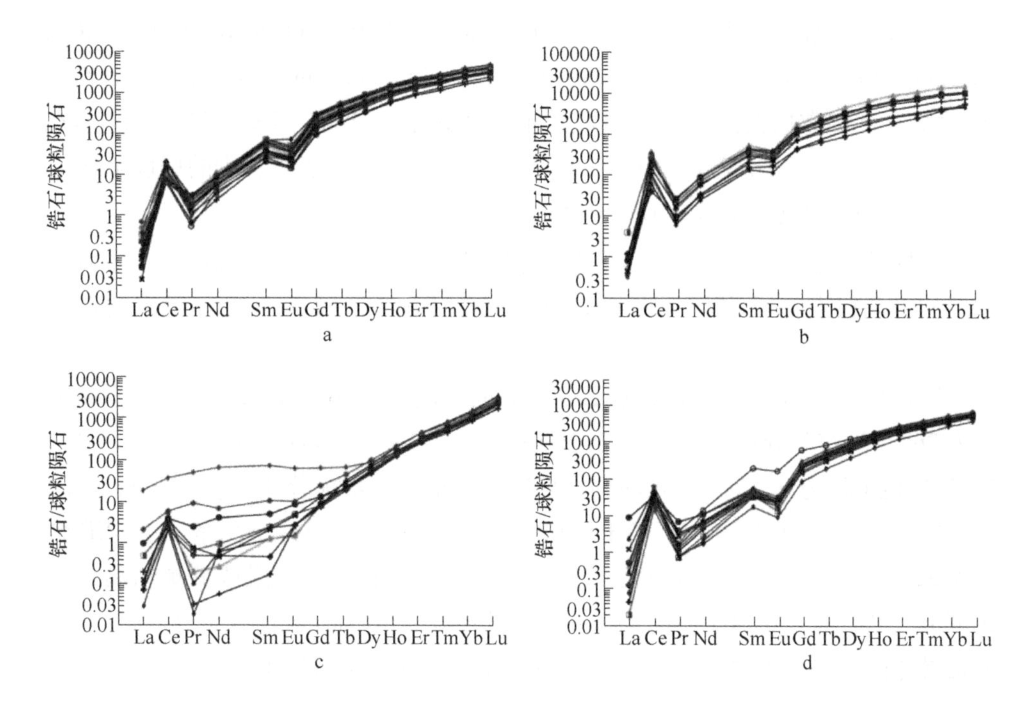

图 5-2 矿区铁矿化钠长石岩、蚀变辉长岩及石英斑岩中锆石的稀土元素球粒陨石标准化曲线（标准化值据 Boynton et al.，1987）

a—DFe1413；b—DFe1406；c—DFe1454；d—DFe14106

2002；Rubatto，2002；Hoskin and Schaltegger，2003；Liu and Lou，2011）。在锆石的 $^{207}Pb/^{235}U$-$^{206}Pb/^{238}U$ 年龄图解（图 5-3a）中，少数锆石部分铅丢失，偏离谐和线，年龄数据组成的不一致线上交点年龄为（1676±12）Ma，$^{207}Pb/^{206}Pb$ 加权平均年龄为（1656±16）Ma，代表铁矿化钠长石岩中被捕获的岩浆锆石结晶的年龄。

5.1.2.2 蚀变辉长岩（DFe1406）

蚀变辉长岩中选出的 21 粒锆石，多呈半自形的短柱状或者他形不规则状的粒状，粒径主要集中在 40~60μm，长轴可达 200~300μm。锆石主体微区显示较暗的阴极发光（图 5-1b），其边部岩浆环带清晰，部分锆石颗粒边部发育亮边或锆石中具有亮斑，应遭受过流体或者热液事件改造。

锆石微区的 Th、U 含量变化较大，Th 含量在 108~2288ppm，U 含量在 79.5~788ppm 之间，Th/U 介于 0.9360~4.0482，较高（表 5-3）。Lu/Hf 比值平均为 0.031，稀土元素总量（∑REE 含量为 5374.59ppm）较高，稀土元素配分曲线具重稀土（HREE）富集、轻稀土（LREE）亏损、明显的 Eu 负异常（$Eu/Eu^*=0.45$）、Ce 正异常（$Ce/Ce^*=21.15$）（图 5-2b），与岩浆成因

锆石的稀土元素特征类似（Hoskin and Ireland，2000；Belousova et al.，2002；Rubatto，2002；Hoskin and Schaltegger，2003；Liu and Liou，2011）。部分锆石Pb丢失，年龄数据偏离谐和线组成的不一致线上交年龄［1655±31(±32)］Ma，$^{207}Pb/^{206}Pb$加权平均年龄为（1643±19）Ma（图5-3b），代表辉长岩的侵位年龄。

5.1.2.3 蚀变辉长岩（DFe1454）

该样品中选出19粒锆石，呈他形浑圆状，粒径集中于50~90μm，不具核边结构，阴极发光具扇状、冷杉状特征（图5-1c），属完全变质形成的新生锆石。

锆石微区中Th、U含量变化较小，Th的含量为21.67~81.22ppm，U含量变化为268.33~655.76ppm，Th/U介于0.0519~0.1366，多数小于0.1（表5-4），Th/U比值平均为0.094。其球粒陨石标准化的稀土元素配分曲线模式（图5-2c）具重稀土（HREE）富集、轻稀土（LREE）相对亏损以及稀土总量（∑REE含量为520.78ppm）非常低的特征，Eu异常（反映长石部分熔融或分离结晶）可正可负，平均值为0.76，具有明显的Ce正异常（$Ce/Ce^{*}=1.89$），此微量、稀土元素特征整体与变质锆石较一致（Hoskin and Ireland，2000；Belousova et al.，2002；Rubatto，2002；Hoskin and Schaltegger，2003；Liu and Liou，2011）。锆石测得的$^{207}Pb/^{206}Pb$年龄加权平均值为（748.9±5.7）Ma（$n=18$，MSWD=1.20，注：已去除点54T-12）（图5-3c）。

5.1.2.4 石英斑岩DFe14106

此样品中选出25粒锆石，锆石多呈半自形-自形柱状，粒径在120~300μm之间，与DFe1413中锆石的阴极发光图像类似，具有较暗岩浆环带和局部发育不规则的亮斑（图5-1d）。

对25粒锆石微区进行原位U-Pb定年（图5-3d）及微量、稀土元素测试（表5-1），锆石的Th含量变化于187~888ppm之间，U含量变化于238~1016ppm之间，Th/U比值均大于0.1，介于0.5808~1.2144（表5-5），Lu/Hf平均值为0.016。稀土元素总量（∑REE含量为2125.19ppm）较高，重稀土（HREE）富集、轻稀土（LREE）亏损，具明显的Eu负异常（$Eu/Eu^{*}=0.26$）、Ce正异常（$Ce/Ce^{*}=20.24$），与岩浆锆石大致吻合（Hoskin and Ireland，2000；Belousova et al.，2002；Rubatto，2002；Hoskin and Schaltegger，2003；Liu and Liou，2011）。少数锆石中部分Pb丢失，偏离谐和线，年龄数据构成的不一致线上交点年龄为［1714±31(±32)］Ma，$^{207}Pb/^{206}Pb$加权平均年龄为（1673±20）Ma，代表石英斑岩的侵位年龄。

表 5-2 矿区红山岩组铁矿化钠长石岩（DFe1413）中锆石的 LA-ICP-MS U-Pb 定年数据

测点号	成分/ppm			Th/U	$^{207}Pb/^{206}Pb$	±%	$^{207}Pb/^{235}U$	±%	$^{206}Pb/^{238}U$	±%	年龄/Ma					
	Th	U	^{206}Pb								$^{207}Pb/^{206}Pb$	1σ	$^{207}Pb/^{235}U$	1σ	$^{206}Pb/^{238}U$	1σ
13T-02	237. 90	248. 51	103. 84	0. 9573	0. 1006	0. 0021	4. 1548	0. 0825	0. 0033	0. 5590	1635	39	1665	16	1668	16
13T-03	207. 40	227. 93	97. 04	0. 9100	0. 1016	0. 0019	4. 2960	0. 0775	0. 0027	0. 4945	1654	33	1693	15	1700	13
13T-04	332. 86	297. 99	122. 46	1. 1170	0. 0999	0. 0018	3. 9115	0. 0673	0. 0025	0. 5192	1633	34	1616	14	1590	13
13T-05	121. 30	145. 68	59. 13	0. 8326	0. 1020	0. 0021	4. 1714	0. 0803	0. 0031	0. 5440	1661	38	1668	16	1659	15
13T-06	110. 01	138. 48	60. 31	0. 7944	0. 1010	0. 0024	4. 3849	0. 0961	0. 0038	0. 5569	1643	45	1709	18	1749	19
13T-07	130. 09	149. 90	62. 65	0. 8678	0. 1000	0. 0024	4. 1195	0. 0940	0. 0036	0. 5393	1624	40	1658	19	1670	18
13T-08	300. 25	274. 11	116. 62	1. 0953	0. 0997	0. 0023	3. 9837	0. 0850	0. 0029	0. 4680	1618	43	1631	17	1623	14
13T-09	461. 39	378. 23	147. 47	1. 2199	0. 0995	0. 0023	3. 6190	0. 0839	0. 0036	0. 5882	1615	44	1554	18	1495	18
13T-10	235. 33	244. 70	104. 71	0. 9617	0. 1011	0. 0019	4. 2049	0. 0753	0. 0030	0. 5700	1644	35	1675	15	1685	15
13T-11	172. 93	206. 67	90. 83	0. 8368	0. 1030	0. 0020	4. 4406	0. 0817	0. 0033	0. 5807	1680	36	1720	15	1739	16
13T-12	405. 63	294. 85	140. 06	1. 3757	0. 1007	0. 0017	4. 2062	0. 0724	0. 0027	0. 5283	1639	32	1675	14	1689	14
13T-13	614. 02	362. 68	169. 85	1. 6930	0. 1028	0. 0017	4. 0477	0. 0664	0. 0022	0. 4750	1676	31	1644	13	1605	11
13T-14	116. 51	140. 06	59. 41	0. 8318	0. 1032	0. 0021	4. 3311	0. 0854	0. 0027	0. 4585	1683	38	1699	16	1700	14
13T-15	220. 56	232. 80	95. 79	0. 9475	0. 1013	0. 0019	4. 0795	0. 0748	0. 0028	0. 5207	1650	35	1650	15	1639	14
13T-16	494. 31	319. 98	154. 64	1. 5448	0. 1027	0. 0020	4. 2799	0. 0806	0. 0027	0. 4771	1673	36	1690	16	1689	13
13T-17	101. 32	123. 77	51. 77	0. 8186	0. 1048	0. 0025	4. 3722	0. 0989	0. 0032	0. 4727	1710	44	1707	19	1695	16
13T-18	59. 10	123. 68	47. 80	0. 4778	0. 1037	0. 0024	4. 3263	0. 0961	0. 0030	0. 4466	1691	42	1698	18	1692	15
13T-19	128. 37	147. 51	60. 20	0. 8702	0. 1037	0. 0021	4. 2012	0. 0809	0. 0027	0. 4902	1692	37	1674	16	1646	14
13T-20	353. 46	311. 02	135. 61	1. 1365	0. 1025	0. 0019	4. 2485	0. 0732	0. 0024	0. 4724	1670	33	1683	14	1678	12
13T-21	203. 30	213. 35	93. 02	0. 9529	0. 1016	0. 0020	4. 3460	0. 0801	0. 0034	0. 6050	1654	42	1702	15	1728	17
13T-22	145. 11	184. 55	76. 09	0. 7863	0. 1021	0. 0022	4. 2715	0. 0854	0. 0028	0. 4663	1662	40	1688	16	1691	14
13T-23	108. 94	145. 95	58. 78	0. 7464	0. 1027	0. 0028	4. 2416	0. 1066	0. 0037	0. 4983	1673	50	1682	21	1673	18
13T-24	95. 43	150. 92	58. 92	0. 6323	0. 1011	0. 0027	4. 1752	0. 0982	0. 0032	0. 4671	1656	50	1669	19	1669	16
13T-25	228. 48	247. 82	101. 39	0. 9219	0. 1011	0. 0024	4. 1376	0. 0905	0. 0027	0. 4276	1656	56	1662	18	1651	14

注：1ppm=10^{-6}。

表 5-3 矿区蚀变辉长岩（DFe1406）中锆石的 LA-ICP-MS U-Pb 定年数据

测点号	成分/ppm			Th/U	$^{207}Pb/^{206}Pb$	±%	$^{207}Pb/^{235}U$	±%	$^{206}Pb/^{238}U$	±%	年龄/Ma					
	Th	U	^{206}Pb								$^{207}Pb/^{206}Pb$	1σ	$^{207}Pb/^{235}U$	1σ	$^{206}Pb/^{238}U$	1σ
06T-01	620. 81	294. 97	158. 43	2. 1046	0. 1000	0. 0027	3. 9942	0. 1119	0. 2842	0. 0052	1633	50	1633	23	1612	26
06T-03	121. 55	79. 47	36. 64	1. 5294	0. 1011	0. 0035	3. 8293	0. 1095	0. 2725	0. 0046	1656	63	1599	23	1553	23
06T-04	1659. 98	410. 06	283. 31	4. 0482	0. 0965	0. 0016	3. 8291	0. 0600	0. 2821	0. 0024	1567	32	1599	13	1602	12
06T-05	1026. 89	423. 65	209. 45	2. 4239	0. 0942	0. 0016	3. 5270	0. 0559	0. 2664	0. 0024	1522	33	1533	13	1523	12
06T-08	644. 19	313. 82	173. 90	2. 0527	0. 0972	0. 0020	3. 9149	0. 0815	0. 2866	0. 0039	1572	38	1617	17	1625	19
06T-10	769. 69	340. 03	198. 15	2. 2636	0. 0975	0. 0017	4. 1270	0. 0698	0. 3014	0. 0032	1577	34	1660	14	1698	16
06T-11	2288. 00	787. 55	407. 69	2. 9052	0. 0980	0. 0016	3. 6003	0. 0574	0. 2611	0. 0026	1587	25	1550	13	1495	14
06T-12	788. 29	425. 31	217. 13	1. 8535	0. 1000	0. 0016	4. 1262	0. 0646	0. 2935	0. 0029	1633	30	1660	13	1659	14
06T-13	1575. 61	578. 11	337. 37	2. 7255	0. 1005	0. 0017	4. 0655	0. 0646	0. 2876	0. 0028	1635	31	1647	13	1630	14
06T-14	273. 56	163. 05	81. 58	1. 6778	0. 1011	0. 0020	4. 3359	0. 0796	0. 3060	0. 0034	1644	35	1700	15	1721	17
06T-15	1013. 48	447. 34	243. 98	2. 2656	0. 1024	0. 0019	4. 2486	0. 0747	0. 2949	0. 0028	1669	34	1683	14	1666	14
06T-16	870. 07	476. 47	252. 14	1. 8261	0. 1018	0. 0019	4. 4493	0. 0776	0. 3105	0. 0031	1658	35	1722	14	1743	15
06T-17	469. 78	384. 31	142. 86	1. 2224	0. 1016	0. 0025	3. 4052	0. 0756	0. 2393	0. 0029	1654	44	1506	17	1383	15
06T-18	429. 55	364. 60	160. 09	1. 1782	0. 1025	0. 0020	4. 3588	0. 0805	0. 3024	0. 0030	1672	35	1705	15	1703	15
06T-19	967. 93	369. 59	196. 17	2. 6189	0. 1047	0. 0020	4. 0773	0. 0708	0. 2776	0. 0025	1710	34	1650	14	1579	12
06T-20	1678. 10	658. 43	363. 32	2. 5486	0. 1001	0. 0017	4. 1476	0. 0655	0. 2950	0. 0024	1628	31	1664	13	1667	12
06T-21	107. 83	115. 20	47. 15	0. 9360	0. 1081	0. 0025	4. 3432	0. 0957	0. 2875	0. 0032	1769	43	1702	18	1629	16
06T-22	406. 02	219. 87	105. 96	1. 8467	0. 1004	0. 0019	4. 0612	0. 0715	0. 2892	0. 0027	1631	35	1647	14	1638	14
06T-23	584. 13	291. 43	145. 07	2. 0043	0. 0989	0. 0020	3. 9616	0. 0746	0. 2865	0. 0028	1603	39	1626	15	1624	14
06T-24	246. 65	138. 33	67. 56	1. 7831	0. 1024	0. 0023	4. 2176	0. 0905	0. 2944	0. 0031	1669	41	1677	18	1664	15
06T-25	405. 59	208. 85	97. 20	1. 9420	0. 0997	0. 0022	3. 8550	0. 0842	0. 2766	0. 0029	1618	43	1604	18	1574	15

表 5-4 矿区蚀变辉长岩（DFe1454）中锆石的 LA-ICP-MS U-Pb 定年数据

测点号	成分/ppm			Th/U	$^{207}Pb/^{206}Pb$	±%	$^{207}Pb/^{235}U$	±%	$^{206}Pb/^{238}U$	±%	年龄/Ma					
	Th	U	^{206}Pb								$^{207}Pb/^{206}Pb$	1σ	$^{207}Pb/^{235}U$	1σ	$^{206}Pb/^{238}U$	1σ
54T-01	27. 53	289. 83	43. 24	0. 0950	0. 0660	0. 0028	1. 1378	0. 0441	0. 1227	0. 0025	807	86	771	21	746	14
54T-02	81. 22	555. 71	81. 69	0. 1462	0. 0652	0. 0026	1. 1062	0. 0437	0. 1205	0. 0021	789	83	756	21	733	12
54T-04	36. 34	268. 23	39. 29	0. 1355	0. 0649	0. 0020	1. 1186	0. 0332	0. 1232	0. 0018	772	65	762	16	749	10
54T-05	21. 67	340. 84	51. 33	0. 0636	0. 0663	0. 0029	1. 1853	0. 0480	0. 1274	0. 0023	817	93	794	22	773	13
54T-06	31. 71	440. 45	61. 87	0. 0720	0. 0642	0. 0022	1. 0794	0. 0341	0. 1200	0. 0018	748	70	743	17	730	10
54T-07	41. 28	302. 21	44. 18	0. 1366	0. 0668	0. 0046	1. 1433	0. 0646	0. 1231	0. 0042	831	144	774	31	748	24
54T-08	43. 86	475. 29	71. 34	0. 0923	0. 0657	0. 0026	1. 1834	0. 0482	0. 1281	0. 0021	794	83	793	22	777	12
54T-09	37. 56	283. 25	40. 42	0. 1326	0. 0645	0. 0026	1. 1067	0. 0427	0. 1224	0. 0021	767	84	757	21	744	12
54T-10	49. 40	458. 96	61. 26	0. 1076	0. 0631	0. 0024	1. 0217	0. 0394	0. 1155	0. 0024	722	80	715	20	704	14
54T-12	27. 29	297. 69	41. 22	0. 0917	0. 0647	0. 0030	1. 0687	0. 0471	0. 1185	0. 0024	765	100	738	23	722	14
54T-15	58. 01	744. 69	98. 88	0. 0779	0. 0633	0. 0015	1. 0313	0. 0237	0. 1164	0. 0012	720	18	720	12	710	7
54T-16	25. 89	295. 21	41. 49	0. 0877	0. 0645	0. 0015	1. 1057	0. 0256	0. 1227	0. 0013	767	48	756	12	746	7
54T-17	26. 89	517. 96	71. 16	0. 0519	0. 0675	0. 0017	1. 1559	0. 0312	0. 1228	0. 0019	854	54	780	15	747	11
54T-19	35. 17	451. 71	62. 80	0. 0779	0. 0666	0. 0013	1. 1532	0. 0240	0. 1241	0. 0014	833	41	779	11	754	8
54T-21	58. 06	655. 76	80. 15	0. 0885	0. 0662	0. 0012	1. 1408	0. 0275	0. 1230	0. 0021	813	37	773	13	748	12
54T-22	23. 37	313. 15	42. 88	0. 0746	0. 0647	0. 0016	1. 1145	0. 0309	0. 1231	0. 0017	765	53	760	15	749	10
54T-23	40. 50	442. 75	61. 06	0. 0915	0. 0661	0. 0013	1. 1396	0. 0230	0. 1234	0. 0013	809	42	772	11	750	8
54T-24	27. 78	308. 80	43. 84	0. 0899	0. 0660	0. 0015	1. 1378	0. 0250	0. 1235	0. 0013	806	44	771	12	751	8
54T-25	31. 88	292. 76	41. 72	0. 1089	0. 0674	0. 0021	1. 1758	0. 0387	0. 1245	0. 0017	850	69	789	18	756	10

表 5-5 矿区石英斑岩（DFe14106）中锆石的 LA-ICP-MS U-Pb 定年数据

测点号	成分/ppm			Th/U	$^{207}Pb/^{206}Pb$	±%	$^{207}Pb/^{235}U$	±%	$^{206}Pb/^{238}U$	±%	年龄/Ma					
	Th	U	^{206}Pb								$^{207}Pb/^{206}Pb$	1σ	$^{207}Pb/^{235}U$	1σ	$^{206}Pb/^{238}U$	1σ
106T-01	345. 02	416. 64	166. 21	0. 8281	0. 1045	0. 0032	3. 9916	0. 1173	0. 2725	0. 0041	1706	57	1632	24	1553	21
106T-02	385. 46	469. 14	206. 62	0. 8216	0. 1044	0. 0027	4. 3659	0. 1101	0. 2987	0. 0042	1703	47	1706	21	1685	21
106T-03	625. 59	615. 10	265. 76	1. 0170	0. 1041	0. 0027	4. 1671	0. 1010	0. 2860	0. 0033	1698	48	1668	20	1622	17
106T-04	397. 75	684. 78	253. 43	0. 5808	0. 1044	0. 0030	3. 8968	0. 0984	0. 2671	0. 0030	1703	52	1613	20	1526	15
106T-05	507. 43	759. 76	238. 67	0. 6679	0. 0992	0. 0029	3. 0863	0. 0894	0. 2226	0. 0030	1610	54	1429	22	1295	16
106T-06	516. 32	425. 18	185. 64	1. 2144	0. 1041	0. 0022	4. 3530	0. 0926	0. 3002	0. 0034	1698	40	1703	18	1692	17
106T-07	620. 36	596. 13	262. 10	1. 0406	0. 1028	0. 0024	4. 2107	0. 0959	0. 2936	0. 0030	1676	43	1676	19	1660	15
106T-08	275. 21	400. 37	154. 70	0. 6874	0. 0987	0. 0032	3. 8133	0. 1142	0. 2780	0. 0041	1600	60	1596	24	1581	21
106T-09	784. 00	830. 00	320. 82	0. 9446	0. 0958	0. 0036	3. 5907	0. 1465	0. 2687	0. 0035	1544	71	1547	32	1534	18
106T-10	208. 31	310. 81	124. 37	0. 6702	0. 1019	0. 0030	4. 1173	0. 1126	0. 2903	0. 0034	1658	59	1658	22	1643	17
106T-11	887. 14	772. 26	336. 20	1. 1488	0. 1028	0. 0020	4. 1785	0. 0796	0. 2917	0. 0024	1676	36	1670	16	1650	12
106T-12	376. 81	455. 92	188. 36	0. 8265	0. 1029	0. 0020	4. 1949	0. 0796	0. 2924	0. 0026	1676	41	1673	16	1654	13
106T-13	319. 59	379. 44	144. 68	0. 8423	0. 1021	0. 0022	3. 8948	0. 0942	0. 2732	0. 0041	1665	35	1613	20	1557	21
106T-14	207. 76	238. 04	89. 69	0. 8728	0. 1014	0. 0024	3. 7906	0. 0924	0. 2676	0. 0031	1650	44	1591	20	1529	16
106T-15	186. 54	249. 54	95. 10	0. 7476	0. 1007	0. 0024	3. 9566	0. 0929	0. 2818	0. 0032	1639	46	1625	19	1601	16
106T-16	399. 91	592. 88	241. 38	0. 6745	0. 1008	0. 0030	4. 1707	0. 1258	0. 2961	0. 0043	1639	54	1668	25	1672	21
106T-17	636. 54	838. 29	313. 84	0. 7593	0. 0990	0. 0027	3. 7969	0. 0995	0. 2740	0. 0034	1606	50	1592	21	1561	17
106T-18	584. 65	767. 79	304. 35	0. 7615	0. 1028	0. 0023	4. 1993	0. 0925	0. 2919	0. 0031	1676	42	1674	18	1651	16
106T-19	730. 25	748. 62	230. 98	0. 9755	0. 0947	0. 0023	3. 0569	0. 0683	0. 2311	0. 0027	1522	45	1422	17	1340	14
106T-20	625. 67	1016. 34	283. 05	0. 6156	0. 0934	0. 0037	2. 7504	0. 0906	0. 2109	0. 0036	1495	74	1342	25	1233	19
106T-21	849. 50	816. 65	329. 67	1. 0402	0. 1030	0. 0023	3. 9793	0. 0931	0. 2763	0. 0042	1680	42	1630	19	1573	21
106T-22	366. 16	431. 51	167. 95	0. 8486	0. 1006	0. 0023	3. 9942	0. 0925	0. 2840	0. 0038	1635	43	1633	19	1612	19
106T-23	887. 61	735. 00	299. 19	1. 2076	0. 1020	0. 0021	4. 0459	0. 0796	0. 2840	0. 0031	1661	39	1643	16	1611	15
106T-24	236. 19	345. 41	133. 08	0. 6838	0. 1034	0. 0024	4. 2529	0. 0930	0. 2949	0. 0032	1687	43	1684	18	1666	16
106T-25	214. 72	237. 96	95. 19	0. 9023	0. 1023	0. 0026	4. 1520	0. 1062	0. 2910	0. 0042	1666	51	1665	21	1646	21

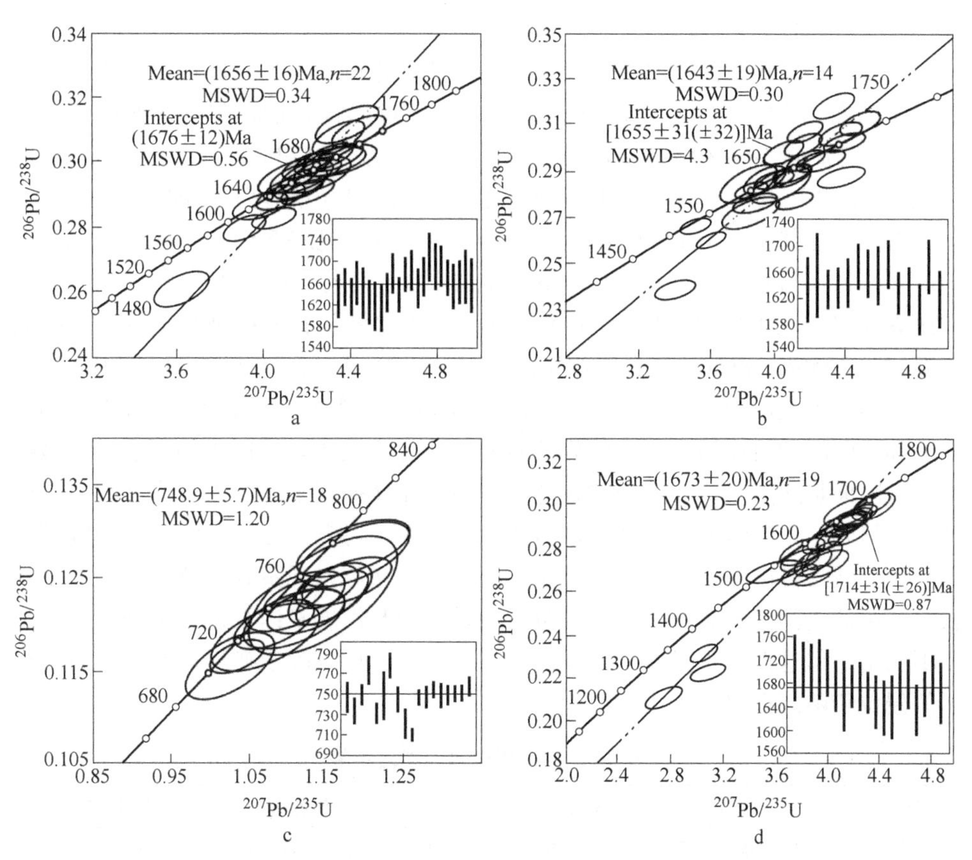

图 5-3 矿区铁矿化钠长石岩、蚀变辉长岩及石英斑岩中锆石的^{206}Pb/^{238}U-^{207}Pb/^{235}U 年龄谐和图

a—DFe1413，n=24；b—DFe1406，n=21；c—DFe1454，n=19；d—DFe14106，n=25

5.1.3 讨论

5.1.3.1 成岩时代

矿区报道的大红山岩群以往所认为的岩浆岩中岩浆锆石 U-Pb、全岩 Sm-Nd 年龄有：老厂河组变质中酸性岩中锆石 U-Pb 年龄为（1711±4）Ma，变质基性岩锆石 U-Pb 年龄为（1686±4）Ma（杨红等，2012）；曼岗河岩组的“凝灰岩”锆石 U-Pb 年龄为（1675±8）Ma（Greentree and Li，2008），“变质火山岩”锆石年龄为（1681±13）Ma（Zhao X F，2010）；红山岩组的“变钠质熔岩”中一个锆石 U-Pb 年龄（1665+14/−13）Ma，全岩 Sm-Nd 年龄为（1657±82）Ma（Hu et al.，1991）；侵位于曼岗河岩组中的“辉长辉绿岩”锆石 U-Pb 年龄为（1659±16）Ma（Zhao et al.，2010），侵位于红山岩组中的“辉长辉绿岩”年龄为（1645±25）

Ma（Zhao et al.，2010）。

本书获得红山岩组的“变钠质熔岩”（铁矿化钠长石岩 DFe1413）中被捕获的岩浆锆石 U-Pb 年龄为（1656±16）Ma，曼岗河岩组顶部的“石英钠长石斑岩”（石英斑岩 DFe14106）岩浆锆石 U-Pb 年龄为（1673±20）Ma，红山岩组的“辉长辉绿岩”（蚀变辉长岩 DFe1406）岩浆锆石 U-Pb 年龄为（1643±19）Ma。

据上述岩浆锆石 U-Pb 及全岩 Sm-Nd 年龄资料（见表 5-6），可知大红山岩群中的岩浆岩成岩年龄为（1711~1643）Ma，时间上大致一致，处于古元古代晚期。矿区辉长岩侵位年龄为（1659~1643）Ma、铁矿化钠长石岩中被捕获的岩浆锆石年龄约为 1656Ma 和石英斑岩侵位年龄约为 1673Ma，从图 5-4 也可以看出，三者的年龄属误差范围内，时间一致，可信度为 95%。同时，结合前文钠长石岩为富硅碱和富碳酸盐流体沿先形成的辉长岩岩体或者原泥质岩地层中的薄弱带、破碎带或裂隙面贯入形成，作者推测在此过程中，流体捕获了辉长岩中岩浆锆石是合理的。另外，石英斑岩不是铁铜矿体的赋矿岩石，对铜矿区中的铜矿体起隔挡作用，顺层侵入曼岗河岩组顶部，限于矿区一直以来难以观察到石英斑岩与蚀变辉长岩产出的空间接触关系，造成石英斑岩是否为基性岩浆诱发地壳部分熔融形成并不明确，但这似乎不是本书研究的重点。目前，可以确定矿区辉长岩、石英斑岩的侵位年龄属误差范围内，时间一致。

表 5-6 矿区岩浆岩的成岩年龄

采样位置	岩性	对象	方法	年龄/Ma	资料来源
红山岩组	“变钠质熔岩”	岩浆锆石	U-Pb	1665+14/−13	Hu et al.，1991
红山岩组	“变钠质熔岩”	全岩	Sm-Nb	1657±82	Hu et al.，1991
曼岗河岩组	“凝灰岩”	岩浆锆石	U-Pb	1675 ± 8	Greentree and Li，2008
曼岗河岩组	“变质火山岩”	岩浆锆石	U-Pb	1681±13	Zhao X F，2010
老厂河组	变质中酸性岩	岩浆锆石	U-Pb	1711±4	杨红等，2012
老厂河组	变质基性岩	岩浆锆石	U-Pb	1686±4	杨红等，2012
红山岩组	“辉长辉绿岩”	岩浆锆石	U-Pb	1645±25	Zhao X F et al.，2010
曼岗河岩组	“辉长辉绿岩”	岩浆锆石	U-Pb	1659±16	Zhao X F et al.，2010
红山岩组	蚀变辉长岩	岩浆锆石	U-Pb	1643±19	本次研究
红山岩组	铁矿化钠长石岩	岩浆锆石	U-Pb	1656±16	本次研究
曼岗河岩组	石英斑岩	岩浆锆石	U-Pb	1673±20	本次研究

5.1.3.2 构造意义

矿区辉长岩侵位年龄（1659~1643）Ma 与 Columbia 超大陆裂解期在扬子地块响应的时间（1.8~1.3Ga）相当（Peng et al.，2009；Xiong et al.，2009；Zhao et al.，2010；Zhang et al.，2011；Fan et al.，2013；Wang and Zhou，2014；杨斌等，2015）。

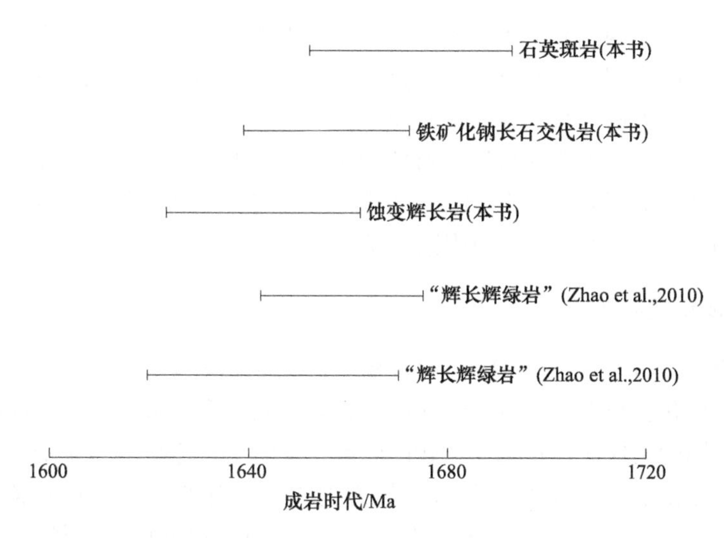

图 5-4 矿区辉长岩与石英斑岩的成岩年龄（从 $t-2\sigma$ 到 $t+2\sigma$）

5.1.3.3 变质时代

样品（DFe1454）蚀变辉长岩中的锆石具有扇状及冷杉状阴极发光特征（图5-1c），Th/U 比值多小于 0.1，表明它们属于变质锆石，另外也获得了变质锆石的 U-Pb 年龄为（748.9±5.7）Ma，表明大红山岩群经历的变质作用发生于距今大约 750Ma 的新元古代时期。

5.2 成矿年代

前人在对大红山铁铜矿床的成矿时代方面少有报道（吴健民等，1998；宋昊，2014），矿床具有成岩成矿时代较为古老、构造-岩浆热事件复杂的特点，以往运用易受热事件干扰的 Pb-Pb 同位素体系年龄限定成矿时代并不可靠。外加矿区没有适合的 Re-Os 同位素定年的矿物（如辉钼矿），且硫化物的 Re-Os 同位素体系在矿区遭受复杂构造-岩浆热事件条件下，能否依然保持封闭并不清楚，所以对矿床壳幔流体参与交代成矿期（主成矿期）形成的铁铜矿体中矿石矿物的精确同位素年龄限定一直以来都是该地区地质工作者难以解决的问题。如宋昊（2014）曾对矿床中磁铁矿和黄铜矿进行 Re-Os 同位素测年，认为该矿床成矿与 Rodinia 超大陆拼合有关，但受限于年龄谐和度较差和误差大等因素，矿床成矿时代仍不明了。因此，大红山矿床成矿时代还需进一步研究。

我们通过对大红山矿区近几年的地质工作发现，矿区内除壳幔流体参与交代成矿期（主成矿期）的铁铜矿石外，叠加矿化期中脉状矿化阶段的黄铜矿矿化石英脉、铁铜矿化方解石脉也较为发育。（1）铁矿区见有磁铁矿石（矿体脉石矿物为钠长石、石英）与钠长石碳酸岩相互包裹与穿插。（2）常见具矿化石英、方解石脉穿插矿区内的赋矿围岩和主成矿期铁铜矿体的现象，而矿化的石英脉和矿化的方解石脉之间并没有见明显的穿插，反而矿化的石英脉和矿化的方解石脉中常见有石英、方解石彼此伴生的现象。

由此来看，大红山矿床可能具有两期矿化叠加的特点。本书分别对铁矿化钠长石岩中被捕获的岩浆锆石 U-Pb、石英脉中黄铜矿 Re-Os、铁铜矿化的方解石脉中方解石 Sm-Nd 同位素定年，拟限定该矿床矿化时代。

5.2.1 主成矿期年龄

铁矿化钠长石岩（DFe1413）中被捕获的岩浆锆石 U-Pb 定年在 5.1 节已介绍，样品铁矿化钠长石岩（DFe1413）中岩浆锆石结晶的年龄（1656±16）Ma 对确定主成矿期的磁铁矿、黄铜矿矿化时间有一定意义，主要的证据有：在大红山铁矿区见有磁铁矿石（矿石中脉石矿物为钠长石、石英）与钠长石碳酸岩相互包裹与穿插（图 5-5），且矿区交代蚀变岩中也常见全晶质的微粒钠长石-白云石/铁白云石-石英-磁铁矿-黑云母-普通角闪石呈含量不等组合，说明了矿区存在富 CO_2 的流体与富硅碱流体（富含铁），且两者表现出“不混溶”，也说明了矿区主成矿期的铁、铜矿化可能均与富硅碱和碳酸盐流体活动有关。从矿区铁、铜矿体的产出构造部位来看，两者均产于成矿前的底巴都背斜南翼的薄弱部位，且可见两者呈突变接触现象。同时，据矿区蚀变辉长岩、铁矿石的地球化学特征，推测两者具有相似的源区，基性岩浆作用过程可能包括有源区岩石低的部分熔融形成基性岩浆、富硅碱和碳酸盐流体（同时可能也是富铁的）及地壳混染等改造。此外，蚀变辉长岩中岩浆锆石、铁矿化钠长石岩中被捕获的岩浆锆石 U-Pb 年龄一致，均处于古元古代晚期。为此，作者推断岩浆活动与流体活动时间几乎是同时的，用铁矿化钠长石岩中被捕获的岩浆锆石 U-Pb 同位素年龄约 1656Ma 大致代表矿床主成矿期年龄可能也是合理的。

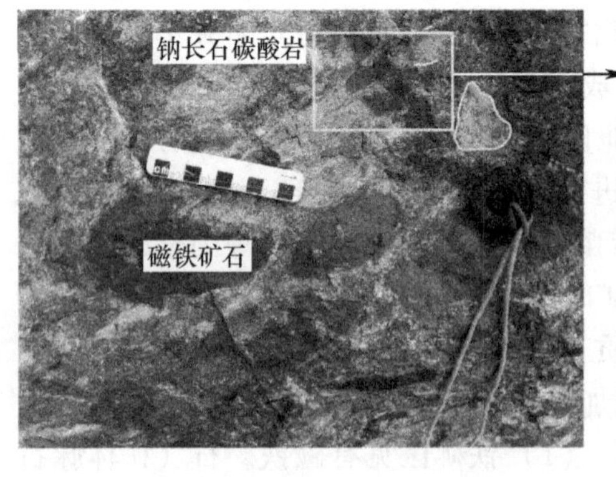

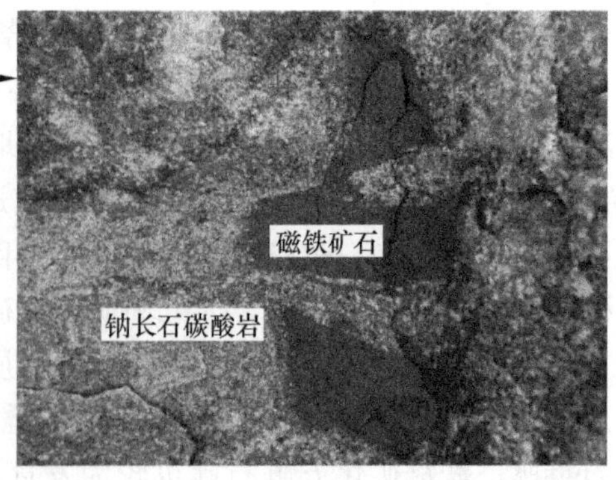

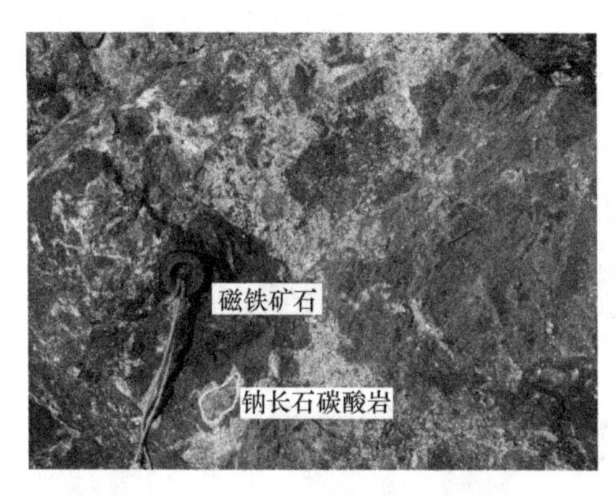

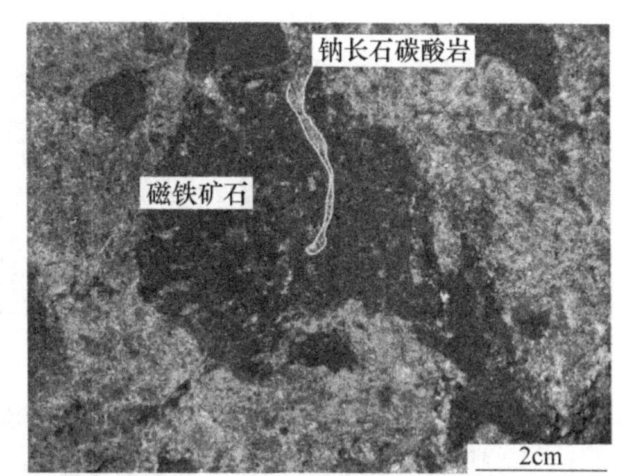

图 5-5 铁矿区磁铁矿石与钠长石碳酸岩“不混溶”接触关系

5.2.2 石英脉中黄铜矿 Re-Os 同位素定年

5.2.2.1 样品特征及分析方法

具黄铜矿矿化的石英脉中黄铜矿 Re-Os 测年的矿石 DCu1402、DCu1423-1、DCu1423-3、DCu1423-5 及 DCu1432 取自矿区 Ⅰ 号矿体，均为穿插主成矿期铁铜矿体和赋矿围岩的脉状黄铜矿石。金属矿物有黄铜矿、黄铁矿及磁铁矿。矿石构造特征方面：编号 DCu1402 及 DCu1423-1 为裂隙中发育的团块状黄铁矿、黄铜矿石（图 5-6b、c），DCu1432 为沿裂隙面发育的石英、黄铁矿、黄铜矿石（图 5-6f），DCu1423-3 为脉状黄铜矿石（图 5-6d），DCu1423-5 为含方解石石英脉中浸染状黄铜矿石（图 5-6e）。结构关系上：黄铁矿交代磁铁矿呈孤立状残余结构（图 5-6h），黄铜矿交代磁铁矿形成孤立状残余结构（图 5-6j、k），黄铜矿沿黄铁矿边缘交代黄铁矿呈港湾状残余结构（图 5-6g），黄铜矿沿磁铁矿边缘轻微交代形成浸蚀结构（图 5-6i）。

黄铜矿单矿物的挑选工作在河北省区域地质矿产调查研究所实验室进行，样品粉碎到 60~80 目（0.246~0.175mm），在双目镜下挑选使单矿物黄铜矿纯度达到 99%以上，后用玛瑙钵将其研磨到 200 目（0.074mm）左右，供 Re-Os 同位素分析使用。本次黄铜矿 Re-Os 同位素测试在中科院贵阳地化所矿床地球化学国家重点实验室进行，实验时采用 Carius 管封闭溶样分解样品，Re-Os 同位素分析原理及详细的分析过程参照 Shirey 和 Walker（1995）及 Du 等（2004）。采用美国 TJA 公司生产的 TJAX-series ICP-MS（美国 Thermo 公司）测定同位素比值。黄铜矿 Re-Os 定年的实验分析误差为 1σ，普通 Os 的计算是依据原子量表（Wieser，2005）和同位素丰度表（Bohlke J K 等，2005），通过计算 $^{192}Re/^{190}Os$ 测量比而得出（Wieser，2006；Bohlke，2005）。实验利用国家标准物质 GBW 04436（JDC）作为控制化学分析流程和分析数据的可靠性的标样，若两次分析标样（JDC）中

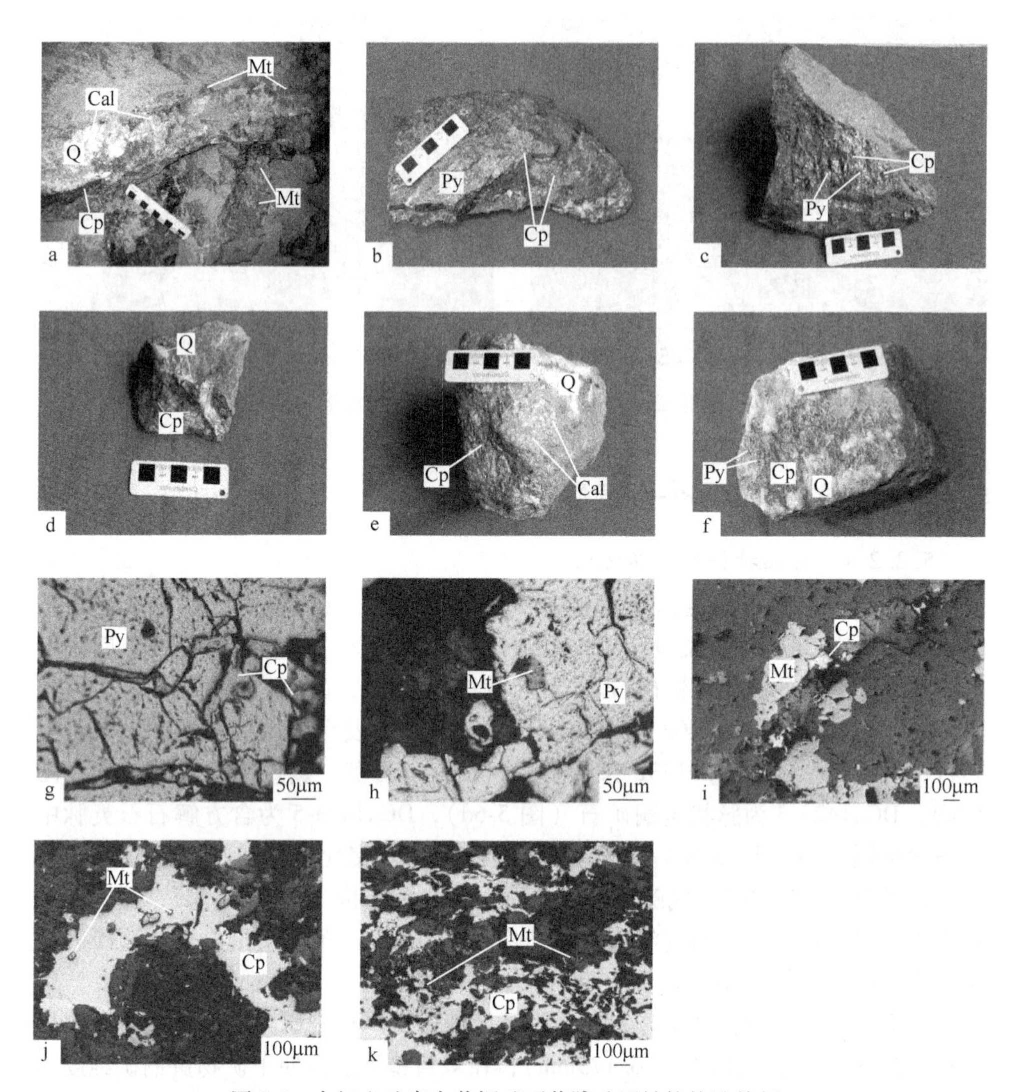

图 5-6　大红山矿床含黄铜矿石英脉矿石结构构造特征

a—黄铜矿石英脉切割磁铁矿体，铁矿区 280m 中段；b—团块状黄铁矿、黄铜矿石，发育于磁铁矿石裂隙中，编号 DCu1402；c—团块状黄铁矿、黄铜矿石，沿曼岗河岩组中磁铁矿矿化的赋矿围岩裂隙发育，编号 DCu1423-1；d—黄铜矿石英脉，穿插曼岗河岩组的赋矿围岩，编号 DCu1423-3；e—含方解石的石英脉中的浸染状黄铜矿石，穿插曼岗河岩组的赋矿围岩，编号 DCu1423-5；f—沿裂隙面发育的石英、黄铁矿黄铜矿石，编号 DCu1432；g（反射单偏光），h（反射单偏光）—黄铜矿沿黄铁矿裂隙轻微交代黄铁矿、黄铁矿交代磁铁矿形成残余结构，编号 DCu1402；i（反射单偏光）—黄铜矿轻微交代磁铁矿形成浸蚀结构，编号 DCu1423-1；j（反射单偏光）—黄铜矿交代磁铁矿形成孤立状残余结构，编号 DCu1423-3；k（反射单偏光）—黄铜矿轻微交代磁铁矿形成残余结构，编号 DCu1432

Re、^{187}Os 及模式年龄与标准值在误差范围内一致，说明测定的黄铜矿 Re-Os 同位素数据可靠。

5.2.2.2 分析结果

大红山矿床含黄铜矿石英脉中的黄铜矿 Re-Os 测试结果见表 5-7。结果显示，黄铜矿中普通 Os 含量很低，几乎接近于 0，所以^{187}Os 几乎都为放射性成因，Re 含量变化较大，范围为（0.2600±0.0030）$\times10^{-9}$ ~（77.513±7.8245）$\times10^{-9}$，Re 与^{187}Os 含量变化协调，5 件样品得到接近一致的年龄，模式年龄变化范围为（1109.7±10.3 ~ 1119.8±16.8）Ma。获得加权平均年龄为（1113±14）Ma，MSWD =0.087（图 5-7），采用 ISOPLOT 软件（Smoliar M I，1996）对 5 件样品中黄铜矿数据进行等时线拟合（图 5-7），获得 Re-Os 等时线年龄为（1115±28）Ma，MSWD=0.12。

表 5-7 大红山矿床含黄铜矿石英脉中的黄铜矿 Re-Os 同位素测试数据

样品编号	样重/g	Re 含量/ng·g^{-1}		普通 Os 含量/ng·g^{-1}		^{187}Re 含量/ng·g^{-1}		^{187}Os 含量/ng·g^{-1}		模式年龄/Ma	
		测定值	1σ	测定值	1σ	测定值	1σ	测定值	1σ	测定值	1σ
DCu1402-1	1.235	0.4660	0.0072	0.0031	0.0003	2.4169	0.0045	0.0451	0.0001	1110.5	28.6
DCu1423-1	2.105	6.7405	0.0542	0.0092	0.0003	4.2195	0.0339	0.0794	0.0019	1118.6	27.1
DCu1423-3	1.321	4.7871	0.0095	0.0100	0.0004	2.9967	0.0060	0.0559	0.0005	1109.7	10.3
DCu1423-5	1.073	0.2600	0.0030	0.0140	0.0013	1.5270	0.0040	0.0287	0.0004	1116.1	16.1
DCu1432	2.621	77.5130	7.8245	0.0510	0.0006	48.5231	0.0480	0.9137	0，0139	1119.8	16.8

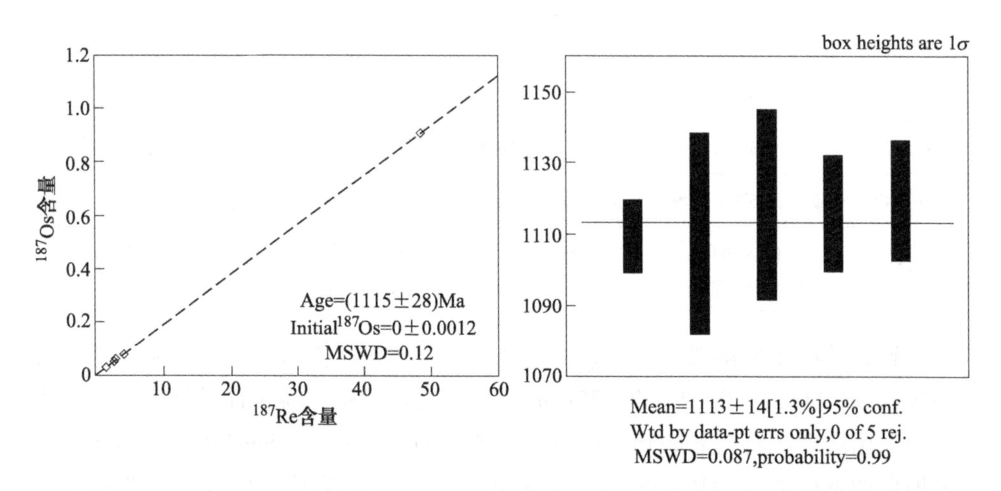

图 5-7 大红山矿床含黄铜矿石英脉中的黄铜矿 Re-Os 等时线年龄及加权平均年龄

5.2.3 矿化的方解石脉中方解石 Sm-Nd 同位素定年

钐和钕都是稀土元素，具有相似的化学性质、稳定性较好、不易被改造、母体衰变形成的子体容易保存在矿物晶格中等特点，地质体中 Sm-Nd 同位素体系在漫长的地质作用过程中依然能保持封闭性，已然成为了研究矿床成矿年代、物源示踪的一种有效手段（陈文等，2011）。随着 Sm-Nd 同位素定年工作的展开，一些学者认为方解石作为矿床中常见的脉石矿物，其 Sm-Nd 同位素体系是研究矿床中伴生的金属矿物成矿年龄的有效工具（Halliday et al.，1990；Nie et al.，1999；Jiang et al.，2000；Peng et al.，2003；Su et al.，2009）。近年，前人运用方解石 Sm-Nd 同位素定年方法也获得了许多矿床可靠的成矿年龄数据（Nie et al.，1999；李文博等，2004；胡文洁等，2012；Li et al.，2007；Barker et al.，2009；Peng et al.，2003；Su et al.，2009；Zhang et al.，2013；Zou et al.，2015；Xu et al.，2015）。本书以大红山铁铜矿床中含磁铁矿、黄铜矿方解石脉中的方解石为研究对象，利用 Sm-Nd 同位素定年，旨在明确矿床中方解石脉中铁、铜矿化年龄。

5.2.3.1 样品特征及分析方法

本研究中，用于方解石 Sm-Nd 同位素定年的样品主要采自于大红山矿床中的Ⅱ号铁矿体，少数样品，如 DCu1547、DFe1572 则分别采于Ⅰ号铜矿体及铁矿区 800m 标高的露天堆场（表 5-8）。其中，除样品编号 DFe1572 中为磁铁矿、黄铜矿呈团块状产于石英方解石脉中外，其他样品中磁铁矿、黄铜矿则主要呈浸染状产于石英方解石脉中（图 5-8）。

表 5-8 大红山矿床具矿化方解石脉中方解石 Sm-Nd 同位素年龄测试样品信息

样品号	采样位置	样品描述
DFe1518-1	铁矿区 300m 中段	含浸染状黄铜矿、磁铁矿方解石石英脉
DFe1521-3	铁矿区 320m 中段	含浸染状黄铜矿、斑铜矿、磁铁矿石英方解石脉
DCu1547	铁矿区 620m 中段	含浸染状磁铁矿、黄铜矿方解石脉，见少量石英团块
DFe1572	铁矿区 800m 露天铁矿堆场	含浸染状-局部团块状磁铁矿、黄铜矿（黄铁矿）的方解石脉，其中，磁铁矿、黄铜矿局部呈团块状

方解石单矿物的挑选由河北省区域地质矿产调查研究所实验室负责完成，样品粉碎到 60~80 目（0.246~0.175mm），然后在双目镜下挑选使其纯度达 99%以上，最后用玛瑙钵将其研磨到 200 目（0.074mm）。方解石 Sm-Nd 同位素测试在中国地质调查局天津地质研究所同位素年代学实验室完成，实验仪器为热电型 MAT-261 质谱仪。Nd 同位素分馏的内校正采用 $^{146}Nd/^{144}Nd = 0.7219$，Sm、Nd

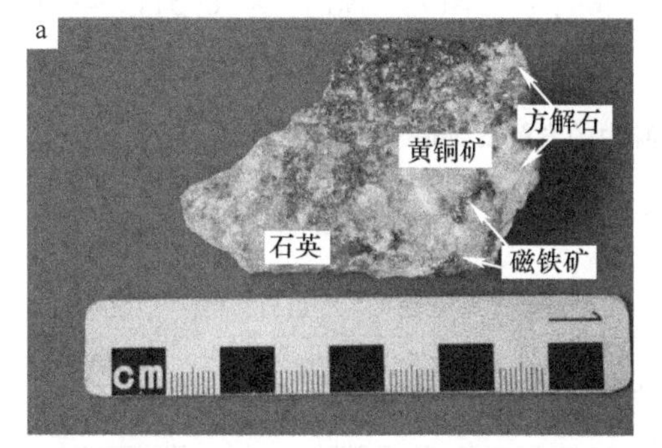

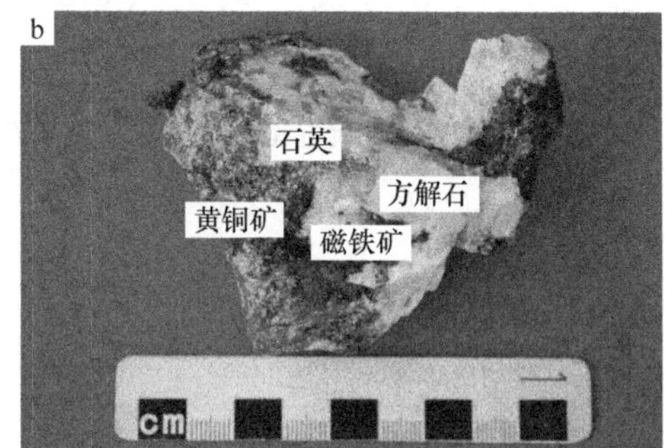

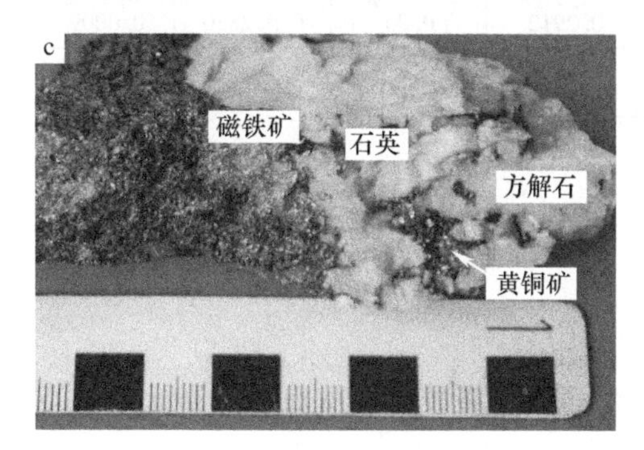

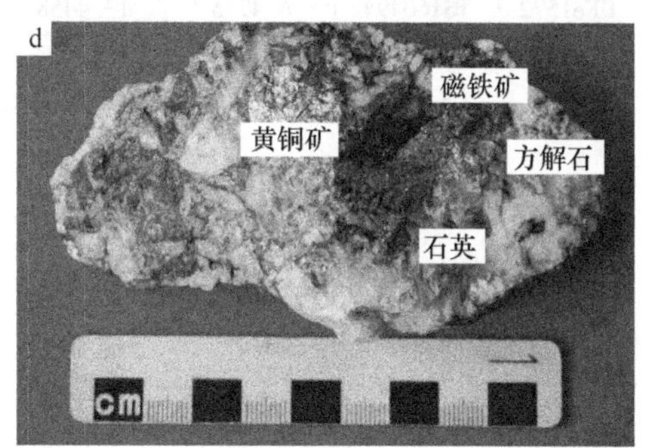

图 5-8 大红山矿床含黄铜矿、磁铁矿方解石脉宏观照片

a—DFe1518-1：含磁铁矿、黄铜矿的方解石石英脉；b—DFe1521-3：含黄铜矿、磁铁矿石英方解石脉，可见穿插红山岩组赋矿围岩；c—DCu1547：含黄铜矿、磁铁矿石英方解石脉，可见穿插铁矿体；d—DFe1572：含磁铁矿、黄铜矿石英方解石脉

同位素的检测下限分别为 3×10^{-11}g 和 5×10^{-11}g。控制化学分析流程和分析数据的可靠性标样采用国际标准岩石样 BCR-2（其 Sm、Nd 含量分别为 6.5421μg/g 和 28.8027μg/g，$^{143}Nd/^{144}Nd=0.512657\pm6$）。此外，Sm、Nd 同位素含量的实验分析误差均优于 0.5%，$^{147}Sm/^{144}Nd$（2σ）的实验分析误差为 ±0.2%。利用 Isoplot（4.15）程序计算 Sm-Nd 同位素的等时线年龄（Ludwig K，2012），其中用于计算的 λ（^{147}Sm）为 6.54×10^{-12} a^{-1}。

5.2.3.2 分析结果

所测试 4 件方解石样品的 Sm、Nd 含量以及它们的同位素组成见表 5-9。其中，样品 Sm 含量为 5.1569～6.4853ppm，平均为 5.8382ppm，Nd 含量为 10.269～18.8452ppm，平均为 14.8437ppm；$^{147}Sm/^{144}Nd$ 比值为 0.1654～0.3081，平均为 0.249475；$^{143}Nd/^{144}Nd$ 为 0.512152～0.512916，平均为 0.512603；$\varepsilon_{Nd(818)}$

为-6.3~-6.2，平均为-6.21。此外，利用ISOPLOT软件，求得这4件样品中方解石形成的等时线年龄为（818 ± 3）Ma，($^{143}Nd/^{144}Nd)_i$ 为 0.5112649 ± 0.0000044（图5-9），MSWD为1.3。

表5-9 大红山矿床具矿化方解石脉中的方解石Sm-Nd同位素组成

样品编号	实验室编号	Sm含量 /μg · g^{-1}	Nd含量 /μg · g^{-1}	$^{147}Sm/^{144}Nd$	误差/%	$^{143}Nd/^{144}Nd$	误差/%
DFe1518-1	TS160488	5.233	10.269	0.3081	0.05	0.512916	0.0005
DFe1521-3	TS160489	5.1569	18.8452	0.1654	0.05	0.512152	0.0003
DFe1547	TS160493	6.4853	16.8147	0.2332	0.05	0.512515	0.0006
DFe1572	TS160494	6.4775	13.4458	0.2912	0.05	0.512830	0.0009

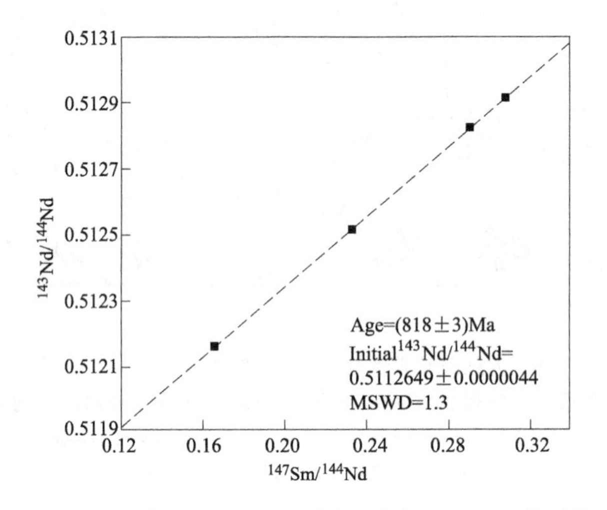

图5-9 大红山矿床具矿化方解石脉中的方解石Sm-Nd等时线图解

5.2.4 讨论

5.2.4.1 成矿物质来源

A 矿化石英脉的黄铜矿中Re来源

Re元素具有亲铜和铁的地球化学性质，决定从地壳向地核，Re元素的丰度值升高，为金属矿床物质来源提供指示作用（黎彤和倪守斌，1990）。张正伟等（2011）综合分析对比中国各种类型铜（钼）矿床中辉钼矿的Re含量（Mao et al.，1999）后认为，从幔源、壳幔混源到壳源，辉钼矿的Re含量各递减一个数量级（$0.n\times10^{-9}$~$0.0n\times10^{-9}$），但关于黄铜矿的Re含量是否有同样的递减关系，仍需要大量资料的证实。大红山矿床用于Re-Os同位素研究的黄铜矿中，Re

含量（$0.260\times10^{-9}\sim77.513\times10^{-9}$）变化较大，并具有低的普通 Os 含量（$0.0092\times10^{-9}\sim0.051\times10^{-9}$Os），高放射性的^{187}Os 及高的^{187}Re/^{187}Os 比值（85.9~70917），与叶现韬等（2013）研究的迤纳厂矿床中黄铜矿的 Re 和 Os 的含量和^{187}Re/^{188}Os 比值都相似，指示黄铜矿中 Re 具地壳来源特征，与吴孔文（2008）研究该矿床中黄铜矿^{34}S 含量 5.2‰~10.9‰主要为壳源相佐证。因此，推断成矿物质主要为地壳来源。

其中，样品 DCu1432 中黄铜矿的 Re 含量为（77.513 ± 7.8245）$\times10^{-9}$，明显较其他样品高，且呈数量级差。本书中 Re-Os 同位素定年的黄铜矿单矿物均产于石英脉中，应属于同时形成，已得到样品 DCu1432 中黄铜矿的 Re-Os 模式年龄支持。已有的黄铜矿 Re-Os 同位素资料显示：黄铜矿 Re 含量变化很大，可以呈数量级之差，含量可高达 14×10^{-6}（张正伟等，2011）；即使是同一颗粒中 Re 含量也可以相差极大，但 Re 的赋存形式及受控因素仍不明了（黄小文等，2016）。目前，较为一致的观点认为黄铜矿 Re 富集可能与流体-有机质之间的相互作用有关，如以碳酸盐岩为围岩的矿床中的硫化物常具有较高的 Re 含量（张正伟等，2011；Selbv et al.，2009），Huang 等（2013）研究认为东川矿床中黄铜矿 Re 的富集可能与矿区发育的碳质板岩有关。鉴于大红山矿床Ⅰ号矿体产于曼岗河岩组上部，其赋矿围岩中也可见一层碳质板岩（也是矿区内可以见到的少量自然铜产出部位）夹层发育。因此，作者认为样品 DCu1432 中黄铜矿的 Re 富集可能与矿区发育的碳质板岩有关。

B 矿化方解石脉的方解石中 Nd 来源

铁、铜矿化方解石脉中方解石的（^{143}Nd/^{144}Nd）$_i$ 为 0.5112649，这与前人报道的扬子地块西南缘迤纳厂矿床中的粗面安山岩（0.511377）、铁铜矿石（0.511363）接近（杨耀明等，2005）。据方解石 Sm-Nd 等时线年龄 818Ma 计算的 $\varepsilon_{Nd(t)}$ 为-6.3~-6.2，平均为-6.21，接近于 0，也与报道的地幔或岩浆热液成因的矿床中岩矿石、单矿物的 $\varepsilon_{Nd(t)}$ 相似，如迤纳厂矿床中矿石 $\varepsilon_{Nd(t)}$ 为-2.87~-3.6（杨耀明等，2005）；奥林匹克坝矿床中 Gawler 组火山岩的 $\varepsilon_{Nd(t)}$ -5.3~5.4，矿石及单矿物的 $\varepsilon_{Nd(t)}$ 为-0.3~-4.0（Johnson and McCulloch，1995）。此外，前人研究大红山矿区矿化方解石脉中方解石 δ^{13}C 值范围为-5.6‰~0.19‰，且大部分为负值（吴孔文，2008；宋昊，2014），这与地幔碳同位素值（-5.0‰±2‰）吻合。因此，据上述特征可推断矿区矿化方解石脉中碳的来源与地幔有关。

5.2.4.2 成矿时代

大红山矿床成矿时代方面，由于缺乏可靠的金属矿物的同位素年龄限定，一直存在争议，已有的成矿年龄资料见表 5-10。目前，大多数学者认为矿床存在一个主成矿期，并推测主成矿期 1700~1600Ma（Zhao and Zhou，2011；方维宣等，2013；Zhou et al.，2014）。少数学者，如宋昊（2014）认为存在两个成矿期，分别为约 1650Ma 的多金属矿源层形成期及 1100~1000Ma 期间的后期构造运动叠加改造期；而秦德先（2000）更倾向于存在三次成矿事件，分别为火山喷流热水沉积（约 1650Ma）、区域变质（约 1400Ma）及后期改造成矿（约 800Ma）。

表 5-10 大红山矿床成矿年龄

类型	测定对象	方法	年龄/Ma	意义	资料来源
矿石	—	Pb-Pb	1087.18	成矿年龄	吴健民等，1998
磁铁矿石	磁铁矿	Re-Os	1325±170	成矿年龄	宋昊，2014
黄铜矿石（产状不清）	黄铜矿	Re-Os	1083±45	成矿年龄	宋昊，2014
黄铜矿化石英脉	黄铜矿	Re-Os	1115±28	脉状矿化年龄	本次研究
铁铜矿化方解石脉	方解石	Sm-Nd	818±3	脉状矿化年龄	本次研究
铁矿化钠长石岩	岩浆锆石	U-Pb	1656±16	主成矿期年龄	本次研究

本书中，铁矿化钠长石岩中被捕获的岩浆锆石 U-Pb 年龄为（1656±16）Ma，作者推测为大红山矿床壳幔流体参与交代成矿期（即主成矿期）的年龄，这与大多数学者认为的大红山矿床主成矿期年龄 1700~1600Ma 在时间上是一致的。叠加矿化期，如脉状矿化阶段的石英脉中黄铜矿 Re-Os 等时线年龄（1115±28）Ma 反映了矿化石英脉的形成年龄，铁铜矿化的方解石脉中方解石 Sm-Nd 等时线年龄（818±3）Ma 反映了矿化方解石脉的形成年龄。

矿区以往运用 Pb-Pb、Re-Os 法获得的成矿年龄，如吴健民等（1998）获得矿石 Pb-Pb 同位素年龄 1087.18Ma；矿石中，磁铁矿与黄铜矿 Re-Os 同位素年龄分别为（1325±170）Ma（MSWD=40）和（1083±45）Ma（MSWD=11.0）（宋昊，2014），但受限于磁铁矿的 Re-Os 同位素年龄误差大，而用于 Re-Os 定年的黄铜矿，据查证，因黄铜矿石产状不清，导致（1083±45）Ma 是代表主成矿期中黄铜矿矿化阶段年龄还是代表叠加矿化期石英脉中黄铜矿的形成年龄不清楚。

此外，硫化物矿物的 Re-Os 同位素系统封闭温度方面的研究：Brenan 等（2000）获得磁黄铁矿和黄铁矿（包括黄铜矿）的 Re-Os 同位素封闭温度分别为约 350℃和>500℃；Selby 等（2009）报道的 Ruby Creek 铜矿床，即使变质作用达到绿片岩相，黄铜矿、斑铜矿和黄铁矿 Re-Os 同位素系统封闭性仍不受影响；Nozaki 等（2010）报道位于 Sanbagawa 变质带内的 Iimori Besshi 块状硫化物矿床黄铁矿 Re-Os 同位素系统的封闭温度至少可达 520℃；Morelli 和 Creaser（2007）认为 Konuto 矿床黄铜矿 Re-Os 同位素系统经受高绿片岩相变质过程中发生了重置，所获得的黄铜矿 Re-Os 同位素年龄实际上代表了变质峰期年龄与成矿年龄的混合。所以大红山矿床中黄铜矿、磁铁矿 Re-Os 同位素体系在后期的构造-热液事件中，温度高达 500℃的高绿片岩相-低角闪岩相变质作用的条件下（秦德先，2000），Re-Os 同位素体系在形成后是否仍能保持封闭不清楚。矿石的 Pb-Pb 同位素年龄为 1087.18Ma，可能为部分 Pb 丢失，形成意义不大的混合年龄。

区域上的变质事件，前人研究认为扬子地块西南缘基底变质由南至北有变质强度逐渐降低、变质带出露变窄的趋势（耿元生等，2008），基底地层从下至上有变质程度递减的趋势（卢民杰，1986；四川省地质矿产局，1991；曹德斌，1997），基底变质可能受区域深部流体活动控制（杨红等，2013）。此外，耿元生等（2008）在扬子西南缘米易同德地区通过独居石锆石 U-Pb 定年获得约 750Ma 的变质年龄与本书获得的蚀变辉长岩（DFe1454）中的变质锆石 U-Pb 年龄（748.9±5.7）Ma 时间一致，晚于杨红等（2012）通过锆石 U-Pb 法从大红山岩群老厂河组的变质火山岩中获得约 850Ma 的变质年龄。扬子地块西南缘基底变质的这种时间、空间展布特点可能与区域深部热流活动有关，推测约 850Ma 期间扬子地块西南缘引发了局部变质事件，如大红山岩群下部的老厂河组，后随着区域深部热流活动，约 750Ma 期间引发扬子地块西南缘普遍的区域变质事件，反映了大红山岩群经历过 850～750Ma 的变质作用。同时，近年扬子地块西南缘铁铜矿床也报道了大量脉状黄铜矿矿化年龄，主要集中于 828～770Ma，如汤丹铜矿区Ⅰ号矿体含黄铜矿的脉状石英流体包裹体 $^{40}Ar/^{39}Ar$ 年龄为（712±33）Ma（邱华宁和孙大中，1997）和（778±31）Ma（邱华宁等，1998），汤丹落雪组黄铜矿 Pb-Pb 等时线年龄为（794±73）Ma（邱华宁和孙大中，1997），邱华宁等（2002）获得落雪铜矿区中与黄铜矿共生的两个石英的 $^{40}Ar/^{39}Ar$ 等时线年龄为 810～770Ma，桃园矿区含黄铜矿的脉状石英的 $^{40}Ar/^{39}Ar$ 的坪年龄为（768.43±0.58）Ma 和等时线年龄为（770±5.44）Ma（叶霖等，2004），大红山矿区铀矿石 U-Th-Pb 定年，获得的年龄为 828Ma（武希彻和段锦荪，1982）。这些年代学资料表明区域变质与脉状矿化事件在时间上相当，因而推测扬子西南缘经历过 850～750Ma 的区域变质—热液矿化叠加事件，这或许能反映该区域中某些矿床中矿体的主体矿化时间，但在大红山矿区则主要表现为形成黄铜矿、磁铁矿矿化方解石脉穿插先形成的主成矿期铁、铜矿体与赋矿围岩现象。另外，结合本书后面的同位素、元素地球化学所反映的矿区发育的具铁、铜方解石脉中铁、铜继承了主成矿期形成的铁铜矿石特征，可推测约 818Ma 的具黄铜矿、磁铁矿矿化方解石脉为深部热流活动过程中萃取了一定量的矿区赋矿岩石，铁铜矿石中的铁、铜后在构造裂隙中析出而形成。

综上，矿区已有 Re-Os 同位素年龄在限定成矿年龄上须谨慎，在矿区经历过 850～750Ma 的区域变质—热液矿化叠加事件背景下，黄铜矿的 Re-Os 同位素体系是否仍能保持封闭性并不清楚，其年龄是有可能代表没有意义的混合年龄的，这也可能是宋昊（2014）研究磁铁矿、黄铜矿 Re-Os 同位素测年所获得的年龄谐和度差和误差较大的原因，因此目前矿区所获得的黄铜矿的 Re-Os 同位素年龄意义不明。同时，本书获得的具黄铜矿矿化的石英脉中黄铜矿 Re-Os 同位素年龄约 1115Ma、铁铜矿化的方解石脉中方解石 Sm-Nd 年龄约 818Ma 明显晚于矿床的主成矿期年龄约 1656Ma，这也得到了矿区内常见具矿化的石英脉、方解石脉穿插矿区内的赋矿围岩和主成矿期铁、铜矿体的宏观证据支持，也支持矿床经历过多期叠加矿化的推测。但考虑到矿区也并没有发现铁、铜矿化的方解石脉穿插黄铜矿化石英脉现象，反而矿化的脉中常见到方解石和石英伴生。为此，我们目前仅能确定大红山铁铜矿床经历过两期叠加矿化，铁铜矿体主体形成年龄约 1656Ma，后又经历 1100~800Ma 的矿化叠加。

6 矿床成因

6.1 成矿物质来源

6.1.1 硫同位素

硫同位素已成为研究矿床成因和成矿条件的一种有效指示剂（杨耀明等，2003）。已有的研究表明，热液矿床一般根据硫化物沉淀时其总硫同位素的组成（即$\delta^{34}S_{\Sigma S}$）来判断中硫的成因（Ohmoto，1972；Ohmoto et al.，1997）。其中总硫同位素组成有四组，包括$\delta^{34}S_{\Sigma S}\approx 0‰$、$\delta^{34}S_{\Sigma S}\approx 5‰\sim 15‰$、$\delta^{34}S_{\Sigma S}\approx 20‰$及$\delta^{34}S_{\Sigma S}$为较大的负值。（1）矿床中$\delta^{34}S_{\Sigma S}\approx 0‰$，表明硫为岩浆来源（包括从岩浆中释放出的硫及从岩浆硫化物中淋滤出来的硫）；（2）矿床中$\delta^{34}S_{\Sigma S}\approx 20‰$，表明硫来源于海水或蒸发盐地层；（3）矿床中$\delta^{34}S_{\Sigma S}\approx 5‰\sim 15‰$时，硫来源较为复杂，可能与围岩中的硫化物或者更古老的矿床有关（Hoefs，1987）；（4）$\delta^{34}S_{\Sigma S}$为较大的负值则可能来源于开放条件下的细菌还原成因硫（Ohmoto et al.，1997）。

除此之外，Ohmoto（1972）研究硫的同位素分异模式，认为以金属硫化物（包括黄铜矿、黄铁矿）组合的总硫同位素$\delta^{34}S_{\Sigma S}$近似等于$\delta^{34}S$值，这与矿床中金属硫化物为黄铜矿及少量黄铁矿的现象一致，即$\delta^{34}S_{硫化物}$值可大致代表$\delta^{34}S_{\Sigma S}$的值。

6.1.1.1 *样品描述及分析方法*

大红山矿床在硫同位素方面已有较多的研究（Chen et al.，1992、吴孔文（2008）、Zhao（2010）），但目前对铁、铜共生的矿石的硫同位素研究仍相对缺乏。因此，本次研究补充大红山矿区条带状铁铜矿石、浸染状铁铜矿石（壳幔流体参与交代成矿期-黄铜矿矿化阶段）以及含黄铜矿、磁铁矿的石英方解石脉（叠加矿化期-脉状矿化阶段）中的黄铜矿进行硫同位素分析，共计3件。矿石特征见图6-1与图5-8b。

用于硫同位素分析的样品，黄铜矿单矿物的挑选工作在河北省区域地质矿产调查研究所实验室进行，样品经粉碎至60~80目（0.246~0.175mm），在双目镜下分选至纯度达99%以上，然后用玛瑙钵研磨至200目（0.074mm）。硫同位素分析工作在广州奥实分析测试有限公司完成，具体的分析流程为：取硫化物黄铜矿粉末样品，称取适量放入锡舟中，采用 Costech ECS 4010 元素分析仪配套 Finnigan MAT 253 稳定同位素比质谱仪测定样品中的$^{34}S/^{32}S$比值，数据经 V-CDT 国际标准物质（美国代阿布洛大峡谷铁陨石中的陨硫铁）标准化（由系统软件完成），得到$\delta^{34}S$数据，以‰表示，方法精密度优于 0.2‰。

图 6-1　大红山矿床中用于硫同位素分析的不同类型矿石宏观照片
DFe1553—条带状铁铜矿石；DFe1538—浸染状铁铜矿石

6.1.1.2　硫同位素特征

大红山矿床硫同位素的分析结果见表 6-1，$\delta^{34}S$变化范围较大（-3.4‰～12.4‰），平均值为 5.49‰。其中，黄铜矿为-3.3‰～12.4‰，平均值为 5.88‰，黄铁矿为-3.4‰～11.6‰，平均值为 3.63‰。该矿床中硫化物（黄铜矿、黄铁矿）S 同位素值与不同地质体的 S 同位素值表现见图 6-2。

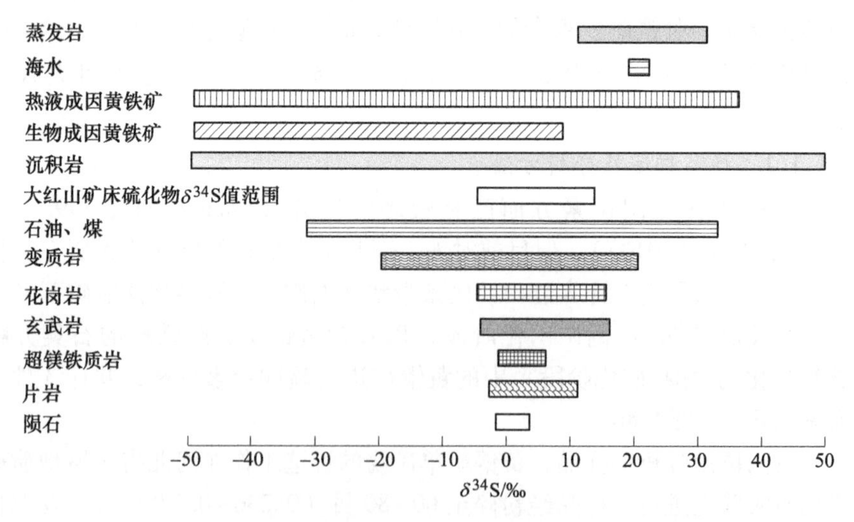

图 6-2　大红山矿床 S 同位素值与不同地质体的 S 同位素值表现
（据 Ohmoto et al.，1997）

图6-3a显示，大红山矿床S同位素值主要集中于3个峰值，具体为：（1）$\delta^{34}S$峰值为-2‰～1‰的同位素组成与幔源硫（$\delta^{34}S_{CDT}=0\sim3‰$）相似，指示铜成矿有地幔硫参与；（2）后两个$\delta^{34}S$峰值区间为4‰～11‰，处于幔源硫与海水硫（$\delta^{34}S\approx20‰$）之间，可能指示在铜矿化过程中，海水硫的参与。此外，壳幔流体参与交代成矿期（主期）层状、浸染状矿石与脉状矿化阶段（后期）矿石中黄铜矿的$\delta^{34}S$值基本一致（图6-3），推测可能与脉状矿化阶段中硫化物继承了主成矿期的硫化物硫有关；黄铁矿较黄铜矿的$\delta^{34}S$值小，更接近幔源。此外，宋昊（2014）研究该矿区层状、脉状黄铜矿石中黄铜矿的$^{3}He/^{4}He$比值为6～9Ra，并认为其氦同位素组成是地壳He与地幔He混合。因此，可以确定大红山矿床中硫来源于海水和幔源硫的共同贡献。

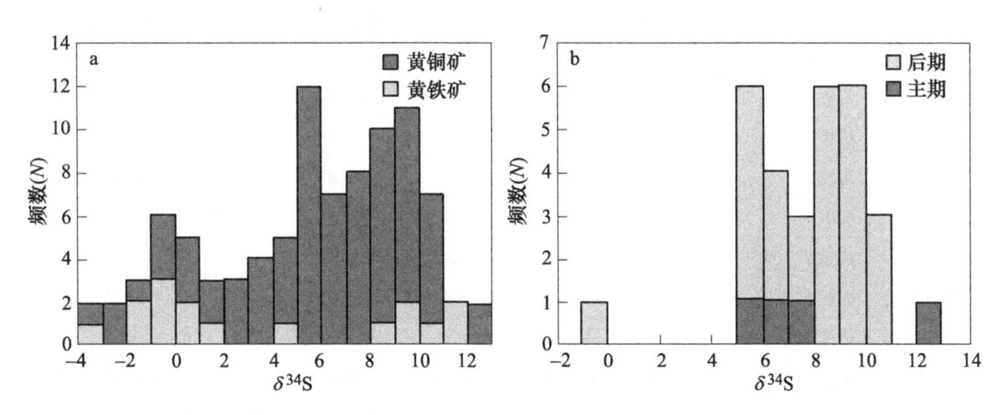

图6-3 大红山矿床硫化物$\delta^{34}S$值直方图

a—硫化物$\delta^{34}S$值直方图；b—主、后期黄铜矿$\delta^{34}S$值直方图

6.1.2 铅同位素

大红山矿床铅同位素已有很多报道（陈贤胜，1995；黄崇轲和白冶，1999；秦德先等，2000；吴孔文，2008）。因此，本书仅对前人的数据进行整理和分析，据铅同位素的分析结果（表6-2），可以看出硫化物铅同位素变化范围为：$^{206}Pb/^{204}Pb=18.985\sim23.318$，极差4.333，均值为21.222；$^{207}Pb/^{204}Pb=15.581\sim15.904$，极差0.323，均值为15.747；$^{208}Pb/^{204}Pb=39.803\sim45.652$，极差5.848，均值为42.540；$^{206}Pb/^{207}Pb=1.216\sim1.466$。一般认为，大红山矿床后期（叠加矿化期）硫化物属早期（主成矿期）硫化物的改造富集产物，大体继承了早期（主成矿期）硫化物的铅源，并在热液改造过程中带入了含矿岩系的放射性成因铅（陈贤胜，1995；黄崇轲和白冶，1999；秦德先等，2000；吴孔文，2008）。

6.1.3 碳、氧同位素

矿区所谓的“白云石大理岩”中白云石已被电子探针成分研究已证实主要为铁白云石，其岩石实际上为钠长石碳酸岩。从表 6-3 可以看出，据云南省地质矿产局第一地质大队（1983）研究“白云石大理岩”（钠长石碳酸岩）中的铁白云石/白云石的 $\delta^{13}C$ 值范围为-3.29‰~0.86‰，有一定漂移，但 $\delta^{13}C$ 值比较接近，暗示碳来源总体上相似。

表 6-1 大红山矿床硫同位素分析结果

编号	矿物类型	$\delta^{34}S$/‰	资料来源	编号	矿物类型	$\delta^{34}S$/‰	资料来源
S-3	黄铁矿	11.1	Chen et al., 1992	hs-18	黄铜矿	7.3	Chen et al., 1992
hs-06	黄铁矿	-0.4	Chen et al., 1992	s-13	黄铜矿	-0.3	Chen et al., 1992
hs-19	黄铁矿	-1	Chen et al., 1992	s-14	黄铜矿	8.6	Chen et al., 1992
79-350	黄铁矿	-1.9	Chen et al., 1992	hs-22	黄铜矿	5.9	Chen et al., 1992
79-353	黄铁矿	-0.9	Chen et al., 1992	hs-23	黄铜矿	-3.3	Chen et al., 1992
79-304	黄铁矿	9.9	Chen et al., 1992	hs-24	黄铜矿	7.9	Chen et al., 1992
79-312	黄铁矿	11.6	Chen et al., 1992	hs-25	黄铜矿	12.4	Chen et al., 1992
79-341	黄铁矿	0.3	Chen et al., 1992	hs-26	黄铜矿	7.9	Chen et al., 1992
79-335	黄铁矿	4.5	Chen et al., 1992	hs-27	黄铜矿	10.3	Chen et al., 1992
hs-34-2	黄铁矿	-3.4	Chen et al., 1992	hs-28	黄铜矿	8.3	Chen et al., 1992
hs-39	黄铁矿	-1.8	Chen et al., 1992	hs-29	黄铜矿	7	Chen et al., 1992
s-11	黄铁矿	8	Chen et al., 1992	hs-30	黄铜矿	10.2	Chen et al., 1992
s-5	黄铜矿	8	Chen et al., 1992	hs-31	黄铜矿	5.4	Chen et al., 1992
s-7	黄铜矿	9.2	Chen et al., 1992	hs-32	黄铜矿	2.7	Chen et al., 1992
s-9	黄铜矿	3.7	Chen et al., 1992	hs-33	黄铜矿	5	Chen et al., 1992
hs-02	黄铜矿	3.7	Chen et al., 1992	hs-35	黄铜矿	0.7	Chen et al., 1992
hs-03	黄铜矿	-1.1	Chen et al., 1992	hs-34-1	黄铜矿	-2.3	Chen et al., 1992
hs-05	黄铜矿	4.3	Chen et al., 1992	HZK661-4	黄铜矿	4.9	Chen et al., 1992
hs-07	黄铜矿	0	Chen et al., 1992	HZK661-11	黄铜矿	-3	Chen et al., 1992
hs-08	黄铜矿	6.5	Chen et al., 1992	HZK661-23	黄铜矿	4.4	Chen et al., 1992
hs-09	黄铜矿	3.5	Chen et al., 1992	HZK930-18	黄铜矿	1	Chen et al., 1992
hs-10	黄铜矿	5	Chen et al., 1992	HZK930-23	黄铜矿	2.9	Chen et al., 1992
hs-11	黄铜矿	1.2	Chen et al., 1992	HZK930-20	黄铜矿	3.6	Chen et al., 1992
hs-12	黄铜矿	0.7	Chen et al., 1992	Dh30	黄铜矿	9.1	Chen et al., 1992
hs-13	黄铜矿	2.7	Chen et al., 1992	Dh31	黄铜矿	6.5	Chen et al., 1992
hs-14	黄铜矿	9.4	Chen et al., 1992	YN07-223	黄铜矿	10.3	Zhao et al., 2010
hs-40	黄铜矿	-0.5	Chen et al., 1992	YN07-227	黄铜矿	7.1	Zhao et al., 2010

续表 6-1

编号	矿物类型	$\delta^{34}S$/‰	资料来源	编号	矿物类型	$\delta^{34}S$/‰	资料来源
hs-16	黄铜矿	5.1	Chen et al. , 1992	YN07-228	黄铜矿	4.8	Zhao et al. ,2010
hs-17	黄铜矿	6.5	Chen et al. , 1992	YN07-231	黄铜矿	5.7	Zhao et al. ,2010
HS-0611B	后期黄铜矿	9.2	吴孔文,2008	HS-0633B	后期黄铜矿	8.2	吴孔文,2008
HS-0611C	后期黄铜矿	7.4	吴孔文,2008	HS-0633C	后期黄铜矿	8.5	吴孔文,2008
HS-0612B	后期黄铜矿	9.3	吴孔文,2008	HS-0636B	后期黄铜矿	-0.6	吴孔文,2008
HS-0614B	后期黄铜矿	6.9	吴孔文,2008	HS-0638	后期黄铜矿	9.5	吴孔文,2008
HS-0615B	后期黄铜矿	6.1	吴孔文,2008	HS-0640	后期黄铜矿	9	吴孔文,2008
HS-0616B	主期黄铜矿	7.5	吴孔文,2008	HS-0650	后期黄铜矿	10.6	吴孔文,2008
HS-0617B	主期黄铜矿	6.1	吴孔文,2008	HS-0650B	后期黄铜矿	5	吴孔文,2008
HS-0622B	后期黄铜矿	10	吴孔文,2008	HS-0651	后期黄铜矿	10.9	吴孔文,2008
HS-0622D	后期黄铜矿	5.5	吴孔文,2008	HS-0652	后期黄铜矿	9.4	吴孔文,2008
HS-0622E	后期黄铜矿	9.2	吴孔文,2008	HS-0630	后期黄铜矿	9.9	吴孔文,2008
HS-0629	后期黄铜矿	5.2	吴孔文,2008	HS-0636	后期黄铜矿	1.4	吴孔文,2008
HS-0629B	后期黄铜矿	5.2	吴孔文,2008	HS-0636B	后期黄铜矿	0.4	吴孔文,2008
HS-0630	后期黄铜矿	8.1	吴孔文,2008	HS-0640	后期黄铜矿	10.4	吴孔文,2008
HS-0630B	后期黄铜矿	8.1	吴孔文,2008	DFe1521-3	后期黄铜矿	5.5	本次研究
HS-0630C	后期黄铜矿	6.3	吴孔文,2008	DFe1538	主期黄铜矿	5.0	本次研究
HS-0631	后期黄铜矿	8.7	吴孔文,2008	DCu1553	主期黄铜矿	12.4	本次研究
HS-0631B	后期黄铜矿	7.4	吴孔文,2008				
HS-0633	后期黄铜矿	8.5	吴孔文,2008				

据已有的碳同位素资料报道（Deines，1992；储雪蕾，1996），金刚石、碳酸岩、大洋玄武岩、地幔包体等地幔岩石样品的 $\delta^{13}C$ 值较为分散，介于-35‰~0‰之间，主要于-9‰~-2‰。此外，地幔 $\delta^{13}C$ 值的主峰值区处于-8‰~-4‰。纵观不同成因碳酸盐矿物的同位素组成，不难发现其有部分重叠现象，但它们的分布仍有一定规律可循，主要表现为峰值区较稳定，如：（1）岩浆成因碳酸盐矿物的 $\delta^{13}C$ 值介于-10‰~-1‰之间，主峰值为-5‰左右；（2）海相碳酸盐矿物的 $\delta^{13}C$ 值介于-2‰~2‰之间，主峰值处于 0 附近。

从总体上看，大红山矿床“白云石大理岩”（钠长石碳酸岩）中铁白云石/白云石的 $\delta^{13}C$ 值范围为-3.29‰~0.86‰，与海相碳酸盐矿物的 $\delta^{13}C$ 值（-2‰~2‰）大致相似，少部分 $\delta^{13}C$ 值稍偏负可能与有机质加入有关，其碳源来自海相碳酸盐，同时可能也反映了矿床中的主赋矿岩石（包括钠长石岩、铁铝榴石矽卡岩、钠长石大理岩及蚀变辉长岩）中的铁白云石/白云石具有海相碳酸盐中碳同位素组成特点。

表 6-2 大红山铁铜矿床铅同位素分析结果统计

编号	矿物	$^{206}Pb/^{204}Pb$	$^{207}Pb/^{204}Pb$	$^{208}Pb/^{204}Pb$	$^{206}Pb/^{207}Pb$	来源
HS-0612B	黄铜矿	19.420	15.602	40.650	1.245	吴孔文，2008
HS-0629	黄铜矿	19.826	15.655	40.852	1.266	吴孔文，2008
HS-0630C	黄铜矿	23.179	15.897	45.358	1.458	吴孔文，2008
HS-0633	黄铜矿	23.124	15.892	45.182	1.455	吴孔文，2008
HS-0633C	黄铜矿	22.086	15.806	42.754	1.397	吴孔文，2008
HS-0638	黄铜矿	20.626	15.698	41.854	1.314	吴孔文，2008
HS-0640	黄铜矿	23.318	15.904	45.652	1.466	吴孔文，2008
HS-0651	黄铜矿	19.412	15.581	40.708	1.246	吴孔文，2008
HS-0652	黄铜矿	23.199	15.874	45.153	1.461	吴孔文，2008
HS-0636	黄铜矿	20.267	15.694	39.803	1.291	吴孔文，2008
HS-0640	黄铜矿	18.985	15.610	39.976	1.216	吴孔文，2008
1	黄铜矿	19.610	15.659	40.455	1.252	张苗云，1995
2	黄铜矿	19.863	15.689	41.119	1.266	张苗云，1995
3	黄铜矿	19.723	15.674	40.887	1.258	张苗云，1995
4	黄铜矿	19.764	15.718	40.931	1.257	张苗云，1995
5	黄铜矿	20.884	15.700	42.010	1.330	张苗云，1995
6	黄铜矿	18.418	15.623	38.120	1.179	张苗云，1995
7	黄铜矿	17.976	15.699	38.156	1.145	杨应选等，1988
8	黄铜矿	17.818	15.593	37.897	1.143	杨应选等，1988
9	黄铜矿	18.324	15.587	38.240	1.176	杨应选等，1988
10	黄铜矿	19.396	15.764	38.754	1.230	陈好寿和冉崇英，1992
11	黄铜矿	19.547	15.688	40.485	1.246	陈好寿和冉崇英，1992
12	方铅矿	20.570	15.649	42.259	1.314	王文一，1983
13	方铅矿	20.640	15.666	42.213	1.318	王文一，1983
14	钠质凝灰岩	18.107	15.656	37.646	1.157	杨应选，1988
15	钠质黑云母片岩	17.442	15.416	37.164	1.131	杨应选，1988
16	黑云钠长岩	17.434	15.546	37.091	1.121	杨应选，1988
17	含矿岩系	17.434~20.640		37.091~42.259	1.121~1.317	黄崇轲和白冶，1999
18	A 型矿床硫化物	17.818~18.687	15.587~18.687	37.847~39.611		秦德先等，2000
19	C 型矿床硫化物	18.248~20.852	15.454~15.858	38.899~43.034		秦德先等，2000

注：1~16 数据引自或转引自张苗云（1995）中国科学院地球化学研究所硕士论文；A 型矿床为海底火山喷流成因；C 型矿床为热液改造成因。

此外，据红山岩组“变钠质熔岩”（钠长石岩）底板、$Ptdm^4$的“白云石大理岩”（钠长石碳酸岩）中铁白云石/白云石氧同位素等值线图（图 6-4），可以看出从火山喷发中心向外，其 $\delta^{18}O$ 值逐渐增大。此外 $\delta^{13}C$ 值据矿区资料统计也有此规律（据云南省地质矿产局第一地质大队 1983）。两者总体的变化规律为：A30/ZK50、ZK56 一带 $Ptdm^4$钠长石碳酸岩中铁白云石 $\delta^{18}O$ 值约为 10‰，$\delta^{13}C$ 值为-3.29%~-1.44‰；近 A30/ZK50、ZK56 一带 $\delta^{18}O$ 值约为 14‰，$\delta^{13}C$ 值介于-1‰~0‰之间；远离 A30/ZK50、ZK56 一带 $\delta^{18}O$ 值介于 17‰~19‰，$\delta^{13}C$ 值介于 0.16‰~0.86‰之间。这种现象支持了岩浆-流体活动通道存在的可能。

6.1.4 氧同位素

氧是硅酸盐地球中丰度最高的元素之一，是岩石、矿物中主要的成分。目前，越来越多的地质研究利用矿物和岩石的氧同位素组成来探讨矿物和岩石形成的条件、机制、岩浆起源、演化以及岩浆与围岩之间的相互作用（Taylor H P, 1968；Valley J W and Cole D R）。

表 6-3 大红山矿床中岩矿石的脉石矿物碳氧同位素组成

采样位置/样号	岩（矿）石名称	层位	矿物	$\delta^{13}C$/‰	$\delta^{18}O$/‰	$\delta^{18}O$/‰
ZK50	方柱石白云石大理岩	$Ptdm^4$	白云石	-1.51		10.07
ZK31	方柱石白云石大理岩	$Ptdm^4$	白云石	-0.05		13.95
ZK130	条带状白云石大理岩	$Ptdm^4$	白云石	-1.44		14.81
ZK142	条带状黑云白云石大理岩	$Ptdm^2$	白云石	-0.05		12.9
ZK395	方柱石白云石大理岩	$Ptdm^4$	白云石	-0.56		14.24
ZK986	方柱石白云石大理岩’	$Ptdm^4$	白云石	0.19		18.4
ZK394	块状白云石大理岩	$Ptdm^4$	白云石	0.17		16.09
ZK942	含方柱石白云石大理岩	$Ptdm^4$	白云石	0.17		19.34
ZK942	长英白云石大理岩	$Ptdm^3$	白云石	0.86		16.82
ZK58	方柱石白云石大理岩	$Ptdm^4$	白云石	0.36		19.16
ZK58	白云石大理岩	$Ptdm^3$	菱铁矿	0.18		19.26
ZK661	玫瑰红白云石大理岩	$Ptdm^4$	白云石	0.59		18.14
曼岗河岩组	方柱石白云石大理岩	$Ptdm^4$	白云石	0.16		18.95
曼岗河岩组	黑云白云石大理岩	$Ptdm^4$	白云石	-0.62		15.77
ZK942	长英白云石大理岩	$Ptdm^3$	白云石	-0.82		18.68
ZK31	白云石大理岩	$Ptdm^3$	白云石	-2.16		13.12
ZK130	白云石大理岩	$Ptdh^1$	白云石	-3.23		9.03
ZK130	石榴长英白云石大理岩	$Ptdm^2$	白云石	-2.56		10.2

续表 6-3

采样位置/样号	岩（矿）石名称	层位	矿物	$\delta^{13}C$/‰	$\delta^{18}O$/‰	$\delta^{18}O$/‰
ZK31	石英白云石岩	$Ptdm^4$	白云石	-2.27		11.55
曼岗河岩组	石英碳酸盐岩	$Ptdm^4$	白云石	-3.23		11.46
曼岗河岩组	条带状石榴白云石大理岩	$Ptdm^3$	白云石	-2.02		12.17
ZK942	钠化白云石大理岩	$Ptdf^1$	白云石	-2.59		11.16
ZK924	方柱石化大理岩	$Ptdm^3$	白云石	-3.29		11.48
ZK394	凝灰质白云石大理岩	$Ptdm^3$	白云石	-0.01		13.84
ZK566	凝灰质白云石大理岩	$Ptdm^3$	白云石	-1.15		13.09
ZK661	凝灰质白云石大理岩	$Ptdl^3$	白云石	-0.28		13.36
ZK31	石英白云石大理岩	$Ptdf^1$	白云石	-0.04		16.24
ZK387	条带状黑云白云石大理岩	Ptdf	白云石	-0.44		13.7
曼岗河岩组	角闪黑云白云石大理岩	Ptdf	白云石	-2.98		14.47
ZK31	长英磁铁矿石	$Ⅱ_1$铁矿	白云石	-0.15		9.83

注：数据引自云南省地质矿产局第一地质大队（1983）；本书矿物电子探针成分研究已证实矿区“白云石大理岩”中白云石大部分为铁白云石（已在3.3节中介绍）。

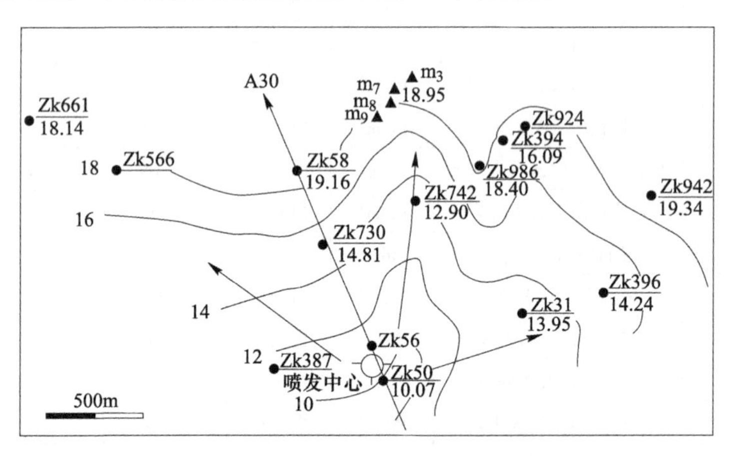

图 6-4 红山岩组（$Ptdh^1$）“变钠质熔岩”（钠长石岩）底板、$Ptdm^4$“白云石大理岩”（钠长石碳酸岩）的铁白云石/白云石氧同位素分布

（据云南省地质矿产局第一地质大队，1983）

自然界的地质体中，$\delta^{18}O$ 值的变化范围可达 100%（图 6-5），且有一半 $\delta^{18}O$ 值的变化表现在大气水中。地球演化史中，地幔的 $\delta^{18}O$ 值均一性存在一定分歧：（1）Taylor（1980）认为地幔的 $\delta^{18}O$ 值基本保持恒定，为 5.7‰±0.3‰；（2）Kyser 等（1980）研究夏威夷的玄武岩，发现碱性玄武岩的 $\delta^{18}O$ 值较拉斑玄武岩富 0.5‰~1.0‰，因此认为地幔氧同位素存在小的不均一性。总体上，地球

中大部分地质体，除大气水和海水亏损 $\delta^{18}O$ 外，花岗岩、变质岩以及沉积岩等的 $\delta^{18}O$ 值比地幔高。

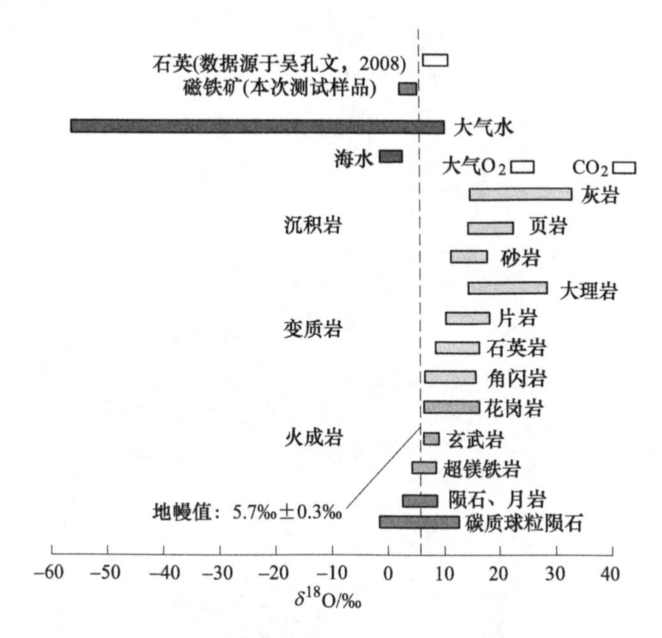

图 6-5 自然界地质体和大红山矿床的氧同位素组成

（据 Taylor，1974；Onuma et al.，1972；Sheppard，1977；Graham et al.，1983；Hoefs，1987）

6.1.4.1 分析方法

目前，前人对大红山矿床磁铁矿氧同位素方面研究仍较为缺乏，仅有吴孔文（2008）曾对该矿床Ⅰ号铜矿体中产出的磁铁矿进行氧同位素研究，但Ⅱ号铁矿体中的磁铁矿氧同位素研究却尚未涉及。因而本书补充该矿床Ⅱ号铁矿体中的磁铁矿氧同位素研究，共计5件。其中，磁铁矿石呈角砾状、块状、浸染状（壳幔流体参与交代成矿期-磁铁矿矿化阶段）及脉状（叠加矿化期-脉状矿化阶段）产出，矿石特征见图6-6、图3-37m与图3-11a、b。

磁铁矿单矿物的挑选工作在河北省区域地质矿产调查研究所实验室进行，样品经粉碎至40~60目（0.351~0.246mm），并在双目镜下分选至纯度达99%用于氧同位素的测试分析。磁铁矿氧同位素的测试分析在核工业北京地质研究院分析测试研究中心完成，测试方法和依据参照DZ/TO 184.17—1997《碳酸盐及氧化物矿物中氧同位素组成的五氟化溴法测定》，用于分析测试的仪器型号为MAT 253，编号为8633，结果采用国际标准SMOW进行调整，分析精度为±0.2‰。

6.1.4.2 分析结果

大红山矿床磁铁矿石中磁铁矿和石英的 $\delta^{18}O$ 值测定结果见表6-4，分布特征见图6-7。本次测试铁矿区样品中磁铁矿的 $\delta^{18}O$ 值与吴孔文（2008）研究铜矿区

图 6-6　不同产状矿石宏观照片

a—DFe1509-2，浸染状铁矿石；b—DFe1533，块状粗粒富铁矿石；c—DFe1540，块状状粗粒富铁矿石

Ⅰ号矿体中的磁铁矿相比，$\delta^{18}O$ 值略微偏小。磁铁矿、石英氧同位素组成如下：

（1）磁铁矿石中的磁铁矿 $\delta^{18}O$ 值为 2.3‰~5.5‰，平均值为 3.5‰。其中，本次研究的浸染状、角砾状细粒磁铁矿石中磁铁矿 $\delta^{18}O$ 值为 3.5‰~5.7‰，平均值为 3.6‰，较块状中-粗粒磁富铁矿石、脉状粗粒磁铁矿石中磁铁矿 $\delta^{18}O$ 值 2.3‰~2.4‰稍偏大。

（2）石英的 $\delta^{18}O$ 值为 6.8‰~11.4‰，平均值为 10.1‰。此外，产于大红山矿床的磁铁矿石和黄铜矿石中的石英具相似的氧同位素组成（表 6-4），暗示两者具有一致的来源。其中，与磁铁矿共生的石英 $\delta^{18}O$ 值为 10.4‰~11.4‰，高于石英脉型黄铜矿石中的石英 $\delta^{18}O$ 值 6.8‰~10.6‰。

表 6-4 大红山矿床中磁铁矿石中 $\delta^{18}O_{V\text{-}SMOW}$ 测定结果

编号	采样位置	测试矿物	磁铁矿 $\delta^{18}O_{V\text{-}SMOW}$/‰	石英 $\delta^{18}O_{V\text{-}SMOW}$/‰	资料来源
DFe1509-2	Ⅱ号矿体	磁铁矿	3.5	—	本次研究
DFe1533	Ⅲ号矿体	磁铁矿	2.4	—	
DFe1540	Ⅳ号矿体	磁铁矿	2.3	—	
DFe1572	露天堆矿场	磁铁矿	2.3	—	
DFe1430-1	Ⅴ号矿体	磁铁矿	3.7	—	
HS-0601	Ⅰ号矿体	磁铁矿	4	—	吴孔文，2008
HS-0607	Ⅰ号矿体	磁铁矿、石英	3.3	11.4	
HS-0643	Ⅰ号矿体	磁铁矿、石英	5.5	11.3	
HS-0646	Ⅰ号矿体	磁铁矿	3	—	
HS-0651	Ⅰ号矿体	磁铁矿、石英	5.1	10.4	
HS-0652	Ⅰ号矿体	磁铁矿、石英	3.4	10.5	
HS-0611B	Ⅰ号矿体	石英	—	6.8	
HS-0631	Ⅰ号矿体	石英	—	10.6	
HS-0638	Ⅰ号矿体	石英	—	9.4	

注：“—”代表未检测数据。

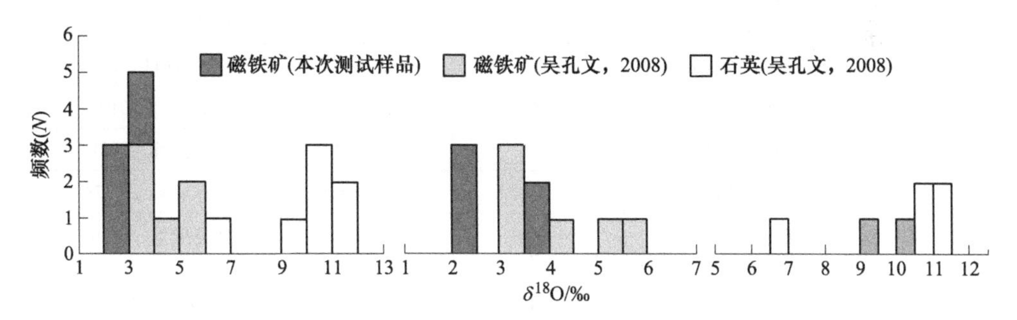

图 6-7 大红山矿床磁铁矿石中磁铁矿、石英的 $\delta^{18}O$ 直方图

6.1.4.3 物质来源

Hugh（1993）认为氧同位素在磁铁矿中表现出高的活动性，能较快达到元素分馏平衡状态，且在后期地质作用过程中仍能保持较好的稳定性，可反映磁铁矿形成时的氧同位素组成（李万亨等，1983）。据研究，磁铁矿的氧同位素组成能较好区分不同类型矿床（表 6-5），如岩浆和火山-岩浆型矿床中磁铁矿 $\delta^{18}O$ 值变化范围为 2.3‰~6.8‰（王关玉等，1982；孙静等，2009）、夕卡岩型矿床中磁铁矿 $\delta^{18}O$ 值为 3.5‰~11‰（Rose et al.，1985；张建中等，1987；陈运轩，1997；赵斌等，1997；曾荣等，2007；何朝鑫等，2015）、沉积型矿床中磁铁矿

$\delta^{18}O$ 值为 $-9.0‰\sim7.7‰$（Perry et al.，1973；王关玉等，1982；张建中等，1987；Thorne et al.，2009；刘军等，2010；林龙华等，2010）。上述特征说明，沉积型矿床磁铁矿的 $\delta^{18}O$ 值<岩浆和火山-岩浆型矿床<夕卡岩型矿床，且沉积型矿床磁铁矿的 $\delta^{18}O$ 值主要集中于负值区，而岩浆和火山-岩浆型矿床、夕卡岩型矿床的 $\delta^{18}O$ 值则绝大部分处于正值区。大红山矿床中磁铁矿的 $\delta^{18}O$ 值为 2.3‰~5.5‰，与岩浆和火山-岩浆型矿床范围完全一致。

表 6-5　国内外不同类型矿床中磁铁矿的 $\delta^{18}O$ 组成

矿床类型	矿床实例	样品数/件	变化范围/‰	资料来源
岩浆和火山-岩浆型	河北大庙黑山		2.3~5.1	孙静等，2009
	河北矾山	35	2.4~5.3	王关玉等，1982
	安徽罗河	25	2.6~5.2	王关玉等，1982
	新疆磁海	22	4.3~6.8	王关玉等，1982
夕卡岩型	宾夕法尼亚州 Cornwall	50	5.2~11	Rose et al.，1985
	湖北大冶		3.5~8.8	陈运轩，1997
	长江中下游	32	5.0~11	赵斌等，1997
	青海省双庆	4	4.4~10.8	何朝鑫等，2015
	冀南邯郸	6	3.7~5.4	曾荣等，2007
沉积型	冀东	39	-6.4~7.7	张建中等，1987
	西澳大利亚 Hamersley 省		-9.0~-2.9	Thorne et al.，2009
	弓长岭	4	-2.2~1.2	刘军等，2010
	河北龙烟	5	1.5~4.4	王关玉等，1982
	亚利桑那州 Biwabik	10	-2.0~-7.5	Perry et al.，1973
	新疆蒙库	10	-2~1.28	林龙华等，2010

此外，Taylor H P 等（1962）和 Garlick G and Epstein S（1967）研究认为火成岩和变质岩中同位素体系处于平衡状态时，主要造岩矿物的 $\delta^{18}O$ 值具有如下规律：$\delta^{18}O_{石英}>\delta^{18}O_{钾长石}>\delta^{18}O_{斜长石}>\delta^{18}O_{白云母}>\delta^{18}O_{黑云母}\geq\delta^{18}O_{角闪石}>\delta^{18}O_{辉石}>\delta^{18}O_{橄榄石}>\delta^{18}O_{磁铁矿}$。大红山矿床磁铁矿石中石英、磁铁矿的氧同位素组成（$\delta^{18}O_{石英}>\delta^{18}O_{磁铁矿}$）满足上述要求（表 6-4）。

依据磁铁矿和水的同位素分馏方程（Bottinga and Javoy，1973）：

$$1000\ln\alpha_{磁铁矿-水}=(-3.70\sim1.47)\times10^6/T^2$$

此方程适用于 500~800℃之间。据吴孔文（2008）研究该矿床磁铁矿石中共生的磁铁矿-石英平衡温度为 533~786℃，推断磁铁矿石形成于 500~800℃之间。因此，计算中选取 500℃和 800℃两个温度来估算成矿流体中 H_2O 的氧同位素值，计算结果（表 6-6）表明成矿流体体系中 $\delta^{18}O$ 值范围为 7.3‰~11.7‰。

大量文献资料表明，岩浆岩中磁铁矿的 $\delta^{18}O$ 值多集中在 1‰~4.51‰（Bottinga and Javoy，1975；TAYLHR，1967），大红山矿床磁铁矿的 $\delta^{18}O$ 值 80%以上在 2.3‰~4‰范围以内，没有负值。矿床中石英的 $\delta^{18}O$ 平均值 10.1‰与火成岩中的石英 $\delta^{18}O$ 平均值 9‰较接近，指示来源上可能与火成岩相关。表 6-6 列出的与磁铁矿平衡水的 $\delta^{18}O$ 值为 7.3‰~11.7‰，也大体在岩浆水 $\delta^{18}O$ 值 5.5‰~9.5‰（Pirajno，1992）范围内。根据这些事实，可以认为大红山矿床磁铁矿石，包括角砾状、块状、浸染状及脉状磁铁矿石，其成矿物质主要为幔源。

表 6-6 大红山矿床磁铁矿石中磁铁矿 $\delta^{18}O$ 值及成矿流体中水的 $\delta^{18}O$ 值计算结果

编号	磁铁矿 $\delta^{18}O_{V\text{-}SMOW}$/‰	不同温度下形成的流体中 H_2O 的 $\delta^{18}O_{V\text{-}SMOW}$/‰	
		500℃	800℃
DFe1509-2	3.5	9.7	8.5
DFe1533	2.4	8.6	7.4
DFe1540	2.3	8.5	7.3
DFe1572	2.3	8.5	7.3
DFe1430-1	3.7	9.9	8.7
HS-0601	4	10.2	9.0
HS-0607	3.3	9.5	8.3
HS-0643	5.5	11.7	10.5
HS-0646	3	9.2	8.0
HS-0651	5.1	11.3	10.1
HS-0652	3.4	9.6	8.4

6.1.5 铁矿石铂族元素地球化学

铂族元素（PGE），包括 Os、Ir、Pt、Ru、Rh、Pd 6 种元素，常以痕量或者超痕量存在地质体系中，表现出相似的物理、化学性质，其铂族元素在不同地质体中的丰度见表 6-7。在地质作用过程中，PGE 特征主要表现为：（1）子体岩石对母体较为明显的继承性；（2）常表现出一致的地球化学行为；（3）该组元素在岩浆演化过程中，如地幔部分熔融、岩浆结晶分异、硫化物分凝等，表现出相似的地球化学行为。进而，铂族元素成为研究成岩成矿过程中一种有效的地球化学指示剂，其配分模式具有重要的成因意义。近年，随着高精度分析方法的发展（Crocket et al.，1992，1997；漆亮等，1999；谢烈文，2001；Meisel et al.，2001；刘小荣等，2002；邱士东等，2006），铂族元素研究被许多学者广泛关注（王生伟等，2012，2013；杨仪锦等，2016；孙莹，2016），同时在地球化学示踪方面也取得了一些重要进展（储雪蕾等，2001；刘庆等，2006）。

表 6-7　铂族金属在不同圈层中的丰度　(ng/g)

圈层	Ru	Rh	Pd	Os	Ir	Pt	资料来源
地壳	1	1	10	1	1	5	Wedepohl, 1969
地壳	1	1	10	1	1	50	黎彤, 1976
地壳	1	1	10	1	1	50	陈道公, 1994
大陆地壳	0. 1	0. 06	0. 4	0. 05	0. 1	0. 4	Wedepohl, 1995
上地壳	1. 06	0. 38	2	0. 03	0. 03	—	Schmidt et al. , 1997
大陆地壳	0. 6	—	1. 5	0. 041	0. 037	1. 5	Rudnick et al. , 2004
华北地台大陆地壳	0. 05	0. 056	1. 1	0. 052	0. 028	1. 2	鄢明才等, 2005
中国东部大陆地壳	-0. 035	-0. 045	0. 7	-0. 04	-0. 017	0. 8	鄢明才等, 2005
原始地幔	5	0. 9	3. 9	3. 4	3. 2	7. 1	McDonough and Sun, 1995
地幔	5. 3	—	4. 9	2. 7	2. 6	8. 4	Snow et al. , 1998
地核	—	—	—	1110	—	5140	Brandon et al. , 1999
宇宙丰度	1490	214	675	1000	821	1625	赵怀志等, 1998
太阳系丰度	1860	344	1390	675	661	1340	赵怀志等, 1998
CI 球粒陨石	690	200	545	514	540	1020	Naldrett, 1979
CI 球粒陨石	710	130	550	490	455	1010	McDonough and Sun, 1995

注:“—”代表未报道数据。

6. 1. 5. 1　样品分析方法

本书研究的 3 件样品采自大红山铁铜矿区，均为新鲜的铁矿石样品，处于主成矿期中磁铁矿矿化阶段，其中，DHS1354、DHS1362 为交代蚀变铁矿石，DHS1361 为富磁铁矿石。PGE 测试分析在中国科学院地球化学研究所（贵阳）完成，测试仪器为 ElanDRC-Eicp-MS。具体测试方法参考 Qi 等（2007，2011）。其中，Pt、Pd、Ir、Ru 采用同位素稀释法测定，Rh 以 194 Pt 为内标测定（Qi et al. , 2004），分析精度优于 5%。PGE 的检出限，Ir、Ru、Rh 为 0. 003ng/g，Pt、Pd 为 0. 02ng/g。

6. 1. 5. 2　分析结果

由大红山矿床铁矿石铂族元素分析结果（表 6-8）可知，PGE 的含量变化范围大。其中，Ir 含量为 0. 07～0. 023ppm，Ru 含量为 0. 151～0. 211ppm，Rh 含量为 0. 005～0. 027ppm，Pt 含量为 0. 310～2. 496ppm，Pd 含量为 0. 835～7. 967ppm，PGE 总量为 1. 577～9. 240ppm。Pd/Ir 比值为 119. 3～468. 6，平均为 289. 9，Pd/Rh 比值为 30. 9～1593. 4，平均为 635. 4。

在 PGE 原始地幔标准化（标准化值据 Sun and McDonough，1989）模式图 6-8 中，所有样品具有大致相似的配分模式，呈正斜率的“Pt-Pd”型，Rh-Pd 向左陡倾斜，Pt、Pd 较 Rh、Ru、Ir 富集，这与苦橄岩、大洋中脊玄武岩（MORB）较为相似，具有 Ru 正异常、Rh 负异常，其 Ir、Ru、Rh、Pt、Pd 均较地幔有明显富集，暗示铁矿石具有一致的物质来源。

表 6-8 大红山矿床铁矿石铂族元素成分表

编号	描述	含量/ppm						Pd/Ir	Pd/Rh
		Ir	Ru	Rh	Pt	Pd	ΣPGE		
DHS1354	交代蚀变铁矿石	0.023	0.211	0.023	2.496	6.487	9.24	282	282
DHS1361	富铁矿石	0.017	0.182	0.005	0.31	7.967	8.481	468.6	1593.4
DHS1362	交代蚀变铁矿石	0.007	0.151	0.027	0.557	0.835	1.577	119.3	30.9

注：分析测试在中国科学院地球化学研究所（贵阳）国家重点实验室完成。

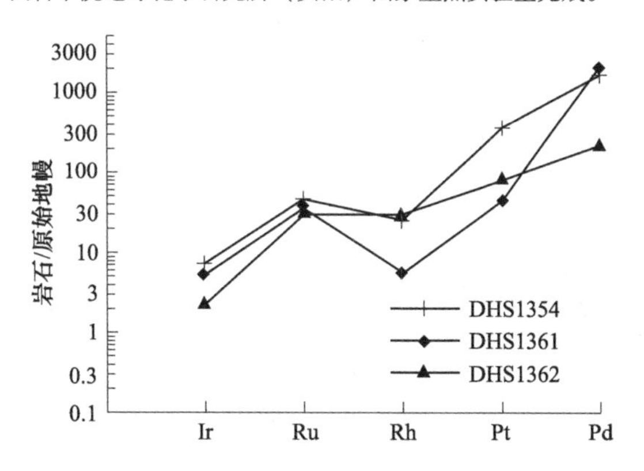

图 6-8 大红山矿床铁矿石铂族元素配分模式（标准化值据 Sun and McDonough, 1989）

6.1.5.3 *矿石成因*

PGE 中，Pd 与 Ir 是地球化学性质差异最显著的元素，分别为 PGE 中最不相容和最相容的元素，其 Pd/Ir 比值可以表征铂族元素总体的分异特征，常用于指示不同成因的矿床、岩石以及部分熔融程度（Barnes et al., 1985；苏昌学，2009），具有重要的成因意义。本次研究大红山矿区铁矿石的 Pd/Ir 比值为 119.3～468.6（平均为 289.9），比值明显大于地幔捕虏体（1.08）、原始地幔（1.2）、CI 球粒陨石（1.16）、科马提岩（3.98）、平均大陆地壳（8）及攀西红格地区钒钛磁铁矿（6.6），而与四川盐源地区峨眉山玄武岩（3.5～185.2，平均为 39）、富硫化物拉斑玄武岩（平均为 77.8（Barnes et al., 1985））接近，推测铁矿石与岩浆作用有一定关系。Ir 不易被热液所搬运，故受热液作用的影响较小（Keays, 1982, 1995），而图 6-9 显示，铁矿石的 PGE 中其他元素关系不清，但 Ir 和 Ru 呈好的正相关（图 6-9a）也指示了铁矿石早期可能具岩浆成因特征（Keays, 1982）。Keays（1995）和 Maier 等（1998）认为受岩浆作用影响的 Pd/Ir 比值低于 100，而受热液交代作用影响的硫化物及岩体 Pd/Ir 比值高于 100。

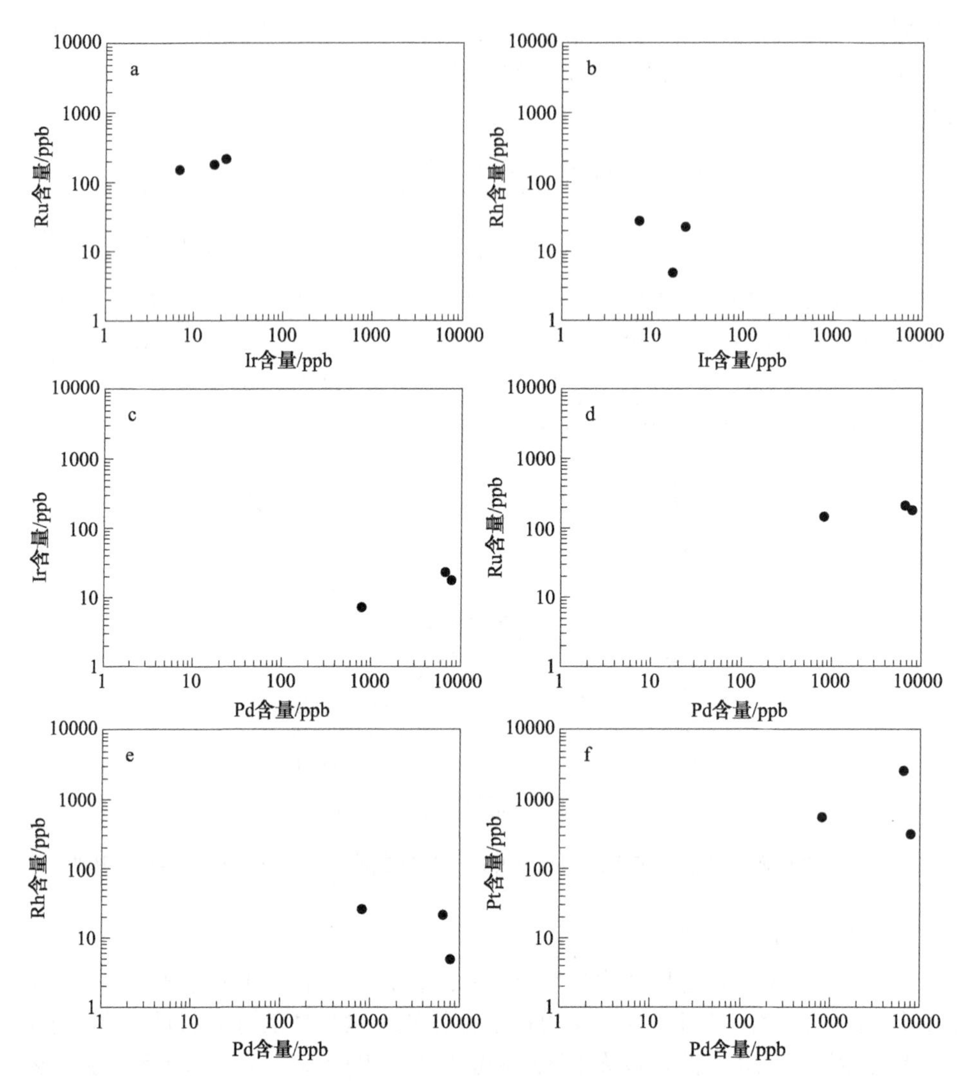

图 6-9　大红山矿床铁矿石中铂族元素相关性图解

（$1ppb = 10^{-9}$）

而在强烈的热液活动中，PGE 中的 Os、Ir、Ru、Rh、Pt、Pd 活动性逐渐增强（Westland，1981），而 Pt 和 Pd 较其他 PGE 元素更易活动，这可能是控制大红山矿区铁矿石 PGE 中 Ir、Ru、Rh、Pt、Pd 均高于原始地幔、具向左陡倾斜的原因。另外，在大红山矿区，磁铁矿体边部或者磁铁矿边界常被赤铁矿交代的现象是较常见的。

综合上述特征，说明大红山矿床主成矿期中磁铁矿矿化阶段形成的铁矿石早期主要受岩浆作用过程控制，晚期遭受强烈的热液作用改造。

6.1.6 磁铁矿地球化学

磁铁矿（$FeFe_2O_4$）作为尖晶石族常见的矿物，广泛存在于各种火成岩、变质岩、沉积岩及不同类型的矿床中（Dupuis et al.，2011）。磁铁矿中含有如 Al、Ti、Mg、Co、Mn、Zn、Ca、Cr、V、Ni、Ga 等多种痕量元素。近年，磁铁矿的微观元素研究被广泛运用于指示成矿物理化学条件、示踪成矿物质来源以及揭示矿床的成因和演化等（徐国凤和邵洁涟，1979；林师整，1982；陈光远等，1987；Singoyi et al.，2006；Dupuis and Beaudoin，2011，段超等，2012；侯林等，2013；何超鑫等，2015；李俊等，2016），也取得了一些重要研究成果（Carrew，2004；Rusk et al.，2009；Nadoll，2009），已成为深入研究铁矿床成矿作用的一种有效手段。然而，磁铁矿作为大红山矿床中最主要的矿石矿物之一，对其元素地球化学研究却少有报道。

6.1.6.1 样品特征及分析方法

本次用于磁铁矿元素地球化学研究的 4 类矿石：角砾状磁铁矿石（又称豹皮状磁铁矿石）、块状磁铁矿石及浸染状铁铜矿石代表了壳幔流体参与交代成矿期的磁铁矿矿化、黄铜矿矿化阶段，粗粒脉状铁铜矿石代表叠加矿化期的脉状矿化阶段。

对矿区野外观察并采集新鲜矿石样品，磨制成探针片，通过在显微镜下进行观察后，选取不同类型矿石中磁铁矿进行电子探针分析。测试分析工作在核工业北京地质研究院分析测试中心完成，实验所采用的仪器型号为 JXA-8100 电子探针分析仪（编号为 8635），测试方法参照 GB/T 15074—2008《电子探针定量分析方法通则》，测试过程中，加速电压为 20kV，束流为 1×10^{-8}A，出射角为 40°，测试结果采用 ZAF 方式修正。

稀土和微量元素分析在澳实分析测试（广州）有限公司完成，运用电感耦合等离子体质谱仪（ICP-MS、ME-MS81）测定，测试过程为先将试样加入到偏硼酸锂/四硼酸锂熔剂中混合均匀，然后在 1025℃以上的熔炉中熔化，待熔液冷却后用硝酸、盐酸和氢氟酸定容，再利用等离子体质谱仪进行分析。

6.1.6.2 分析结果

大红山矿床中磁铁矿的电子探针分析结果见表 6-9。磁铁矿 $w(Fe_2O_3)$、$w(FeO)$ 分别为 64.47%～67.59%和 30.29%～32.03%，含量相对稳定；另外磁铁矿还含有一定量氧化物，如 SiO_2 含量 0～0.06%、CaO 含量 0～0.20%、Al_2O_3 含量 0.02%～0.15%、V_2O_3 含量 0～1.56%以及 TiO_2 含量 0～1.47%，整体上块状磁铁矿石中磁铁矿的这 5 类元素含量稍高于浸染状磁铁矿石和粗粒脉状铁铜矿石；除此之外，少数磁铁矿也含有少量的 Na_2O(0～0.15%)、MgO(0～0.04%)、K_2O(0～0.01%)、MnO(0～0.04%)、Cr_2O_3(0～0.11%)，NiO 含量均低于检测限

表 6-9 大红山矿床磁铁矿电子探针分析结果（质量分数）（%）

矿石类型	编号	SiO_2	Al_2O_3	TiO_2	Fe_2O_3	FeO	V_2O_3	Cr_2O_3	NiO	MnO	MgO	CaO	K_2O	Na_2O	F	合计
角砾状磁铁矿石	DFe1414-1	0.02	0.04	1.47	64.47	32.03	0.12	—	—	—	—	0.01	0.01	—	0.28	98.45
	DFe1414-2	0.04	0.08	1.33	64.55	31.93	0.23	—	—	—	0.02	0.01	—	—	0.26	98.46
	DFe1430-1	0.05	0.10	0.13	67.44	30.60	—	—	—	0.03	—	0.00	—	0.08	0.31	98.74
	DFe1430-2	—	0.08	0.15	67.22	30.87	—	—	—	—	—	0.05	—	—	0.34	98.72
块状磁铁矿石	DFe1410-1	0.03	0.15	0.09	65.60	30.35	1.56	0.08	—	—	0.03	0.02	—	0.13	0.50	98.56
	DFe1410-2	0.06	0.10	—	66.04	30.67	1.18	0.07	—	—	—	0.01	—	0.05	0.41	98.60
	DFe1517-2-2	0.05	0.05	0.05	67.59	30.55	—	—	—	—	—	0.02	—	0.08	0.36	98.76
浸染状铁铜矿石	DCu1402T	0.04	0.09	0.17	67.29	30.29	0.25	—	—	—	0.04	0.04	—	0.15	0.37	98.73
脉状铁铜矿石	DFe1502-1	0.03	0.05	—	67.16	30.88	0.11	—	—	—	—	0.01	—	—	0.47	98.72
	DFe1502-2	0.02	0.03	—	67.31	30.83	0.12	0.05	—	—	—	0.00	—	—	0.36	98.73
	DFe1502-3	0.05	0.02	—	67.25	30.73	0.14	—	—	—	0.04	0.08	—	—	0.41	98.72
	DFe1572-1	0.02	0.10	—	67.19	30.64	0.13	—	—	—	—	0.20	—	—	0.43	98.72
	DFe1572-2	0.03	0.03	0.08	67.46	30.55	—	0.11	—	—	—	0.02	—	0.08	0.37	98.75
	DFe1572-3	—	0.08	—	67.26	30.83	0.09	0.05	—	—	—	—	—	—	0.41	98.73

注：“—”代表低于仪器检测限，计算中示为0。

0.1%，随着成矿过程演化，块状磁铁矿石-浸染状铁铜矿石-粗粒脉状铁铜矿石，磁铁矿的 Na、K、Mn、Cr 元素含量减少，Mg 元素含量具有增加的趋势。

磁铁矿微量稀土元素 ICP-MS 分析结果见表 6-10，块状磁铁矿石中磁铁矿的 Th、Nb、Zr、Ga、Sn、Sr、U、V、W 的含量高于检出限，Ta、Hf、Cr、Cs、Rb 的含量低于检出限；浸染状铁铜矿石中磁铁矿的 Th、Nb、Zr、Hf、Cr、Ga、Sr、U、V、W 的含量高于检出限，Ta、Cs、Rb、Sn 的含量低于检出限；粗粒脉状铁铜矿石中磁铁矿的 Th、Nb、Zr、Hf、Cr、Cs、Ga、Rb、Sr、U、V 的含量高于检出限，仅有少部分 Ta、Sn、W 的含量低于检出限。此外从表 6-10 可以看出，随着成矿过程进行，磁铁矿中 Ga、Sn 和高场强元素 Nb、Ta、Zr、Hf 的含量变化小；从块状磁铁矿石到粗粒脉状铁铜矿石 Rb、Sr 的含量增加（表 6-10）。稀土元素方面，块状磁铁矿石的稀土含量最高，平均为 14.5ppm，富集轻稀土（LREE），亏损重稀土（HREE），其 LREE/HREE 比值平均为 19.43，并有明显的正 Eu 异常，表现为典型的右倾；浸染状铁铜矿石的稀土含量最低，平均为 2.42ppm，LREE/HREE 比值平均为 2.49，略微富集轻稀土；粗粒脉状铁铜矿石的稀土含量中等，平均为 6.05ppm，LREE/HREE 比值平均为 1.03，相对浸染状铁铜矿石较为富集重稀土。整体上，从块状磁铁矿到粗粒脉状铁铜矿石，重稀土含量增加，LREE/HREE 值减小（表 6-10）。

表 6-10 大红山矿床磁铁矿单矿物微量元素分析结果

编号		DFe1430-1	DFe1533	DFe1497	DFe1509-2	DCu1552	DCu1553	DFe1521-3	DFe1572
类型		角砾状矿石		块状矿石	浸染状矿石			脉状矿石	
含量/ppm	Th	0.15	0.12	0.30	0.32	0.24	0.14	0.15	0.40
	Nb	0.50	1.00	0.80	0.40	0.90	0.50	0.80	7.80
	Ta	—	0.10	0.10	—	0.10	—	0.10	0.20
	Zr	6.00	9.00	50.00	18.00	46.00	10.00	95.00	7.00
	Hf		0.20	1.20	0.40	1.20	0.20	2.40	0.20
	Cr	10.00	10.00	—	90.00	140.00	30.00	170.00	30.00
	Cs	—	0.01	—	—	0.18	0.01	0.02	0.09
	Ga	15.00	3.40	21.70	17.60	16.10	10.80	12.90	5.90
	Rb	—	—	—	—	0.40	0.30	0.60	0.30
	Sn	1.00	3.00	1.00	—	1.00	2.00	—	5.00
	Sr	1.00	0.90	1.30	1.50	0.60	1.20	2.10	2.30
	U	0.58	1.68	1.03	0.42	0.36	0.57	1.32	0.90
	V	230.00	52.00	266.00	302.00	535.00	161.00	1050.00	262.00
	W	2.00	12.00	1.00	1.00	1.00	—	—	2.00
	Y	0.90	0.50	1.20	1.10	1.70	1.00	3.70	6.40

续表 6-10

编号		DFe1430-1	DFe1533	DFe1497	DFe1509-2	DCu1552	DCu1553	DFe1521-3	DFe1572
类型		角砾状矿石		块状矿石	浸染状矿石			脉状矿石	
含量/ppm	La	1.70	7.90	3.80	0.40	0.50	0.70	0.80	0.90
	Ce	2.40	11.50	5.50	0.50	0.60	1.00	1.10	1.40
	Pr	0.20	0.94	0.48	0.05	0.06	0.11	0.10	0.15
	Nd	0.80	2.90	1.60	0.20	0.20	0.40	0.40	0.60
	Sm	0.17	0.38	0.25	0.05	0.04	0.10	0.10	0.18
	Eu	0.15	0.45	0.16	0.08	0.05	0.05	0.17	0.20
	Gd	0.20	0.29	0.19	0.08	0.14	0.12	0.24	0.66
	Tb	0.03	0.03	0.03	0.02	0.03	0.02	0.06	0.15
	Dy	0.20	0.12	0.22	0.16	0.23	0.15	0.47	1.08
	Ho	0.04	0.02	0.06	0.04	0.06	0.04	0.13	0.25
	Er	0.10	0.06	0.19	0.12	0.19	0.12	0.48	0.72
	Tm	0.01	0.01	0.04	0.02	0.03	0.02	0.09	0.10
	Yb	0.07	0.07	0.32	0.15	0.22	0.12	0.76	0.58
	Lu	0.01	0.01	0.06	0.03	0.04	0.02	0.15	0.08
	ΣREE	6.08	24.68	12.90	1.90	2.39	2.97	5.05	7.05
	LREE	5.42	24.07	11.79	1.28	1.45	2.36	2.67	3.43
	HREE	0.66	0.61	1.11	0.62	0.94	0.61	2.38	3.62
LREE/HREE		8.21	39.46	10.62	2.06	1.54	3.87	1.12	0.95
$(La/Yb)_N$		16.37	76.09	8.01	1.80	1.53	3.93	0.71	1.05
$(La/Sm)_N$		6.29	13.08	9.56	5.03	7.86	4.40	5.03	3.15
$(Gd/Yb)_N$		2.31	3.34	0.48	0.43	0.51	0.81	0.25	0.92
δCe/‰		0.83	0.86	0.84	0.73	0.71	0.78	0.22	0.22
δEu/‰		2.48	3.99	2.16	3.85	1.82	1.39	10.14	5.08

注：“—”代表低于仪器检测限。

6.1.6.3 磁铁矿成因

磁铁矿为尖晶石族常见矿物，化学通式为 AB_2X_4，其中 A 主要为阳离子 Fe^{2+}、Mn^{2+}、Mg^{2+}、Ni^{2+} 等，B 代表阳离子 Fe^{3+}、Cr^{3+}、Ti^{4+}、Al^{3+} 等（Lindsley, 1976；潘兆橹，1984；Deer et al.，1992），磁铁矿中还含少量如 Sn、Ca、Cr、V 等元素，此外，磁铁矿中的成分变化对成矿作用研究有重要的指示意义，前人在对磁铁矿单矿物进行化学分析统计基础上，绘制了磁铁矿的 TiO_2-Al_2O_3-MgO 成因图解，并将磁铁矿床类型划分为酸性-碱性岩浆磁铁矿、沉积变质-接触交代矿、超基性-基性-中性岩浆磁铁矿三种类型（陈光远等，1987）。徐国凤和邵洁涟（1979）分别总结和讨论了各种类型矿床中磁铁矿的化学成分，并划分为区域变质型、接触交代型、热液交代型和岩浆型4种类型的磁铁矿。林师整（1982）进一步将磁铁矿成因细分为夕卡岩型、沉积变质型、岩浆型、接触交代型、侵入岩中副矿物型等5种，并依据3000个磁铁矿的化学成分数据绘制了 TiO_2-Al_2O_3-(MgO+MnO) 磁铁矿成因三角图解（图6-10）。Dupuis 和 Beaudoin（2011）通过总结世界上各种类型的赤铁矿和磁铁矿化学成分研究，外加对世界上不同类型矿床在磁铁矿、赤铁矿化学成分统计分析基础上，建立了磁铁矿-赤铁矿成因分类图解（图6-11）。近年，这些图解也广泛应用于国内各种类型铁矿床中（段超等，2012；侯林等，2013；何超鑫等，2015；李俊等，2016），如段超等（2012）通过对宁芜地区凹山铁矿床中磁铁矿进行微区分析后，投点落入图解中解中岩浆型，得出矿床受岩浆控制作用明显，在磁铁矿的成因判别方面有一定可信度。

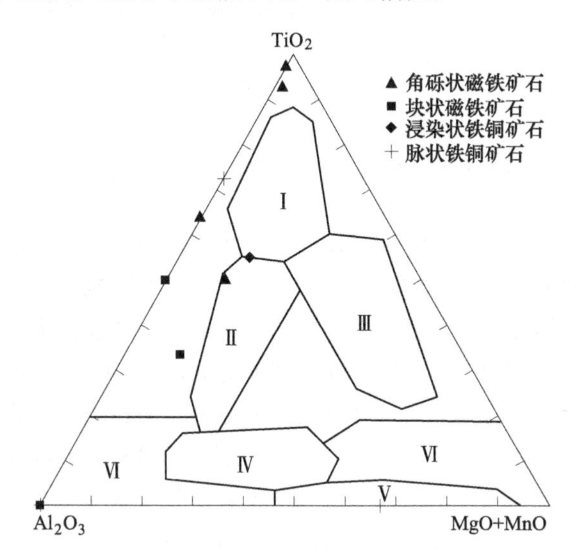

图6-10 大红山矿床磁铁矿 TiO_2-Al_2O_3-(MgO+MnO) 成因分类图解（据林师整，1982）
Ⅰ—副矿物型；Ⅱ—岩浆型；Ⅲ—火山岩型；Ⅳ—热液型；Ⅴ—矽卡岩型；Ⅵ—沉积变质型

矿床三个矿化阶段中矿石的磁铁矿化学成分有一定差异，在磁铁矿 TiO_2-Al_2O_3-(MgO+MnO) 成因图解中，块状磁铁矿矿石中Ti的含量变化范围较大，可能与壳幔物质的不均一有关，由于Mg和Mn含量较低使得其投入岩浆型区以及副矿物型范围附近；浸染状铁铜矿石中磁铁矿由于相对贫Mg和Mn，落点于岩浆型和副矿物型的边界；粗粒脉状铁铜矿石中磁铁矿富Al、贫Ti，暗示成矿过程中有地壳物质参与，多落点于沉积变质型范围。此外，在 Dupuis 和 Beaudoin（2011）提出的磁铁矿（Ca+Al+Mn)-(Ti+V）成因分类图解中（图6-11），块状磁铁矿多数落入Fe-Ti矿床成因区，表明受岩浆作用控制明显，部分投点于IOCG成因范围，可能与热液作用影响有关；浸染状铁铜矿及粗粒脉状铁铜矿多落入 IOCG 成因区和 Kinuna 区，从块状磁铁矿石到粗粒脉状铁铜矿石中 MgO 含量具有增加的现象，可能指示与磁铁矿的形成和演化受热液作用的影响逐渐增强有关（Einaudi et al.，1981；Meinert，1987；Nadoll，2009）。

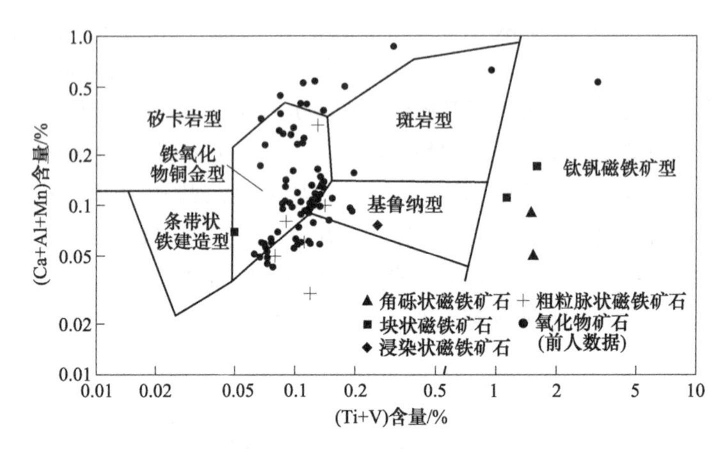

图 6-11　大红山矿床磁铁矿（Ca+Al+Mn)-(Ti+V）成因分类图解

（底图据 Dupuis et al.，2011；前人数据引自 Wei Terry Chen et al.，2015）

微量、稀土元素方面，由图 6-12a 可知，从块状磁铁矿石到粗粒脉状铁铜矿石，表现大致相似的稀土配分模式，LREE/HREE 比值减小 19.43～1.03，轻稀土（LREE）亏损推测可能为逐渐增强的富 Cl 热液作用过程中造成（毕献武等，2004）；该矿床中磁铁矿的 Al（200～1000ppm）、Sn（1～5ppm）、Ga（5.9～21.7ppm）与宁芜地区凹山铁矿床中 Fe-Ti-V 成因的磁铁矿含量相似（段超等，2012），也得到了矿床中各阶段磁铁矿的 $\delta^{18}O$ 值（2.3‰～5.5‰）与岩浆和火山-岩浆型矿床范围一致（2.3‰～6.8‰）的证据支持，说明磁铁矿具有幔源的特征；成矿演化过程中，磁铁矿的高场强元素 Hf、Nb、Th、Zr 等在整个演化过程中表现出相似的变化特征（图 6-12b），高场强元素含量在不同阶段的磁铁矿中含量变化并不明显，可能与磁铁矿平衡状态下物理化学条件和主量元素含量的制约有关，这与 Fe 元素类似，均表现含量相对稳定的特征，说明多阶段成矿的磁铁矿虽然表现出一定差异性，但是成因和成矿物质来源基本上相同。

综上所述，大红山矿床主成矿期中磁铁矿成矿早期受岩浆作用影响强烈，但晚期热液作用逐渐增强使磁铁矿具有热液成因的表象特征。叠加矿化期的脉状矿化阶段中产出的磁铁矿继承了主成矿期形成的磁铁矿特征，受热液作用主控，并有地壳物质参与（可能反映在矿区脉状磁铁矿化、赤铁矿化的矿石中往往伴生黄铜矿化）。此外，矿床与 IOCG 矿床之间确有很大的相似性，但也有一些明显的差异，如大红山矿床中钛含量相对高，且铁区内也可见蚀变辉长岩圈闭铁矿体，

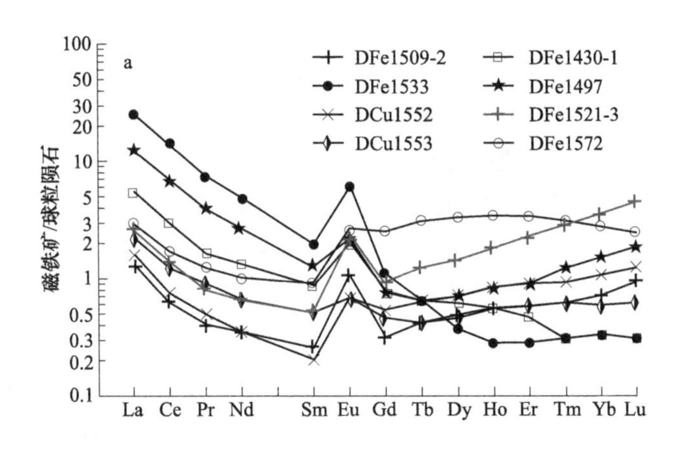

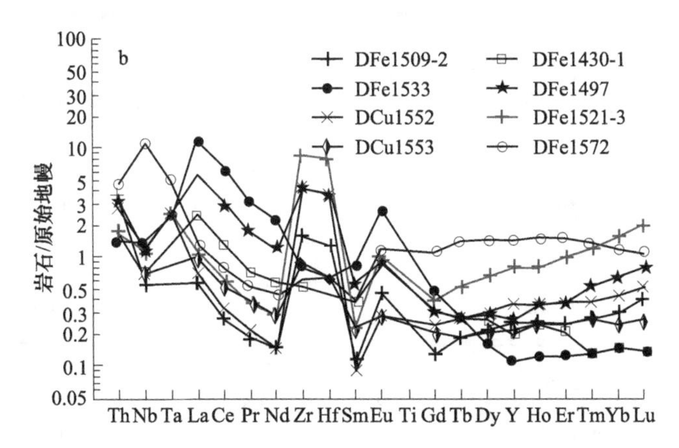

图 6-12 大红山矿床磁铁矿稀土、微量元素标准化配分图解

（球粒陨石和原始地幔值据 Sun and McDonough，1989）

（●、□—角砾状矿石；★—块状矿石；+、×、◊—浸染状矿石；+、○—脉状矿石）

矿体与蚀变辉长岩关系明显，这些特征不同于传统的以奥林匹克坝为代表的低钛 IOCG 矿床。

6.2 矿物中 Fe 含量变化分析

6.2.1 矿物 Fe_2O_3、FeO、氧逸度变化特征

本次研究主要通过对不同矿带、中段、岩矿石中的磁铁矿、普通角闪石、黑云母以及铁铝榴石电子探针成分分析，结合已有的矿物探针成分、化学成分数据（钱锦和和沈远仁，1990；吴孔文，2008），估算其矿石和脉石矿物中 Fe_2O_3、FeO 含量，并依据其 Fe_2O_3 含量、FeO 含量、Fe_2O_3/FeO 比值以及 Fe^{3+}/Fe^{2+} 比值的变化规律，揭示了岩矿石中矿物变化、成矿过程中氧逸度变化一些微观机制。

具体如下：

（1）铁矿区，研究 300m、400m、1020m（露天采场，采样海拔高度范围为 940~1100m，取平均值 1020m）中段磁铁矿的 Fe_2O_3 含量、FeO 含量、Fe_2O_3/FeO 比值以及 Fe^{3+}/Fe^{2+} 比值的变化发现，随高度增加，Fe_2O_3 含量减小，FeO 含量增加，氧逸度（Fe_2O_3/FeO、Fe^{3+}/Fe^{2+} 比值）有降低的趋势（图 6-13）。

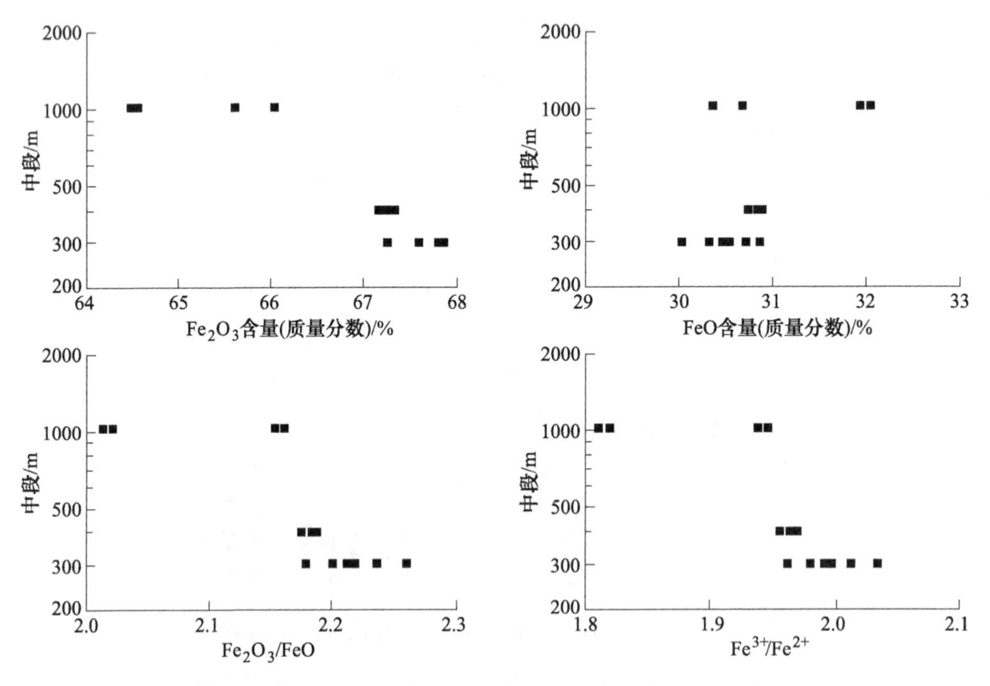

图 6-13 矿区不同中段磁铁矿中 Fe_2O_3 含量、FeO 含量、氧逸度以及 Fe^{3+}/Fe^{2+} 变化

（2）铁矿区不同矿带，通过研究Ⅱ、Ⅲ、Ⅴ号矿带中磁铁矿的 Fe_2O_3 含量、FeO 含量、Fe_2O_3/FeO 比值以及 Fe^{3+}/Fe^{2+} 比值的变化后得出，由Ⅱ-Ⅲ-Ⅴ号矿带，Fe_2O_3 含量减小，FeO 含量增加，氧逸度（Fe_2O_3/FeO、Fe^{3+}/Fe^{2+} 比值）减小（图 6-14），此现象与不同中段磁铁矿中 Fe_2O_3 含量、FeO 含量、Fe_2O_3/FeO 比值以及 Fe^{3+}/Fe^{2+} 比值的变化一致。

（3）铁矿区不同岩矿石中普通角闪石，研究铁矿化钠长石岩、蚀变辉长岩中普通角闪石的 Fe_2O_3 含量、FeO 含量、Fe_2O_3/FeO 比值以及 Fe^{3+}/Fe^{2+} 比值的变化后发现，铁矿化钠长石岩中普通角闪石的 Fe_2O_3、FeO 含量均小于蚀变辉长岩，而氧逸度（Fe_2O_3/FeO、Fe^{3+}/Fe^{2+} 比值）却较蚀变辉长岩高（图 6-15）。

（4）Ⅰ号矿带内不同岩矿石中黑云母（图 6-16），从不同岩矿石中黑云母的 Fe_2O_3 含量、FeO 含量、Fe_2O_3/FeO 比值以及 Fe^{3+}/Fe^{2+} 比值的变化可知，Fe_2O_3 含量在 Mt+Cpy+Sd+Bi 组合中最低，FeO 含量在 Mt+Ilm+Bi+Ank+Gt 组合中最低，

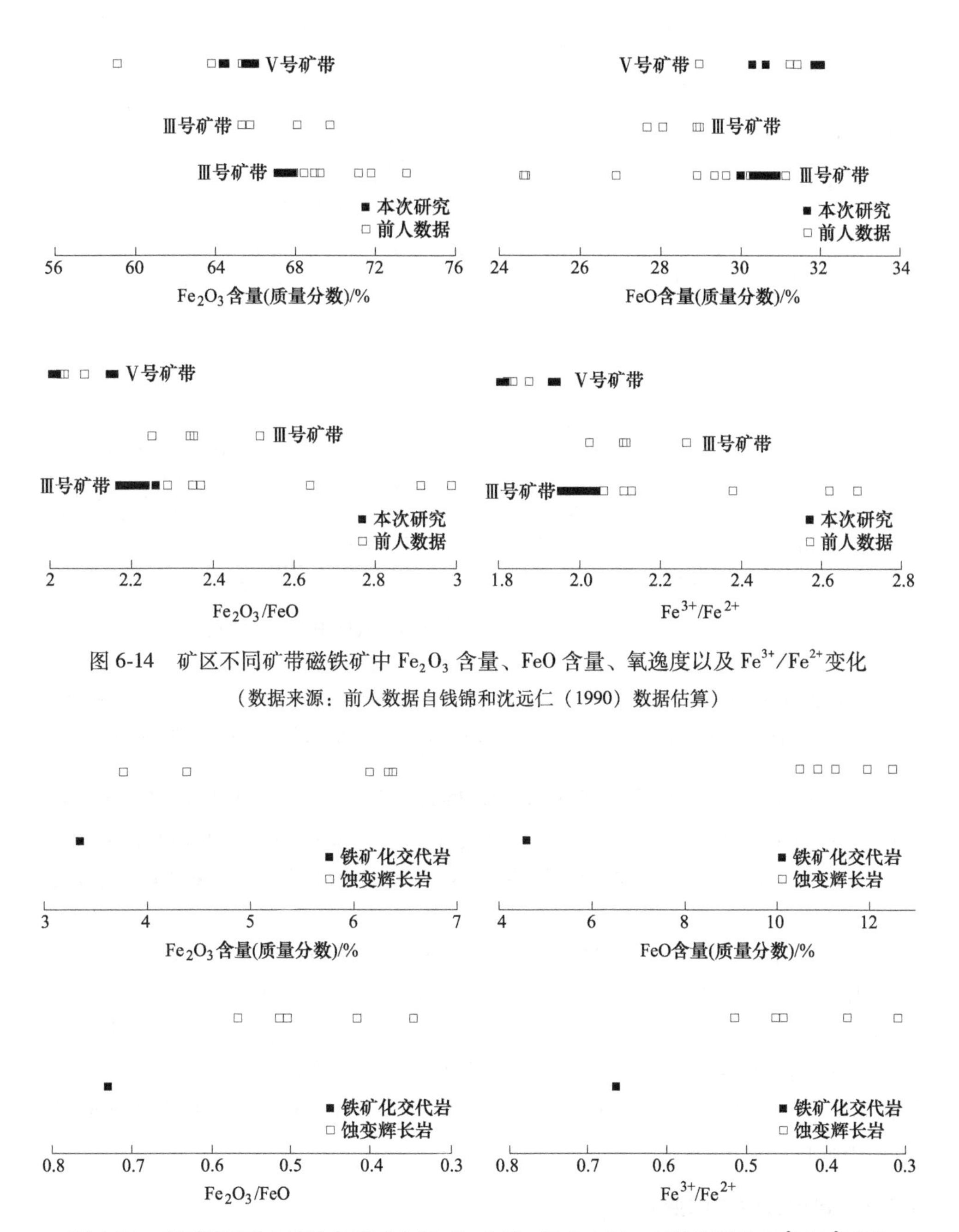

图 6-14 矿区不同矿带磁铁矿中 Fe_2O_3 含量、FeO 含量、氧逸度以及 Fe^{3+}/Fe^{2+} 变化

（数据来源：前人数据自钱锦和沈远仁（1990）数据估算）

图 6-15 矿区不同岩矿石的角闪石中 Fe_2O_3 含量、FeO 含量、氧逸度以及 Fe^{3+}/Fe^{2+} 变化

从 Mt+Cpy+Sd+Bi-Mt+Cpy+Ank+Gt+Bi-Bi+Ank+Gt-Mt+Ilm+Bi+Ank+Gt 组合中氧逸度逐渐增高。

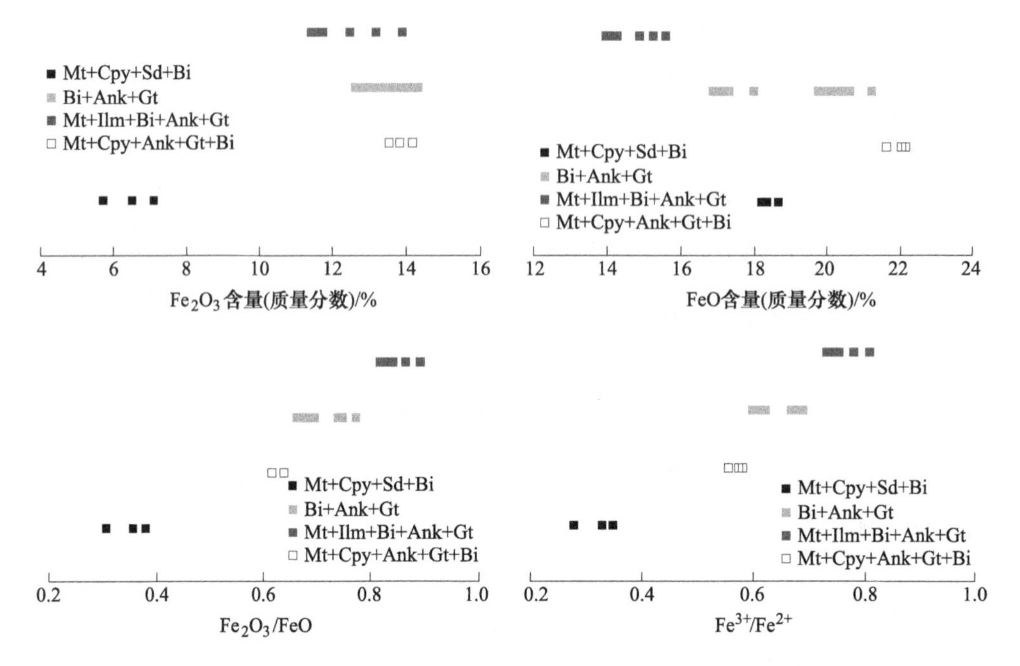

图 6-16　矿区Ⅰ号矿带内不同岩矿石的黑云母中 Fe_2O_3 含量、FeO 含量、氧逸度以及 Fe^{3+}/Fe^{2+} 变化

Mt—磁铁矿；Cpy—黄铜矿；Sd—菱铁矿；Bi—黑云母；Gt—石榴子石；Ank—铁白云石；Ilm—钛铁矿
（以 Mt+Cpy+Sd+Bi 组合的岩石中黑云母数据为本次研究，其余据吴孔文（2008）数据估算）

（5）从Ⅰ号矿带内不同岩矿石中铁铝榴石的 Fe_2O_3 含量、FeO 含量与 Fe_2O_3/FeO、Fe^{3+}/Fe^{2+} 比值的变化上看（图 6-17），Fe_2O_3 含量从 Bi+Ank+Gt-Ank+Gt-Mt+Cpy+Ank+Gt+Bi 组合中略有增加的趋势，FeO 含量则明显减小，氧逸度具有增高的趋势。

（6）此外，从矿区内不同岩矿石中铁铝榴石的 FeO^T 含量与 Fe_2O_3/FeO 比值的变化上看（图 6-18）：1）铁铝榴石从边部-核部 Fe_2O_3/FeO 比值基本一致，反映形成时氧逸度相同（图 6-18a）；2）Mt+Cpy+Ank+Gt+Bi 组合中，从贫铁矿化-含铁矿化-富铁矿化的部位，铁铝榴石中 FeO^T 含量逐渐减小（图 6-18b）；3）不同的岩矿石中，如 Bi+Ank+Gt-Ank+Gt-Mt+Cpy+Ank+Gt+Bi，铁铝榴石中 FeO^T 含量逐渐减小（图 6-18c）。

6.2.2　岩矿石中矿物变化

大红山矿床中含铁普遍较高，脉石矿物方面则主要反映岩石中含铁矿物，如岩石中以铁白云石为主、石榴子石基本集中于铁铝榴石组分端元等。此外，一些矿物在局部也有一定变化，如岩矿石中碳酸盐矿物整体上以铁白云石为主，在

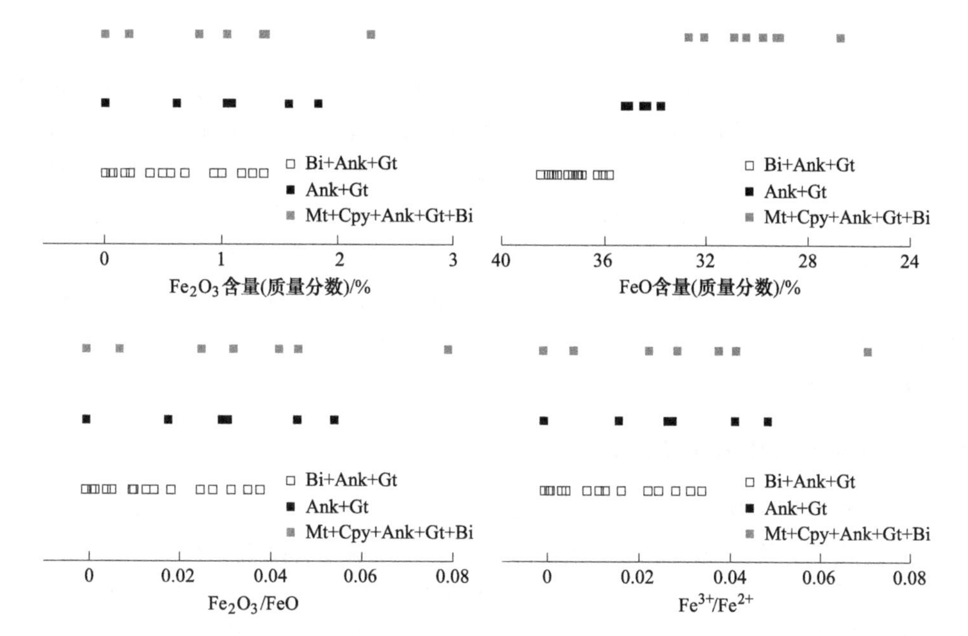

图 6-17 矿区不同岩矿石的铁铝榴石中 Fe_2O_3 含量、FeO 含量、氧逸度以及 Fe^{3+}/Fe^{2+} 变化

（以 Mt+Cpy+Ank+Gt+Bi 组合的岩石中铁铝榴石部分数据为本次研究，其余据吴孔文（2008）数据估算）

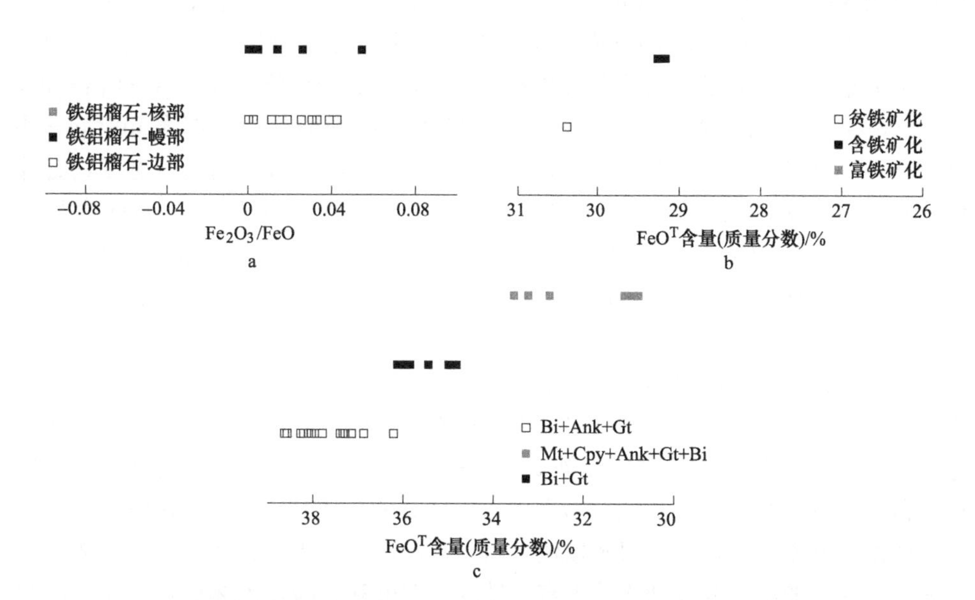

图 6-18 矿区不同岩矿石的铁铝榴石中氧逸度以及 FeO^T 含量变化

（b 中铁铝榴石数据为本次研究，c 中 Mt+Cpy+Ank+Gt+Bi 组合的岩石中铁铝榴石部分数据为本次研究，其余据吴孔文（2008）数据估算）

Mt+Gt 含量明显增加的部位则以白云石为主。

同一岩矿石中，铁铝榴石中 FeO^T 含量从贫铁矿化-含铁矿化-富铁矿化的部位逐渐减小。不同的岩矿石中，如普通角闪石、黑云母、铁铝榴石的 FeO^T、Fe_2O_3、FeO 也基本上呈现出随铁矿化和含铁矿物增加而有减少的趋势。这些现象反映，该矿床的矿物组合中随着含铁矿物如 Mt、Ilm、Cpy、Sd、Bi、Ank、Gt 等含量增加，其他矿物（主要反映在脉石矿物上）中铁含量则偏低。

矿床中，岩矿石中氧逸度的变化从 Mt、Ank+Gt+Bi、Cpy、Sd 4 个端元体现，并有逐渐降低的趋势。而活动性强、较晚形成的含铁矿物，如铁白云石在局部随铁的耗尽而形成白云石。

6.2.3 成矿过程中氧逸度变化

（1）铁矿区，从中段 300m 至露天采场中段平均约 1020m，磁铁矿的氧逸度有下降的趋势，可能反映了铁矿区由深部向上，氧逸度有降低趋势。

（2）从矿区赋矿岩石上看，铁矿体主体赋存于红山岩组，铜矿体主体赋存于曼岗河岩组。矿床不同岩矿石中普通角闪石、黑云母、铁铝榴石的 Fe_2O_3/FeO、Fe^{3+}/Fe^{2+} 比值的变化特征显示，岩矿石如 Mt+Cpy+Sd+Bi-Mt+Cpy+Ank+Gt+Bi-Bi+Ank+Gt-Mt+Ilm+Bi+Ank+Gt 组合中氧逸度均有逐渐增高趋势，总结出氧逸度主要从 Mt、Ank+Gt+Bi、Cpy、Sd 四个端元体现，并有逐渐降低的趋势。

（3）从矿区赋矿岩石的分布上看，铜矿体主体分布于曼岗河岩组，其围岩主要为铁铝榴石矽卡岩、钠长石碳酸岩，说明岩矿石中矿物主要为 Mt+Cpy+Ab+Qz+Ank+Gt+Bi。铁矿体赋矿岩石下部矿物组合为 Mt+Ab+Qz、中部为 Mt+Cpy+Ab+Qz+Ank+Gt+Bi、上部为 Mt+Ab+Qz+Ank，这种组合类型说明向上氧逸度具有降低的趋势，与铁矿区不同中段、矿带中磁铁矿所表现出的 Fe_2O_3、FeO 含量与 Fe_2O_3/FeO、Fe^{3+}/Fe^{2+} 比值变化吻合，均反映铁矿区从下部至上部，Fe_2O_3 含量减小，氧逸度降低。这种现象可能说明铁、铜矿化也受到了不同赋矿岩石的总体氧逸度控制。

综上所述，矿床中确实存在如下地质现象，如铁矿区总体上从深部至浅部氧逸度有降低的趋势，这与铁矿区深部 Fe_2O_3（赤铁矿）较多，表现为“磁铁矿 + 赤铁矿”矿体往上减少（多以赤铁矿在磁铁矿体边部或者磁铁矿边界产出为特征）的地质现象是吻合的。结合本书中后面认为的铁成矿物质源于伴随基性岩浆上升的富硅碱流体，在基性岩浆侵位后由于富硅富碱的流体、富 CO_2 的流体逃逸而成岩，并对随后反复脉动式输入富含铁的富硅碱和碳酸盐流体进行圈闭，而在铁矿区深部形成“磁铁矿 + 赤铁矿”矿体，作者推测这主要与铁矿区深部贯入的某一批富硅碱流体（富含铁的）、富 CO_2 的流体本身氧逸度总体相对高有关。而磁铁矿体中也可见少量赤铁矿在磁铁矿体边部或者磁铁矿边界产出，可能为磁铁矿沉淀后，残余的流体继续沿矿体或者磁铁矿边缘活动，之后随温度逐渐降低，流体向热液性质过渡，氧逸度升高，赤铁矿在磁铁矿体边部或者磁铁矿边界沉淀造成，同时也得到了本书中前面已介绍的铁矿石铂族元素地球化学、磁铁矿元素地球化学反映了主成矿期形成的磁铁矿早期主要受岩浆作用控制，随后热液作用影响强烈的证据支持。

6.2.4　含铁脉石矿物中 FeO^T、Fe_2O_3、FeO 含量变化的受控因素

矿区不同岩矿石中普通角闪石、黑云母、铁铝榴石中 FeO^T、Fe_2O_3、FeO 含量变化有矿物组合中随着含铁矿物如 Mt、Ilm、Cpy、Sd、Bi、Ank、Gt 等含量增加，其他矿物（主要反映在脉石矿物上）中铁含量则相对偏低。此外，矿区岩矿石中长石电子探针分析可知普遍为钠长石，而富 CO_2 的流体、富含铁质的富硅碱流体交代先存的透镜状、团块状矿物集合体或者矿物大晶体等现象普遍，并出现磁铁矿在矿物大晶体、透镜状、团块状矿物集合体内或周围堆积现象。据以往的报道，如华北洛峡矿区，经全岩分析后原闪长岩中全铁为 5.26%，钠化后全铁下降到 2.5%（钱锦和和沈远仁，1990），推测可能为钠化使得铁从闪长岩的含铁矿物中析出造成。因此，矿区的这种现象可能与钠化析铁有关（图 6-19）。

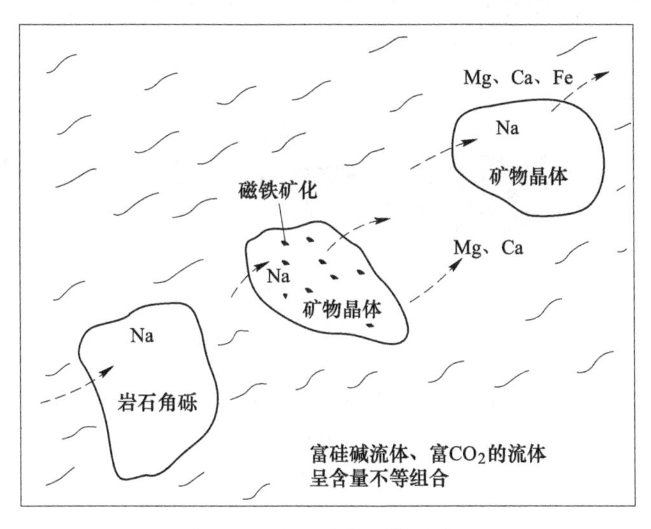

图 6-19　矿区钠化析铁示意图

6.3　成矿期与超大陆关系

已有的研究表明，扬子地块在古元古代（2.4~1.85Ga 期间）经历了陆-弧-陆碰撞及裂解过程（Wu et al.，2012；李一鹤，2016），演化过程见图 6-20。简述如下：

（1）地壳再造阶段（2.4~2.2 Ga）：扬子地块中东部、西部一样，各构成独立的微陆块，发育太古宙基底（Wu et al.，2012），并持续发生着地壳再造过程（图6-20a）。

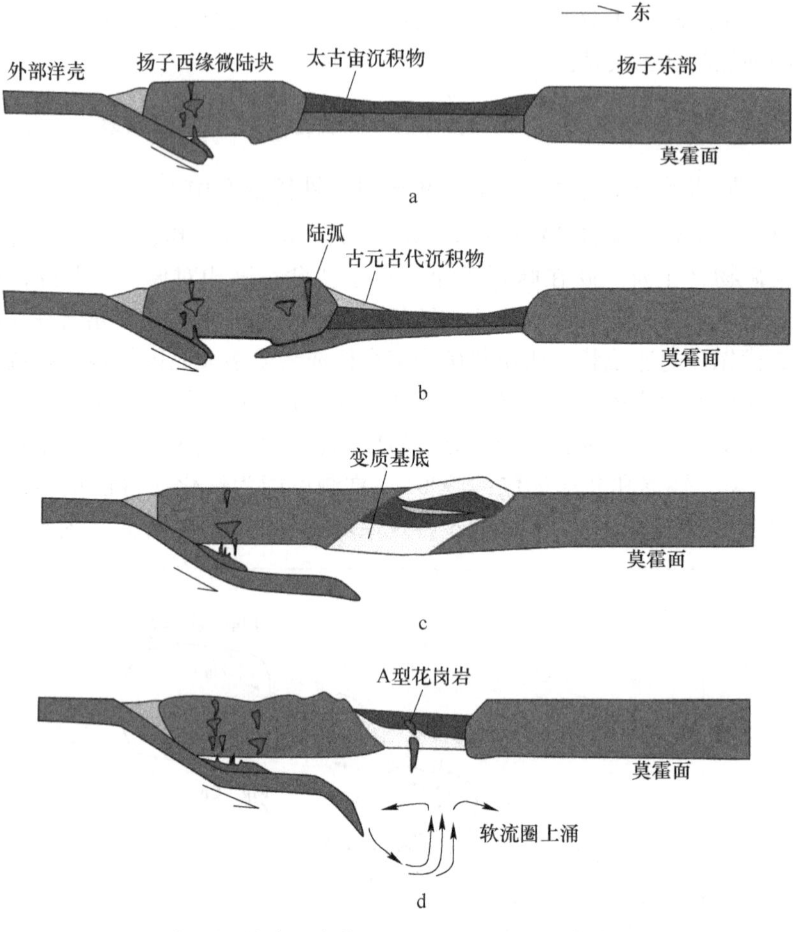

图6-20　扬子地块古元古代（2.4~1.85 Ga）地壳演化示意图
（据 Zhao et al.，2011；李一鹤，2016）
a—2.4~2.2Ga；b—2.2~2.1Ga；c—约2.0Ga；d—约1.85Ga

（2）岛弧成因的生长及再造阶段（2.2~2.1 Ga）：扬子地块西部形成了后河2.1 Ga岛弧花岗质岩石，后期变质为片麻岩，并为崆岭变沉积岩提供了部分物源（图6-20b）。

（3）扬子西部与东部碰撞阶段（约2.0 Ga）：以崆岭杂岩中发现的2.0 Ga同碰花岗岩为证据，并为Yin等（2013）研究该同碰撞花岗岩中斜长角闪石的温压计算得到的顺时针P-T-t轨迹所记录（图6-20c）。

（4）伸展作用开始阶段（约1.85 Ga）：Peng等（2009）在扬子北缘发

现（1854±17）Ma 的 A 型花岗岩与（1852±11）Ma 的基性岩脉，并认为属碰撞后伸展环境下的产物，指示在约 1.85 Ga 扬子地块发生了由碰撞挤压向伸展作用的构造转换（图 6-20d）。

6.3.1 Columbia 超大陆裂解作用与扬子地块响应

1.7~1.5 Ga 期间，扬子西南缘东川群发育完整的河流冲积扇-深海盆地沉积系列，属典型的大陆裂谷环境沉积产物（Wang，2014）。1.7~1.66 Ga 双峰式火山岩和伴生的基性岩体为大陆内裂谷环境产物（Zhao et al.，2010；Chen et al.，2013；Chen et al.，2013；Chen et al.，2013）；在扬子板块发现了 1.5 Ga 与地幔柱作用相关的铁镁质岩浆 Fe-Ti-V 矿床（Fan et al.，2013）；除此之外，扬子西南缘 1.7~1.5 Ga 期间大陆裂谷环境与世界上其他前寒武纪克拉通中元古代 1.6~1.3 Ga 广泛发育非造山岩浆作用耦合，表明扬子西南缘经历过 Columbia 超大陆裂解相关大陆裂谷和地幔相关的岩浆事件。关于 Columbia 超大陆的裂解与成矿方面，晚早元古代-早中元古代期间，除扬子西南缘之外，全球广泛分布着许多超大型的铁铜多金属矿床，包括 Cloncurry、Olympic Dam 和 Kiruna 地区（Hitzman et al.，1992；Hitzman et al.，2000；Williams et al.，2005；Groves et al.，2010）。Groves 等（2010）认为前寒武纪铁铜多金属矿床形成主要与源于地幔的岩浆广泛底侵、上涌、交代次大陆岩石圈地幔作用有关。

综上，结合矿区辉长岩侵位年龄（1659~1643Ma）与构造环境判别，可能反映了辉长岩为与 Columbia 超大陆裂解有关的大陆裂谷环境形成。结合前文成矿年代研究，推断扬子西南缘大红山矿床主期成矿期（约 1656Ma）成矿与 Columbia 超大陆裂解作用有关，可能构成了该期全球构造-成矿事件的一部分。因此，矿区的基性岩浆活动-流体成矿事件可能与软流圈上涌有关。

6.3.2 脉状铁铜矿化与 Grenvillian 造山、Rodinia 超大陆关系

扬子板块西缘产出一系列约 1.0 Ga 的会理群、昆阳群地层不整合覆盖于大红山岩群、东川群和河口群地层之上，可见其约 1.0 Ga 的地层中含大量火成岩，其中基性侵入岩锆石 U-Pb 年龄约为 1.0 Ga（Geng et al.，2007；Greentree et al.，2006；Zhang et al.，2007）。Li 等（2002，2008）认为这些火成岩石为 Grenvillian 造山带运动在华南板块的产物，其地球化学特征属于板内成因火成岩（Geng et al.，2007；Wang et al.，2014；Zhang，et al.，2006；Chen et al.，2014）。王生伟等（2013）研究会东莱园子Ⅰ、Ⅲ号花岗岩中的锆石 U-Pb 定年及地球化学特征，得出花岗岩年龄分别为（1040.6±6.11）Ma 和（1063.2±6.9）Ma，并认为此花岗岩的成因属扬子西南缘在 Grenvillian 造山期碰撞后板内伸展环境下由深部侵位的基性岩浆引发的古老的基底地层熔融形成。这也得到了东川白锡腊深部碱性

钛铁质辉长岩的锆石 U-Pb 年龄为（1047±15）Ma、（1067±20）Ma（方维萱等，2013）的证实。也有少数学者认为东川约 1.0Ga 的碱性钛铁质辉长岩形成时代与白锡腊矿区钛铁矿-金红石矿体形成时代一致，反映扬子地台的钒钛磁铁矿成矿作用可能持续到中元古代晚期，即 Columbia 超大陆裂解可能持续至约 1.0 Ga（Chen et al.，2013），但仍缺乏约 1.0 Ga 期相关的基性岩年龄、地球化学证据支持。因此，扬子西南缘约 1.0Ga 的基-酸性侵入岩的锆石 U-Pb 年龄、地球化学证据共同证实了 Grenvillian 造山运动的存在。此外，Rodinia 超大陆裂解期 830~750Ma（李献华等，2012），在扬子地台西南缘有诸多 Rodinia 超大陆裂解事件的年龄、岩石地球化学的证据：汪正江等（2011）研究认为峨边县地区（826±21.4）Ma 的 A 型花岗岩为 Rodinia 超大陆裂解背景下与地幔柱相关的壳幔相互作用形成；川西南地区下田坝花岗岩的锆石 U-Pb 定年、地球化学特征表明其为 801~769Ma 板内伸展环境形成（武昱东等，2014；程佳孝等，2014）。因此，推断大红山矿床中叠加矿化期（1100~800Ma）具黄铜矿矿化的石英脉可能为 Grenvillian 造山运动背景下的碰撞后板内伸展环境形成，具铁、铜矿化的方解石脉可能属 Rodinia 超大陆裂解期板内伸展环境产物。

6.4 矿体定位机制探讨

6.4.1 矿床形成机制探讨

6.4.1.1 *矿区岩浆-流体活动通道讨论*

矿区大地构造位置处于扬子地块西南缘“康滇铜成矿带”，矿床位于近南北向的绿汁江断裂与红河断裂的夹持部位。

矿区也发育近 EW 向的深大断裂，且矿体受成矿前的 F_1 断层及受 F_1 断层所制约的岩浆通道所控制。另外，红山岩组“变钠质熔岩”（钠长石岩）、曼岗河岩组“白云石大理岩”（钠长石碳酸岩）中铁白云石/白云石的碳氧同位素研究表明，从岩浆活动中心向外，其 $\delta^{18}O$、$\delta^{13}C$ 值有规律的变化，支持了矿区岩浆-流体活动通道存在的可能。

6.4.1.2 *矿体的赋矿岩石*

从赋矿岩石的岩性来看，“大红山式”铁铜矿整体上受古元古代晚期的辉长岩-交代蚀变岩（钠长石岩、钠长石碳酸岩、铁铝榴石矽卡岩）控制（图 3-24~图 3-30）。其中，铁矿与钠长石岩关系密切，而铜矿则与铁铝榴石矽卡岩有关。

另外，从其蚀变特征上看，钠化、硅化、碳酸盐化也与铁矿和铜矿关系密切，主要表现为：钠化与铁矿关系密切，为铁矿体的赋矿岩石普遍钠长石化；钾化与铜矿关系密切，为铜矿体的赋矿岩石普遍黑云母化。

6.4.1.3 *矿体空间展布特征讨论*

铁矿区富铁矿体（也被称为深部铁矿）的周围明显为蚀变辉长岩岩体所包

围（图 3-24、图 3-28、图 3-29），且蚀变辉长岩岩体边部也常过渡为铁矿化的蚀变微晶辉长岩，可能反映了辉长岩岩体对形成铁矿的流体起到了圈闭作用。此外，深部铁矿赋存在底巴都背斜南翼次级大红山向斜转折部位，形态与大红山向斜产状一致，具东端翘起、向南西方向倾伏，整体呈“船状”（图 3-23）；而其他贫铁矿体，包括呈浸染状、角砾状（也被称为豹皮状）、条带状等产出的铁矿石，分布则相对不具规律，所有红山岩组的交代蚀变岩（包括蚀变辉长岩）中均有可能产出。

铜矿区铜矿体沿底巴都背斜南翼薄弱面产出，其矿体之上为曼岗河岩组顶部“大理岩”（钠长石碳酸岩）所隔挡，之下可见石英斑岩，且铜矿体在曼岗河岩组顶部“大理岩”之上和石英斑岩之下仅局部可见或者甚至没有（图 3-30），铜矿体总体上呈层状、似层状产出（图 3-23、图 3-28~图 3-30）。这说明在铜矿区其“大理岩”（钠长石碳酸岩）和石英斑岩对于形成铜矿的流体起到了隔挡作用。

6.4.1.4 矿相学、岩矿石地球化学、年代学及同位素地球化学指示

（1）矿区辉长岩侵位年龄为 1659~1643Ma，石英斑岩侵位年龄为约 1673Ma，两者在误差范围内，时间一致。在铁矿区可见磁铁矿石（矿石中脉石矿物为钠长石、石英）与钠长石碳酸岩相互包裹与穿插，且矿区主要赋矿岩石中也常见微粒钠长石-铁白云石/白云石-石英-黑云母-角闪石-磁铁矿呈含量不等组合，这说明矿区存在富硅碱和碳酸盐流体（富含铁），且两者表现出“不混溶”的特点。在此基础上，结合矿区蚀变辉长岩和铁矿石地球化学研究，我们推断矿区岩浆活动与流体活动几乎是同时的。

（2）主成矿期（约 1656Ma）成矿可能与 Columbia 超大陆裂解有关。叠加矿化期：具矿化脉中黄铜矿 Re-Os、方解石 Sm-Nd 同位素定年反映了矿床经历过 1100~800Ma 的矿化叠加，可能为 Grenvillian 造山运动背景下的碰撞后板内伸展环境和 Rodinia 超大陆裂解期板内伸展环境形成。

（3）铁矿石铂族元素、磁铁矿地球化学、磁铁矿氧同位素研究显示：据磁铁矿中氧同位素研究指示铁为地幔来源，铁矿石铂族元素、磁铁矿地球化学研究暗示了主成矿期铁矿石早期主要受岩浆作用过程控制，晚期遭受强烈的热液作用改造，而叠加矿化期中脉状矿化阶段的铁矿石则受热液作用主控；据黄铜矿中硫同位素、Re 研究，指示黄铜矿为壳幔混合来源，且以地壳为主。

6.4.1.5 成矿过程中氧逸度变化以及钠化析铁

通过铁矿区不同中段、不同矿带中磁铁矿和矿区铁矿体、铜矿体的赋矿岩石中含铁矿物的 Fe_2O_3 含量、FeO 含量、Fe_2O_3/FeO、Fe^{3+}/Fe^{2+} 的变化研究，我们目前认为成矿过程中氧逸度变化可能主要受反复脉动式输入的不同批富硅碱（富含铁）和富碳酸盐流体本身氧逸度高低控制，其次可能也受到了红山岩组、曼岗

河岩组中原来的岩石地层中不同层位岩石的影响。

在主要赋矿岩石中，含铁矿物如角闪石、黑云母、铁铝榴石等中 FeO^T、Fe_2O_3、FeO 含量变化也有随矿物组合其他含铁矿物如 Mt、Ilm、Cpy、Sd、Bi、Ank、Gt 等含量增加，铁含量则相对不同部位的同中矿物偏低，暗示了可能与同一流体环境形成有关，外加矿区岩石具普遍的钠化现象，推断含铁矿物的这种铁含量变化为钠化析铁造成。

6.4.1.6　富硅碱和碳酸盐流体可能的源区及性质讨论

从区域成矿背景看，在早古元古代（2.4~1.85 Ga）期间，发生了古洋壳板片向扬子地块下俯冲事件（Zhao X F and Zhou M F，2011；Wu Y B et al.，2012；李一鹤，2016），这一事件可能打破了扬子地块深部地幔物质与能量体系平衡，诱发了地幔流体作用，导致原始地幔逐渐向不均匀的岩石圈地幔过渡（Zhao X F.，2010；Hu A Q et al.，1991；王生伟等，2013；王冬兵等，2013；杨红等，2014）。推测在古元古代晚期—中元古代早期，因扬子地块伴随 Columbia 超大陆裂解作用，导致深部的地幔软流圈物质上涌，使不均匀的岩石圈地幔源区岩石发生低部分熔融形成基性岩浆和具熔浆性质的富铁地幔流体，甚至可能还有一定量的富硅碱流体。

这种富铁的不混溶富硅碱和碳酸盐流体源区：据云南省地质矿产局第一地质大队 1983 年对矿区钠长石碳酸岩（原主要被称为“白云石钠长岩”）中碳酸盐矿物研究的 $\delta^{13}C$ 值-3.29‰~0.86‰，这与海相碳酸盐矿物的 $\delta^{13}C$ 值（-2‰~2‰）大致相似，少数 $\delta^{13}C$ 值稍偏负，推测可能与有机质加入有关，指示碳源来自海相碳酸盐；已有矿石中磁铁矿的 $\delta^{18}O$ 值 2.3‰~5.5‰处于许多岩浆或火山-岩浆型矿床中磁铁矿的 $\delta^{18}O$ 值 2.3‰~6.8‰范围内，暗示铁源于地幔。上述矿物的同位素组成特征说明，这种富铁的不混溶富硅碱和碳酸盐流体属壳幔混合来源。

6.4.1.7　矿床类型讨论

大红山铁铜矿床与 IOCG 矿床确实具有很大的相似性，但所表现出的一些现象也与 IOCG 矿床明显不同，例如：矿床中钛含量相对较高，甚至可见磁铁矿与钛铁矿呈固溶体分离结构；铁矿石与蚀变辉长岩地球化学特征也指示两者具相似的源区，且铁矿区深部铁矿体也被蚀变辉长岩岩体所包围。说明矿床这些特征确实与传统的以奥林匹克坝为代表的具有低钛、成矿与基性侵入岩关系不清等现象不符。此外，据矿区铁、铜矿体的赋矿岩石学研究，红山岩组交代蚀变岩中的矿物晶体或者团块之间并不具有可拼性，不同于以往所认识的隐爆角砾岩，由此可见，铁矿区铁矿为隐爆角砾岩型矿床的认识也是不合理的。

综合本书研究，目前我们认为大红山铁铜矿床主成矿期（约 1656Ma）成矿可能与 Columbia 超大陆裂解有关，处大陆裂谷环境，矿区交代蚀变岩（包括蚀变辉长岩）、铁铜矿体为最初与基性岩浆共存并共同运移的含矿地幔流体向上运移至地壳过程中与沿途的岩石发生地幔流体交代作用引发壳幔混染逐渐形成壳幔混合流体（即富硅碱和碳酸盐流体（富含矿质）），并伴随基性岩浆侵位至矿区地表，沿其原地层（主要为红山岩组和曼岗河岩组中原来的岩石地层）的薄弱带充填或者交代其不同层位的不同岩石产物，矿床属壳幔流体参与形成的交代型矿床。

6.4.2 成矿过程分析

综合上述研究，并结合矿区地质背景和相关研究资料，笔者初步认为大红山矿床铁、铜矿体的形成，其主要过程大致如下：

（1）Columbia 超大陆裂解期，时间约为 1656Ma，大陆裂谷环境下壳幔流体参与交代成矿：

1）扬子地块西南缘大红山矿区铁、铜矿体主体和交代蚀变岩（包括蚀变辉长岩）可能属于约 1656Ma 期间大陆裂谷环境下，由地幔中基性岩浆、富铁地幔流体共同沿深大断裂向上运移至浅部地壳过程中，不断与沿途岩石发生地幔流体交代作用，引发壳幔混染逐渐形成富铁的不混溶富硅碱和碳酸盐流体，当运移至一定深度后形成岩浆房，基性岩浆先侵位至矿区地表，稍后这种富铁的不混溶富硅碱和碳酸盐流体沿岩浆通道贯入辉长岩岩体包围的内部空间，由于流体不断的推挤和对侵位的辉长岩体或原红山组地层的某些部位进行强烈交代混染，并在某些部位结晶析出形成铁矿体和交代蚀变岩，随着这种不混溶的流体反复脉动式输入，逐渐形成了铁矿区由蚀变辉长岩圈闭富铁矿体的类似“穹隆构造”（杨巍然等，1981；马长信，1981；吴文革和谢卫红，2005；高阳等，2012）。

2）当原岩浆通道被堵塞后，这种流体只能沿原曼岗河组顶部碳酸盐岩（现称为“大理岩”）地层之下的薄弱带分批贯入，这可能造成了辉长岩岩体的破碎，加上对其原曼岗河组地层进行强烈交代混染，在大红山岩群的某些部位结晶析出形成贫铁矿体和铁铝榴石矽卡岩，后随岩浆房中铁逐渐耗尽，地壳物质（如地层或海水硫酸盐中硫、地壳中铜）的加入，使流体中逐渐富集铜，并分批贯入，逐渐形成了铜矿区贫铁的铜矿体和蚀变辉长岩岩体残片。同时，这也造就了现今大红山矿区上铁下铜的空间展布。

（2）矿区在 Grenvillian 造山运动背景下的碰撞后板内伸展环境和 Rodinia 超大陆裂解期板内伸展环境下，形成后期脉状矿化叠加。

（3）矿区可能受区域动力热变质作用影响。铜矿区岩石较软，变形程度大，致使岩矿石中矿物破碎、部分矿物重结晶、矿物定向具片状构造。铁矿区由于硬度较大，仅有少数矿物重结晶，矿物弱定向与岩石变形均较弱。

6.4.3 矿体空间定位机制

6.4.3.1 主成矿期约 1656Ma 的铁、铜矿体

矿区主成矿期铁、铜矿体的控矿虽然与前人提出的穹隆构造控矿有所不同（杨巍然等，1981；马长信，1989；吴文革和谢卫红，2005；高阳等，2012），但也表现出一定的相似性，可以考虑铁矿区铁矿体受类似“穹隆”构造控制，大致表现为：当富硅碱和碳酸盐流体伴随基性岩浆沿伸展的深大断裂上升侵位至矿区地表薄弱带，随后富硅碱和碳酸盐流体反复脉动式的输入基性岩浆的圈闭层内红山岩组的构造膨大部位，随着这种壳幔混合流体的逐渐增多并在自身的内压力驱动下向四周推挤和出溶气体的体积膨胀，使得尚未完全固结的基性岩浆向周围扩张而圈闭的空间逐渐增大，与此同时铁质也不断堆积，形成“船状”铁矿体后流体通道被堵塞，随后而来的壳幔混合流体便沿曼岗河岩组的薄弱带贯入形成铁铜矿体、铜矿体，因此使大红山矿床中矿体呈现出了现今上铁、下铜的空间展布特征，也形成了大型大红山矿床中的赋矿岩石和铁、铜矿体整体格架。

上述特征说明大红山矿床成矿作用发生在混沌边缘（於崇文，1999a，b），或者罗照华等（2004，2006，2007）理解的物理化学边界层，具体表现为矿区蚀变辉长岩岩体圈闭部位、构造膨大部位或者薄弱带、钠长石碳酸岩等。同时，我们综合目前研究认为矿区铁、铜矿体的空间定位明显受基性岩浆-流体活动通道、“穹隆”构造及成矿前的构造膨大部位或者薄弱带综合控制。

6.4.3.2 叠加矿化期 1100~800Ma 的铁、铜矿化脉

矿区叠加矿化期 1100~800Ma 的铁、铜矿化在空间展布上相对无规律，表现为沿矿区的构造裂隙呈脉状、透镜状叠加赋矿岩石及主成矿期矿石。其中，矿区在 Grenvillian 造山运动背景下的碰撞后板内伸展环境下，具黄铜矿矿化的石英脉中黄铜矿 Re-Os 年龄约 1100Ma 能否代表其形成年龄目前仍不清，在此便不多做讨论；而 Rodinia 超大陆裂解期板内伸展环境下，具铁、铜矿化的方解石脉年龄约 800Ma，据研究推测为深部热流活动过程中萃取了一定量的矿区赋矿岩石和铁铜矿石中的铁、铜后在矿区的构造裂隙中析出而形成具铁、铜矿化的方解石脉。

7 结　论

（1）大红山矿区铁、铜矿体的主要赋矿岩石的岩性并非火山岩，而是由伴随基性岩浆上升的不混溶富硅碱和碳酸盐流体交代混染辉长岩岩体或原地层岩石在大红山岩群的某些部位形成产物，即交代蚀变岩（包括蚀变辉长岩），主要有钠长石岩、铁铝榴石矽卡岩、钠长石碳酸岩、蚀变辉长岩。矿区广泛分布的所谓“辉长辉绿岩”主体实际上是蚀变辉长岩。

（2）矿区蚀变辉长岩及其他交代蚀变岩的化学成分主要属于碱性系列，而酸性石英斑岩主要为钙碱性系列。矿区的所谓“石英钠长石斑岩”实际上为石英斑岩。

（3）铁矿化钠长石岩（DFe1413）中岩浆锆石年龄数据的$^{207}Pb/^{206}Pb$加权平均年龄为（1656±16）Ma，代表钠长石岩中被捕获的岩浆锆石结晶的年龄；蚀变辉长岩（DFe1406）年龄数据的$^{207}Pb/^{206}Pb$加权平均年龄为（1643±19）Ma，代表辉长岩的侵位年龄；石英斑岩（DFe14106）年龄数据的$^{207}Pb/^{206}Pb$加权平均年龄为（1673±20）Ma，代表其侵位年龄；蚀变辉长岩（DFe1454）中变质锆石获得$^{207}Pb/^{206}Pb$年龄加权平均值为（748.9±5.7）Ma，代表大红山岩群经历的变质作用发生于距今大约750Ma的新元古代时期。推断矿区辉长岩（1659～1643Ma）为与Columbia超大陆裂解有关的大陆裂谷环境形成。

（4）磁铁矿$\delta^{18}O$值为2.3‰～5.5‰，与磁铁矿共生的石英的$\delta^{18}O$平均值为10.1‰，计算获得的磁铁矿平衡水的$\delta^{18}O$值为7.3‰～11.7‰，磁铁矿化的方解石脉中方解石$\varepsilon_{Nd(818Ma)}$为-6.3～-6.2，平均值为-6.21，接近于0，上述特征表明铁成矿物质为地幔来源。铁铜矿石中黄铜矿$\delta^{34}S$值为-3.3‰～12.4‰，平均值为5.88‰，石英脉中黄铜矿的Re含量（0.260×10^{-9}～77.513×10^{-9}）变化较大、低的普通Os含量（0.0092×10^{-9}～0.051×10^{-9} Os）、高放射性的^{187}Os及高的$^{187}Re/^{187}Os$比值（85.9～70917），表明铜成矿物质具壳幔混合来源特征，且以地壳物质为主。

（5）矿区铁矿石的铂族元素地球化学、磁铁矿元素地球化学显示主成矿期中磁铁矿成矿早期受岩浆作用主控，晚期热液作用逐渐增强，叠加矿化期的脉状矿化阶段中磁铁矿则受热液作用主控。

（6）大红山铁铜矿床为两期叠加矿化所形成。钠长石碳酸岩与磁铁矿石表现出“不混溶”的特点，推断岩浆活动与流体活动几乎是同时的，铁矿化的钠长石岩中被捕获的岩浆锆石 U-Pb 同位素年龄约 1656Ma 可大致代表主期成矿年龄。石英脉中黄铜矿 Re-Os 年龄为（1115±28）Ma（MSWD=0.12），具磁铁矿、黄铜矿矿化的方解石脉中方解石 Sm-Nd 同位素等时线年龄为（818±3）Ma（MSWD=1.3），反映矿床经历过 1100~800Ma 的矿化叠加。

（7）该矿床主成矿期（约 1656Ma）成矿可能与 Columbia 超大陆裂解有关，处大陆裂谷环境，属壳幔流体参与交代成矿的产物，富硅碱和富碳酸盐流体（富含矿质）伴随基性岩浆活动，并沿基性岩浆通道分批贯入构造膨大部位、地层薄弱带或交代不同层位的不同岩石，铁矿化+铜矿化在空间上叠加形成。

参考文献

[1] 程裕淇，赵一鸣，陆松年．中国几组主要铁矿类型［J］. 地质学报，1978，4：253-268.

[2] 陈毓川，盛继福，艾永德．梅山铁矿一个矿浆热液矿床［J］. 中国地质科学院院报矿床地质研究所所刊，1981，2（1）：26-48.

[3] 陈光远，孙岱生，殷辉安．成因矿物学与找矿矿物学［M］. 重庆：重庆出版社，1987：1-379.

[4] 陈德潜．论香花岭花岗岩的成因与稀土元素地球化学特征［A］. 中国地质科学院矿床地质研究所文集（20）［C］. 1987：14.

[5] 常印佛，刘湘培，吴言昌．长江中下游铜铁成矿带［M］. 北京：地质出版社，1991：1-379.

[6] 陈道公，李彬贤，支霞臣，等．江苏六合橄榄岩包体的矿物化学、稀土元素组成及其意义［J］. 岩石学报，1994（1）：68-80.

[7] 程裕淇，赵一鸣，林文蔚．中国铁矿床［M］. 北京：地质出版社，1994：386-479.

[8] 曹荣龙，朱寿华．地幔流体与成矿作用［J］. 地球科学进展，1995，10（4）：323-329.

[9] 储雪蕾．地幔的碳同位素［J］. 地球科学进展，1996，11（5）：446-452.

[10] 曹德斌．南甘—西拉河地区大红山岩群的变质作用特征［J］. 云南地质，1997，6（2）：184-191.

[11] 陈运轩．同位素地球化学在确定大冶铁矿成矿物质来源中的应用［J］. 武汉工程职业技术学院学报，1997，（2）：11-17.

[12] 陈毓川，裴荣富，宋天锐，等．中国矿床成矿系列初论［M］. 北京：地质出版社，1998：1-104.

[13] 储雪蕾，孙敏，周美夫．化学地球动力学中的铂族元素地球化学［J］. 岩石学报，2001（1）：112-122.

[14] 陈毓川．建立我国战略性矿产资源储备制度和体系［J］. 国土资源，2002（1）：21-25.

[15] 程裕淇．程裕淇文选［M］. 北京：地质出版社，2005.

[16] 陈毓川，王登红，盛继福．全国重要矿产和区域成矿规律研究技术要求［M］. 北京：地质出版社，2010：130-179.

[17] 程佳孝，罗金海，武昱东，等．滇东北下田坝花岗岩年代学、地球化学及其构造意义［J］. 地质学报，2014，88（3）：337-346.

[18] 程佳孝．滇东北新元古代花岗质岩浆作用及其构造意义研究［D］. 西安：西北大学，2014.

[19] 杜乐天．幔汁 H-A-C-O-N-S 流体［J］. 大地构造与成矿学，1988，12（1）：87-94.

[20] 丁振举，姚书振，方金云．地幔流体及其成矿作用［J］. 地质科技情报，1997，16（1）：72-76.

[21] 董申保，田伟．埃达克岩的原义、特征与成因［J］. 地学前缘，2004（4）：585-594.

[22] 董连慧，李凤鸣，屈迅．2008 年新疆地质矿产勘查主要成果及国土资源部与新疆维吾尔自治区“358 项目”工作部署［J］. 新疆地质，2009，27（1）：1-4.

[23] 段超，李延河，袁顺达，等．宁芜矿集区凹山铁矿床磁铁矿元素地球化学特征及其对成

矿作用的制约［J］. 岩石学报，2012（1）：243-257.
［24］方维萱，杨新雨，郭茂华，等．云南白锡腊碱性钛铁质辉长岩类与铁氧化物铜金型矿床关系研究［J］. 大地构造与成矿学，2013，2：242-261.
［25］耿元生，杨崇辉，王新社，等，扬子地台西缘结晶基底的时代［J］. 高校地质学报，2007，3：429-441.
［26］耿元生，杨崇辉，王新社，等．扬子地台西缘变质基底演化［M］. 北京：地质出版社，2008：1-215.
［27］高阳，范洪海，陈东欢，等．白岗岩型铀矿床：构造和岩浆作用耦合的产物［J］. 2012，48（5）：1058-1066.
［28］黄崇轲，白冶．中国铜矿床［M］. 北京：地质出版社，1999.
［29］侯增谦，韩发，夏临沂，等．现代与古代海底热水成矿作用［M］. 北京：地质出版社，2003：62-88.
［30］胡受奚，叶瑛，方长泉．交代蚀变岩岩石学及其找矿意义［M］. 北京：地质出版社，2004：1-104.
［31］胡书敏，张荣华，张雪彤．上地幔超高压流体的金刚石压砧实验研究［J］. 地质学报，2006，80（10）：1588-1597.
［32］胡文洁，田世洪，王素平，等．四川牦牛坪稀土矿床碳酸盐 Sm-Nd 等时线年龄及其地质意［J］. 矿产与地质，2012，26（3）：237-241.
［33］侯林，丁俊，邓军，等．滇中武定迤纳厂铁铜矿床磁铁矿元素地球化学特征及其成矿意义［J］. 岩石矿物学杂志，2013（2）：154-166.
［34］何朝鑫，陈翠华，李佑国，等．青海省都兰县双庆铁矿床磁铁矿地球化学特征及成因意义［J］. 矿物学报，2015（3）：359-364.
［35］蒋睿卿．新疆铁矿资源特征及潜力分析［J］. 新疆钢铁，2011，2：9-12.
［36］林师整．磁铁矿矿物化学、成因及演化的探讨［J］. 矿物学报，1982（3）：166-174.
［37］李万亨，杨昌明．冀东滦县地区前震旦纪海底火山沉积变质铁矿的古构造及地球化学环境［J］. 地球科学，1983（3）：117-126.
［38］卢民杰．川西-滇东地区早元古宙变质岩系及其区域变质作用与地壳演化［J］. 长春地质学院学报，1986（3）：12-22.
［39］梁祥济，李德兴，张仲明，等．交代岩与其有关铁矿形成的铁质来源的模拟实验［J］. 矿床地质，1987，6（2）：63-76.
［40］黎彤，倪守斌．地球和地壳的化学元素丰度［M］. 北京：地质出版社，1990：10-25.
［41］林文蔚，彭丽君．由电子探针分析数据估算角闪石、黑云母中的 Fe^{3+}、Fe^{2+}［J］. 长春地质学院学报，1994（2）：155-162.
［42］刘丛强，黄智龙，李和平，等．地幔流体及其成矿作用［J］. 地学前缘，2001，8（4）：231-243.
［43］刘小荣，董守安．铂族元素和金的硫化镍试金预富集在现代仪器分析方法中的应用［J］. 贵金属，2002（1）：45-52.
［44］罗照华，白志达，赵志丹，等．塔里木盆地南北部新生代火山岩成因及其地质意义［J］. 地学前缘，2003，10（3）：179-189.

[45] 郑度，姚檀栋．青藏高原隆升与环境效应［M］．北京：科学出版社，2004：117-163.
[46] 李文博，黄智龙，王银喜，等．会泽超大型铅锌矿田方解石 Sm-Nd 等时线年龄及其地质意义［J］．地质论评，2004，50（2）：189-195.
[47] 罗照华，莫宣学，侯增谦，等．青藏高原新生代形成演化的整合模型——来自火成岩的约束［J］．地学前缘，2006，13（4）：196-211.
[48] 刘庆，侯泉林，周新华，等．阜新中生代火山岩的铂族元素特征——以碱锅和乌拉哈达伟例［J］．岩石矿物学杂志，2006，25（1）：33-39.
[49] 罗照华，莫宣学，卢欣祥，等．透岩浆流体成矿作用——理论分析与野外证据［J］．地学前缘，2007，14（3）：165-183.
[50] 李佑国．基于“3S”技术的攀西地区铜镍铂族元素矿床找矿靶区筛选［D］．成都：成都理工大学，2007.
[51] 罗照华，卢欣祥，郭少峰，等．透岩浆流体成矿体系［J］．岩石学报，2008a，24（12）：2669-2678.
[52] 罗照华，卢欣祥，王秉璋，等．造山后脉岩组合与内生成矿作用［J］．地学前缘，2008b，15（4）：1-12.
[53] 罗照华，卢欣祥，陈必河，等．透岩浆流体成矿作用导论［M］．北京：地质出版社，2009.
[54] 刘峰．新疆阿尔泰阿巴宫—蒙库一带铁矿床成矿作用与成矿规律研究［D］．北京：中国地质科学院，2009.
[55] 刘显凡，蔡永文，卢秋霞，等．滇西地区富碱斑岩中地幔流体作用踪迹及其成矿作用意义［J］．地学前缘，2010，17（1）：114-136.
[56] 刘军，靳淑韵．辽宁弓长岭铁矿磁铁富矿的成因研究［J］．现代地质，2010，24（1）：80-88.
[57] 林龙华，徐九华，单立华，等．新疆蒙库铁矿床的变形变质及其成矿作用［J］．岩石学报，2010（8）：2399-2412.
[58] 李献华，李武显，何斌．华南陆块的形成与 Rodinia 超大陆聚合—裂解［J］．矿物岩石地球化学通报．2012，31（6）：529-546.
[59] 刘恒．四川省会东地区铁铜多金属矿成矿条件分析［D］．成都：成都理工大学，2014.
[60] 陆蕾，冯文杰，董江涛．云南大红山铁铜矿床隐爆角砾岩的岩石学特征［J］．成都理工大学学报（自然科学版），2014，41（5）：640-644.
[61] 李一鹤．扬子克拉通太古宙至古元古代地壳演化过程研究［D］．北京：中国地质大学，2016.
[62] 李俊，丁俊，牛浩斌，等．滇西北衙金多金属矿床磁铁矿元素地球化学特征及其对成矿作用的制约［J］．矿床地质，2016（2）：395-413.
[63] 马长信．关于彭山高挥发分花岗岩底辟弯窿构造及其控矿作用［J］．地质论评，1989，35（2）：127-135.
[64] 毛景文，李晓峰，张荣华，等．深部流体成矿系统［M］．北京：中国大地出版社，2005.
[65] 毛景文，余金杰，袁顺达．铁氧化物-铜-金（IOCG）型矿床：基本特征、研究现状与找

矿勘查［J］. 矿床地质，2008，27（3）：267-278.

［66］庞维华，任光明，孙志明，等. 扬子地块西缘古—中元古代地层划分对比研究：来自通安组火山岩锆石 U-Pb 年龄的证据［J］. 中国地质，2015，42（4）：921-936.

［67］钱锦和，沈远仁. 云南大红山古火山岩铁铜矿因［N］. 地质专报：矿床与矿产，1983，第 15 号，12.

［68］钱锦和，沈远仁. 云南大红山古火山岩铁铜矿［M］. 北京：地质出版社，1990：1-183.

［69］邱华宁，孙大中. 东川铜矿床同位素地球化学研究：Ⅱ. Pb-Pb，$^{40}Ar/^{39}Ar$ 法成矿年龄测定［J］. 地球化学，1997，26（2）：39-45.

［70］邱华宁，孙大中，朱炳泉，等. 东川汤丹铜矿床石英真空击碎及其粉末阶段加热 ^{40}Ar-^{39}Ar 年龄谱的含义［J］. 地球化学，1998，27（4）：335-343.

［71］漆亮，胡静. 等离子体质谱法快速测定地质样品中的痕量铂族元素和金［J］. 岩矿测试，1999（4）：267-270.

［72］秦德先，燕永锋，田毓龙，等. 大红山铜矿床的地质特征及成矿作用演化［J］. 地质科学. 2000，32（5）：129-139.

［73］邱华宁，Wijbrans J R，李献华，等. 东川式层状铜矿 ^{40}Ar-^{39}Ar 成矿年龄研究：华南地区晋宁—澄江期成矿作用新证据［J］. 矿床地质，2002，21（2）：129-136.

［74］邱士东，徐九华，谢玉玲. 铂族元素分析新进展［J］. 冶金分析，2006（3）：34-39.

［75］任广利，王核，刘建平，等. 安徽繁昌地区桃冲铁矿床地球化学特征及矿床成因研究［J］. 地学前缘，2012，19（4）：82-95.

［76］沈远仁. 大红山式铁、铜矿床的形成机理—海底火山成矿模式［J］. 地质科技情报，1982：66-68.

［77］孙家驄. 云南大红山铁矿控矿构造型式的分析［J］. 中国地质料学院地质力学研究所所刊，1985：45-56.

［78］四川省地质矿产局. 四川省区域地质志［M］. 北京：地质出版社，1991：1-662.

［79］孙家驄，秦德先，等. 大红山铜铁矿成矿条件及预测研究［R］. 科研总结报告，1993.

［80］孙启帧. 论我国铁矿边缘成矿［J］. 地质与勘探，1993，8：13-18.

［81］孙丰月，石准立. 试论幔源 C-H-O 流体与大陆板内某些地质作用［J］. 地学前缘，1995，2（1-2）：167-174.

［82］沈保丰，翟安民，杨春亮，等. 中国前寒武纪铁矿床时空分布和演化特征［J］. 地质调查与研究，2005，28（4）：196-206.

［83］沈保丰，翟安民，苗培森，等. 华北陆块铁矿床地质特征和资源潜力展望［J］. 地质调查与研究，2006，29（4）：243-252.

［84］苏昌学. 金川铜镍硫化物矿床铂族元素地球化学特征及成矿作用研究［D］. 昆明：昆明理工大学，2009.

［85］沈其韩，宋会侠，杨崇辉，等. 山西五台山和冀东迁安地区条带状铁矿的岩石化学特征及其地质意义［J］. 岩石矿物学杂志，2011，30（2）：161-171.

［86］宋昊. 扬子地块西南缘前寒武纪铜-铁-金-铀多金属矿床及区域成矿作用［D］. 成都：成都理工大学，2014：96-103.

［87］武希徊，段锦荪. 元谋姜驿大红山亚群地层、岩石特征及其时代的讨论［J］. 云南地

质，1982，1（2）：112-130.
[88] 吴文革，谢卫红．江西德安彭山穹窿构造特征及其控岩控矿作用［J］．北京地质，2005，17（1）：7-11.
[89] 王登红，李建康，王成辉，等．与峨眉地幔柱有关年代学研究的新进展及其意义［J］．矿床地质，2007（5）：550-556.
[90] 王登红，陈郑辉，陈毓川，等．我国重要矿产地成岩成矿年代学研究新数据［J］．地质学报，2010（7）：1030-1040.
[91] 汪正江，王剑，杨平，等．上扬子克拉通内新元古代A型花岗岩的发现及其地质意义［J］．沉积与特提斯地质，2011，31（2）：1-11.
[92] 王生伟，孙晓明，蒋小芳，等．东川铜矿原生黄铜矿的Re-Os年龄及其成矿背景［J］．矿床地质，2012，31（S1）：609-610.
[93] 王冬兵，孙志明，尹福光，等．扬子地块西缘河口群的时代：来自火山岩锆石LA-ICP-MS U-Pb年龄的证据［J］．地层学杂志，2012，36（3）：630-635.
[94] 王冬兵，尹福光，孙志明，等．扬子陆块西缘古元古代基性侵入岩LA-ICP-MS锆石U-Pb年龄和Hf同位素及其地质意义［J］．地质通报，2013，32（4）：617-630.
[95] 王生伟，廖震文，孙晓明，等．会东菜园子花岗岩的年龄、地球化学—扬子地台西缘格林威尔造山运动的机制探讨［J］．地质学报，2013，87（1）：55-70.
[96] 王生伟，廖震文，孙晓明，等．云南东川铜矿区古元古代辉绿岩地球化学—Columbia超级大陆裂解在扬子陆块西南缘的响应［J］．地质学报，2013，87（12）：1834-1852.
[97] 吴健民，刘肇昌，黎功举，等．扬子地块西缘铜矿床地质［M］．武汉：中国地质大学出版社，1998：271.
[98] 吴孔文，钟宏，朱维光，等．云南大红山层状铜矿床成矿流体研究［J］．岩石学报，2008，24（9）：2045-2057.
[99] 吴孔文．云南大红山层状铜矿床地球化学及成矿机制研究［D］．北京：中国科学院研究生院，2008：63-66.
[100] 武昱东，王宗起，罗金海，等．滇东北东川下田坝A型花岗岩LA-ICP-MS锆石U-Pb年龄、地球化学特征及其构造意义［J］．地质通报，2014（6）：860-873.
[101] 徐国凤，邵洁涟．磁铁矿的标型特征及其实际意义［J］．地质与勘探，1979（3）：30-37.
[102] 徐学义．地幔交代作用与地幔流体［J］．地质科技情报，1996，15（1）：1-6.
[103] 徐启东．滇中大红山岩群变质火山岩类的原岩性质和构造属性［J］．地球化学，1998，27（5）：422-431.
[104] 谢烈文，侯泉林，阎欣，等．电感耦合等离子体质谱分析通古斯大爆炸地区沉积物中超痕量铂族元素［J］．岩矿测试，2001（2）：88-90.
[105] 颜以彬．论云南大红山含矿岩体［J］．昆明工学院学报，1981（2）：21-28.
[106] 杨巍然，郭颖，张旺生．湘中地区四明山弯窿构造特征及其形成机制［J］．地球科学，1981（1）：120-127.
[107] 云南省地质矿产局第一地质大队．大红山铁矿床详查报告［R］．1983.
[108] 姚培慧．中国铁矿志［M］．北京：冶金工业出版社，1993：1-662.

［109］喻学惠．地幔交代作用：研究进展、问题及对策［J］．地球科学进展，1995，10（4）：330-335.

［110］鄢明才，迟清华．中国东部地壳与岩石的化学组成［M］．北京：科学出版社，1997：11-155.

［111］於崇文．大型矿床和成矿区（带）在混沌边缘（1）［J］．地学前缘，1999a，6（1）：85-102.

［112］於崇文．大型矿床和成矿区（带）在混沌边缘（2）［J］．地学前缘，1999b，6（2）：195-230.

［113］杨应选，仇定茂，张立生．西昌—滇中前寒武系层控铜矿［M］．重庆：重庆出版社，1988：124-153.

［114］于津海，SY O Reilly. 雷州半岛英峰岭玄武岩中的铁铝榴石巨晶及母岩浆成因［J］．科学通报，2001，46（6）：492-497.

［115］叶霖，刘玉平，李朝阳，等．东川桃园式铜矿 Ar-Ar 同位素年龄及意义［J］．矿物岩石，2004，21（4）：57-60.

［116］杨耀民，涂光炽，胡瑞忠，等．武定迤纳厂 Fe-Cu-REE 矿床 Sm-Nd 同位素年代学及其地质意义［J］．科学通报，2005，12：1253-1258.

［117］杨红，刘福来，杜利林，等．扬子地块西南缘大红山群老厂河组变质火山岩的锆石 U-Pb 定年及其地质意义［J］．岩石学报，2012，28（9）：2994-3014.

［118］杨红，刘福来，刘平华，等．扬子地块西南缘大红山群石榴白云母-长石石英片岩的白云母 ^{40}Ar-^{39}Ar 定年及其地质意义［J］．岩石学报，2013，29（6）：2161- 2170.

［119］应立娟，陈毓川，王登红，等．中国铜矿成矿规律概要［J］．地质学报，2014，88（12）：2216-2222.

［120］杨红，刘平华，华孟恩，等．扬子地块西南缘大红山群变质基性岩的地球化学研究及构造意义［J］．岩石学报，2014，30（10）：3021-3033.

［121］杨斌，王伟清，董国臣，等．扬子地台西南缘康滇断隆带海孜双峰式侵入岩体年代学、地球化学及其地质意义［J］．岩石学报，2015（5）：1361-1373.

［122］杨仪锦，柏中杰，朱维光，等．四川攀枝花新元古代苦橄质岩脉的铂族元素地球化学特征［J］．矿物岩石地球化学通报，2016（1）：126-137.

［123］张建中，冯秉寰，金浩甲，等．新疆阿勒泰阿巴宫—蒙库海相火山岩与铁矿的生成关系及成矿地质特征［J］．西北地质科学，1987，20（6）：89-180.

［124］张苗云，张玉学．大红山铜矿床稀土元素地球化学特征研究［J］．地质地球化学，1996（5）：15-17.

［125］章增凤．隐爆角砾岩的特征及其形成机制［J］．地质科技情报，1991，10（4）：1-5.

［126］赵斌，赵劲松．长江中下游地区若干铁铜（金）矿床中块状及脉状钙质夕卡岩的氧锶同位素地球［J］．地球化学，1997，26（5）：34-53.

［127］赵怀志．铂族金属二次资源等离子体冶金产物的物相分析［J］．中国有色金属学报，1998（2）：127-130.

［128］赵彻终，刘肇昌，李凡友．会理—东川元古代海相火山岩带的特征与形成环境［J］．矿物岩石，1999，19（2）：17-24.

[129] 翟裕生，邓军，崔彬．成矿系统和综合地质异常［J］．现代地质，1999，13（1）：99-104.

[130] 张鸿翔，黄智龙．地幔流体的迁移及影响因素［J］．地质地球化学，2000，28（4）：53-57.

[131] 翟裕生．地球系统科学与成矿学研究［J］．地学前缘，2004，11（1）：1-10.

[132] 赵一鸣，吴良士．中国铁矿矿产资源图及其说明书［M］．北京：地质出版社，2005：1-55.

[133] 曾荣，薛春纪，刘淑文，等．云南金顶铅锌矿床成矿流体与流体的稀土元素研究［J］．地质与勘探，2007，43（2）：55-61.

[134] 赵甫峰．南秦岭杨家坝多金属矿田深部地质与成矿地球化学示踪［D］．成都：成都理工大学，2009：1-48.

[135] 赵振华．条带状铁建造（BIF）与地球大氧化事件［J］．地学前缘，2010，17（2）：1-11.

[136] 张承帅，李莉，李厚民．世界铁资源利用现状述评［J］．资源与产业，2011，13（3）：34-43.

[137] 张正伟，漆亮，沈能平，等．西昆仑阿巴列克铜铅矿床黄铜矿 Re-Os 定年及地质意义［J］．岩石学报，2011，27（10）：3123-3128.

[138] Bailey D K. Volatile flux, heat focusing and the generation magma [J]. Geol. J. Spec., 1970, 2: 177-186.

[139] Bottinga Y, Javoy M. Oxygen isotope partitioning among the minerals in igneous and metamoprhic rocks [J]. Rev. Geophys. SPace phys., 1975, 13 (2): 401-418. Calcites. Resour. Geol., 49 (1) : 13-25.

[140] Barnes S J, Naldrett A J, Gorton M P. The origin of the fractionation of platinum-group elements in terrestrial magmas [J]. Chemical Geology, 1985, 53 (3-4): 303-323.

[141] Brandon A D, Norman M D, Walker R J, et al. ^{186}Os-^{187}Os systematics of Hawaiian picrites [J]. Earth and Planetary Science Letters, 1999, 174 (1): 25-42.

[142] Brenan J M, Cherniak D J, Rose L A. Diffusion of osmium in pyrrhotite and pyrite: implications for closure of the Re-Os isotopic system [J]. Earth and Planetary Science Letters, 2000, 180 (3): 399-413.

[143] Belousova E A, Griffin W L, O'Reilly S Y, et al. Igneous zircon: Trace element composition as an indicator of source rock type [J]. Contributions to Mineralogy and Petrolog, 2002, 143: 602-622.

[144] Bohlke J K, de Laeter J R, de Bievre P, et al. Isotopic compositions of the elements [J]. Journal of Physical and Chemical Reference Data, 2005, 34 (1): 57-67.

[145] Bolfan-Casanova N. Water in the Earth's mantle [J]. Mineralogical Magazine, 2005, 69 (3): 229-2Brian F, Windley S, Maruyama et al. 2010. Delamination/thinning of sub-continental lithospheric mantle under eastern China; The role of water and multiple subduction [J]. In Alfred Kroener special issue; Part Ⅰ American Journal of Science, 310 (10): 1250-1293.

[146] Barker S L L, Bennett V C, Cox S F, et al. Sm-Nd, Sr, C and O isotope systematics in

hydrothermal calcite-fluorite veins: Implications for fluid-rock reaction and geochronology [J]. Chem Geol. , 2009, 268 (1/2): 58-66.

[147] Crocket J H, Fleet M E, Stone W E. Experimental partitioning of osmium, iridium and gold between basalt melt and sulphide liquid at 1300℃ [J]. Australian Journal of Earth Sciences, 1992, 39 (3): 427-432.

[148] Chen Hand Ran C. Isotope geochemistry of copper deposits in Kandian Axis [J]. Geological Publishing House, Beijing, 1992: 100. (in Chinese with English abstract)

[149] Carrew M J. Controls on Cu-Au mineralization and Fe oxide metasomatism in the Eastern Fold Belt, NW Queensland, Australia [J]. Ph. D. Dissertation. 3ames Cook University, 2004: 1-308.

[150] Chen Y L, Luo Z H, Zhao J X, et al. Petrogenesis and dating of the Kangding complex, Sichuan Province [J]. Science in China (Series D), 2005, 48: 622-634.

[151] Chen L, Zhang Z, Song H. Weak depth and along-strike variations in stretching from a multi-episodic finite stretching model: evidence for uniform pure-shear extension in the opening of the South China Sea [J]. J. Asian Earth Sci. , 2013, 78: 358-370.

[152] Chen W T, Zhou M F, Zhao X F. Late Paleoproterozoic sedimentary and mafic rocks in the Hekou area, SW China: implication for the reconstruction of the Yangtze Block in Columbia [J]. Precambrian Res. , 2013, 231: 61-77.

[153] Chen L , Zhang Z , Song H. Weak depth and along-strike variations in stretching from a multi-episodic finite stretching model: evidence for uniform pure-shear extension in the opening of the South China Sea. [J] Asian Earth Sci. , 2013, 78: 358-370.

[154] Chen W T, Zhou M F, Zhao X F. Late Paleoproterozoic sedimentary and mafic rocks in the Hekou area, SW China: implication for the reconstruction of the Yangtze Block in Columbia [J]. Precambrian Res. , 2013, 231: 61-77.

[155] Chen W T, Zhou M F. Paragenesis, stable isotopes and molybdenite Re-Os isotopic age of the Lala iron copper deposit, Southwest China [J]. Econ. Geol. , 2012, 107: 459-480.

[156] Chen Z C, Lin W, Faure M, et al. Geochronological constraint of early Mesozoic tectonic event at Northeast Vietnam [J]. Acta Petrol. Sin. , 2013, 29: 1825-1840.

[157] Chen Z C, Lin W, Faure M, et al. Geochronological constraint of early Mesozoic tectonic event at Northeast Vietnam [J]. Acta Petrol. Sin. , 2013, 29: 1825-1840.

[158] Clout J M F, Simonson B M. Precambrian iron formations and formation-hosted iron ore deposits [J]. Econ. Geol. , 2005, 100th annicersury: 643-679.

[159] Chen W T, Sun W H, Wang W, et al. "Grenvillian" intra-plate mafic magmatism in the southwestern Yangtze Block, SW China [J]. Precambrian Res. , 2014, 242: 138-153.

[160] Derry L A, Jacobsen S B. The chemical evolution of Precambrian seawater: Evidencefrom REEs in banded iron formation [J]. Geochim Cosmochim Acta. , 1990, 54: 2965-2977.

[161] Danielson A P, Mller, Dulski P. The europium anomalies in banded iron formationsand the thermal history of the oceanic crust [J]. Chem Geol. , 1992, 97: 89-100.

[162] Defines P. Mantle Garble: concentration, mode of occurrence and isotopic composition. In:

Schidlowski M, Golubic S, Kimberley M M, et al (eds) . Early organic evolution: implications for mineral and energy resources [M] . Berlin: Springger-Verlag, 1992: 133-146.

[163] Du A, Wu S, Sun D, et al. Preparation and certification of Re-Os dating reference materials: molybdenites HLP and JDC [J]. Geostand Geoanal Res. , 2004, 28: 41-52.

[164] Duncan R J, Stein H J, Evans K A, et al. A new geochronological framework for mineralization and alteration in the Selwyn-Mount Dore Corridor, Eastern Fold Belt, Mount Isa inlier, Australia: Genetic implications for iron oxide copper-gold deposits [J] . Economic Geology, 2011, 106: 169-192.

[165] Dupuis C, Beaudoin G. Discriminant diagrams for iron oxide trace element fingerprinting of mineral deposit types [J]. Mineralium Deposita, 2011, 46 (4): 219-335.

[166] Einaudi M T. Skarn deposits [J]. Econ. Geol. , 1981, 75: 317-391.

[167] Fan H P, Zhu W G, Li Z X, et al. 1. 5 Ga mafic magmatism in South China during the break-up of the supercontinent Nuna/Columbia: the Zhuqing Fe-Ti-V oxide ore-bearing mafic intrusions in western Yangtze Block [J]. Lithos, 2013, 168-169: 85-98.

[168] Garlick G D, Epstein S. Oxygen isotope ratios in coexisting minerals of regionally metamornhosded rocks [J]. Geochim. Cosmochim. Acta. , 1967, 31: 181-214.

[169] Gross G A. Tectonic systems and the deposition of iron-formation [J] . Precambrian Res. , 1983, 30: 63-80.

[170] Greentree M R, Li Z X, Li X H, et al. Late Mesoproterozoic to earliest Neoproterozoic basin record of the Sibao orogenesis in western South China and relationship to the assembly of Rodinia [J]. Precambrian Research, 2006, 151: 79-100.

[171] Geng Y, Yang C, Du L, et al. Chronology and tectonic environment of the Tianbaoshan Formation: New evidence from zircon SHRIMP U-Pb age and Geochemistry [J]. Geol. Rev. , 2007, 53: 556-563. (in Chinese with English abstract)

[172] Greentree M R, Li Z X. The oldest known rocks in south-western China: SHRIMP U-Pb magmatic crystallization age and detrital provenance analysis of the Paleoproterozoic Dahongshan Group [J]. Journal of Asian Earth Sciences, 2008, 33: 289-302.

[173] Greentree M R. Tectonstratigraphic analysis of the Proterozoic Kangdian iron oxide-copper province, south west China [D]. University of Western Australia, 2007: 284.

[174] Groves D I, Bierlein F P, Meinert L D, et al. Iron Oxide Copper-Gold (IOCG) deposits through Earth history: implications for origin, lithospheric setting, and distinction from other epigenetic iron oxide deposits [J]. Econ. Geol. , 2010, 105: 641-654.

[175] Harris N B W, Pearce J A, Tindle A G. Geochemical characteristics of collision-zone magmatism [J]. Geological Society, London, Special Publications, 1986, 19 (1): 67-81.

[176] Hofmann, A W. Chemical differentiation of the Earth: The relationship between mantle, continental crust, the oceanic crust [J]. Earth Planet. Sci. Lett. , 1988, 90: 297-314.

[177] Halliday A N, Shepherd T J, Dickin A P, et al. Sm-Nd evidence for the age and origin of a Mississippi Valley-type ore deposit [J]. Nature, 1990, 344: 54-56.

[178] Hu A Q, Zhu B Q, Mao C X, et al. Geochronology of the Dahongshan Group [J]. Chinese Journal of Geochemistry, 1991, 10 (3) : 195-203.

[179] Hitzman M W, Oreskes N, Einaudi M T. Geological characteristics and tectonic setting of proterozoic iron oxide (Cu-U-Au-REE) deposits [J]. Precambrian Res., 1992, 58: 241-287.

[180] Hitzman M W. 2000. Iron oxide-Cu-Au deposits: what, where, when, and why [C]. In: Porter T M (Ed.), Hydrothermal Iron Copper Gold & Related Deposits: A Global Perspective, 2000, 1. PGC Publishing, Adelaide, Australia: 9-25.

[181] Hoskin P W O, Ireland T R. Rare earth element chemistry of zircon and its use as a provenance indicator [J]. Geology, 2000, 28: 627-630.

[182] Hoskin P W O. Irel and T R. Rare earth element chemistry of zircon and its use as a provenance indicator [J]. Geology, 2000, 28 (7): 627-630.

[183] Hoskin P W O, Schaltegger U. The composition of zircon and igneous and metamorphic petrogenesis [J]. Reviews in Mineralogy and Geochemistry, 2003, 53 (1): 27-62.

[184] Huang X W, Zhao X F, Qi L, et al. Re-Os and S isotopic constraints on the origins of two mineralization events at the Tangdan sedimentary rock-hosted stratiform Cu deposit, SW China [J]. Chemical Geology, 2013, 347: 9-19.

[185] Johnson J P, McCulloch M T. Sources of mineralising fluids for the Olympic Dam deposit (South Australia): Sm-Nd isotopic constraints [J]. Chemical Geology, 1995, 121 (1): 177-199.

[186] Jiang S Y, Slack J F, Palmer M R, et al. Sm-Nd dating of the giant Sullivan Pb-Zn-Ag deposit, British Columbia [J]. Geology, 2000, 28 (8): 751-754.

[187] Keays R R, Nickel E H, Groves D I, et al. Iridium and palladium as discriminants of volcanic-exhalative, hydrothermal, and magmatic nickel sulfide mineralization [J]. Economic Geology, 1982, 77 (6): 1535-1547.

[188] Korobeinikov A N, Mitrofanov F P, Gehor S, et al. Geology and copper sulphide mineralization of the Salmagorskii Ring Igneous Complex, Kola Peninsula, NW Russia [J]. Journal of Petrology, 1998, 39 (11-12): 2033-2041.

[189] Li Z X, Li X H, Zhou H W, et al. Grenvillian continental collision in south China: New SHRIMP U-Pb zircon results and implications for the configuration of Rodinia [J]. Geology, 2002, 2 (30): 163-166.

[190] Li W B, Huang Z L, Yin M D. Dating of the giant Huize Zn-Pb ore field of Yunnan Province, southwest China: Constraints from the Sm-Nd system in hydrothermal calcite [J]. Resour. Geol., 2007, 57 (1): 90-97.

[191] Li Z X, Bogdanovab S V, Collins A S, et al. Assembly, configuration, and break-up history of Rodinia: a synthesis [J]. Precambrian Res., 2008, 160: 179-210.

[192] Liu F L, Liou J G. Zircon as the best mineral for P-T-time history of UHP metamorphism: A review on mineral inclusions and U-Pb SHRIMP ages of zircons from the Dabie-Sulu UHP rocks [J]. Journal of Asian Earth Sciences, 2011, 40: 1-39.

[193] Meinert L D. Skarn zonation and fluid evolution in the Groundhog Mine, Central mining district, New Mexico [J]. Economic Geology, 1987, 82 (3): 523-545.

[194] McCulloch M T, Gamble J A, Depleted source for volcanic arc basalts: Constraints from basalts of Kenadec-Taupo Volcanic zone based on trace elements, isotopes and subduction chemical geodynamics [J]. Continental Magmatism, Bur Miner Resour New Mexico Bull., 1989, 180.

[195] McDonough W F, Sun S S. The composition of the Earth [J]. Chemical geology, 1995, 120 (3-4): 223-253.

[196] Mao J W, Zhang Z C, Zhang Z H, et al. Re-Os isotopic dating of molybdenites in the Xiaoliugou W (Mo) deposit in the northern Qilian Mountains and its geological significance [J]. Geochem. Cosmochim. Acta., 1999, 63 (11-12): 1815-1818.

[197] Meisel T, Walker R J, Irving A J, et al. Osmium isotopic compositions of mantle xenoliths: a global perspective [J]. Geochimica et Cosmochimica Acta., 2001, 65 (8): 1311-1323.

[198] Meinert L D, Dipple G M, Nicolescu S. World skarn deposits [J]. Economic Geology, 2005, 100 (4): 299-336.

[199] Naldrett A J, Hoffman E L, Green A H, et al. The composition of Ni-sulfide ores, with particular reference to their content of PGE and Au [J]. The Canadian Mineralogist, 1979, 17 (2): 403-415.

[200] Navon O, Hutcheon I D, Rossman G R. Mantle derived fluid in diamond micro-inclusions [J]. Nature, 1988, 335 (27): 784-789.

[201] Nadoll P. Geochemistry of magnetite from hydrothermal ore deposits and host rocks. Case studies from the Proterozoic belt supergroup, Cu-Mo-porphyry+skarn and climax-Mo deposits in the western United States [D]. University of Auckland, 2009: 1-238.

[202] Ohmoto H. Systematics of sulfur and carbon isotopes in hydrothermal ore deposits [J]. Economic Geology, 1972, 67 (5): 551-578.

[203] Perry E C, Tan F C, Morey G B. Geology and stable isotope geochemistry of the biwabik iron formation, northern Minnesota [J]. Economic Geology, 1973, 68 (7): 1110-1125.

[204] Pirajno F. Hydrothermal mineral deposits. Berlin: Springer-Verlag. Peng J T, Hu R Z, Burnard P G. Samarium-neodymium isotope systematics of hydrothermal calcites from the Xikuangshan antimony deposit (Hunan, China): The potential of calcite as a geochronometer [J]. Chem Geol., 2003, 200 (1/2): 129-136.

[205] Pearce J A, Cann J R. Tectonic setting of basic volcanic rocks determined using trace element analyses [J]. Earth and planetary science letters, 1997, 19 (2): 290-300.

[206] Peng M, Wu Y B, Wang J, et al. Paleoproterozoic mafic dyke from Kongling terrain in the Yangtze Craton and its implication [J]. Chin. Sci. Bull., 2009, 54: 1098-1104.

[207] Porter T M. Advances in the understanding of IOCG and related deposits [C]. In Porter T M, ed., Hydrothermal iron oxide copper-gold and related deposits: A global perspective: Adelaide, PGC Publishing, 2011, 3: 1-109.

[208] Qiu Y M, Gao S, McNaughton N J, et al. First evidence of >3.2 Ga of south China and its

implications for Archean crustal evolution continental crust in the Yangtze Craton and Phanerozoic tectonics [J]. Geology, 2000, 28 (1): 11-14.

[209] Roedder E, Coombs D S. Immiscibility in granitic melts, indicated by fluid inclusions in ejected granitic blocks from Ascension island [J]. J. Petrol., 1967, 8 (3): 417-449.

[210] Rose A W, Herrick D C, Deines P. An oxygen and sulfur isotope study of skarn-type magnetite deposits of the Cornwall Type, Southeastern Pennsylvania. Economic Geology, 1985, 80 (4): 418-443.

[211] Rubatto D. Zircon trace element geochemistry: Partitioning with garnet and the link between U-Pb ages and metamorphism [J]. Chemical Geology, 2002, 184: 123-138.

[212] Rudnick R L, Gao S, Ling W, et al. Petrology and geochemistry of spinel peridotite xenoliths from Hannuoba and Qixia, North China craton [J]. Lithos, 2004, 77 (1): 609-637.

[213] Rusk B, Oliver N, Brown A, et al. Barren magnetite breccias in the Cloncurry region, Australia; comparisons to IOCG deposits [C]. In. Williams et al. (eds.). Smart Science for Exploration and Mining. Townsville. Proc. 10th Biennial Meeting, 2009: 656-658.

[214] Spera F J. Dynamics of translithospheric migration of metasomatic fluid and alkaline magma [A]. Menzies M A, et al, eds. Mantle Metasomatism [C]. London: Academic Press Geology Series, 1987: 1-20.

[215] Schrauder M, Navon O. Hydrous and carbonatitic mantle fluids in fibrous diamonds from Jwaneng, Botswana [J]. Geochmica et Cosmochimca Acta., 1994, 58 (2): 761-771.

[216] Shirey S, Walker R. Carius tube digestion for low blank rheniumosmium analysis [J]. Analytical Chemistry, 1995, 67: 2136-2141.

[217] Simonson B M, Hassler S. Was the deposition of large Precambrian iron formationslinked to major marine transgressions? [J]. Geol., 1996, 104: 665-676.

[218] Smoliar M I. Re-Os Ages of Group IIA, IIIA, IVA, and IVB Iron Meteorites [J]. Science Magazine, 1996, 271 (5252): 1099-1102.

[219] Schmidt G, Palme H. Highly siderophile elements (Re, Os, Ir, Rh, Pd, Au) in impact melts from three European impact craters (Saaksjravi, Mien, and Dellen), Clues to the nature of the impacting bodies [J]. Geochimica et Cosmochimica Acta., 1997, 61 (14): 2977-2987.

[220] Shmulovich K I, Churakov. Natural fluid phases at high temperatures and low pressures [J]. Journal of Geochemical Exploration, 1998, 62 (1-3): 183-191.

[221] Snow J E, Schmidt G. Constraints an Earth accretion deduced from noble metals in the oceanic mantle [J]. Nature, 1998, 391: 166-169.

[222] Selby D, Creaser R A, Hart C J R, et al. Absolute timing of sulfide and gold mineralization: a comparison of Re-Os molybdenite and Ar-Ar mica methods from the Tintina Gold Belt [J]. Alaska. Geology, 2002, 30: 791-794.

[223] Sillitoe R H. Iron oxide-copper-gold deposits: An Andean view [J]. Mineralium Deposita, 2003, 38: 787-812.

[224] Su W C, Hu R Z, Xia B, et al. Calcite Sm-Nd isochron age of the Shuiyindong Carlin-type

gold deposit, Guizhou, China [J]. Chem Geol., 2009, 258 (3/4): 269-274.

[225] Su W C, Hu R Z, Xia B, et al. Calcite Sm-Nd isochron age of the Shuiyindong Carlin-type gold deposit, Guizhou, China [J]. Chemical Geology, 2009, 258 (3-4): 269-274.

[226] Sun W H, Zhou M F, Gao J F, et al. Detrital zircon U-Pb geochronological and Lu-hf isotopic constraints on the Precambrian magmatic and crustal evolution of the westen yangtze Block, SW China [J]. Precambrian Res., 2009, 172: 99-126.

[227] Sillitoe R H. Porphyry copper systems [J]. Economic geology, 2010, 105 (1): 3-41.

[228] Taylor H T, Rdtios R, Epstein S. Relationshp betwen O18/O16 in coexisting minerals of igneous and metamorphic rock, I. principles and experimental results [J]. Bull., 1962, 73: 461-480.

[229] Trendall A F. Three great basins of Precambrian banded iron formation deposition: Asystematic comparison [J]. Geol. Soc. Am. Bull., 1968, 79: 1527-1544.

[230] Touret J, Bottinga Y. Equation of state for carbon dioxide: Application to carbonic inclusions [J]. Bull Mineral, 1979, 102 (5/6): 577-583.

[231] Trendall A F, Morris R C. Transvaal Supergroup, South Africa, Iron- Formation: Factsand Problem [M]. NewYork: Elsevier, 1983: 131-209.

[232] Thorne W, Hagemann S, Vennemann T, et al. Oxygen isotope compositions of iron oxides from high-grade BIF-hosted iron ore deposits of the Central Hamersley Province, Western Australia: Constraints on the evolution of hydrothermal fluids [J]. Economic Geology, 2009, 1049 (7): 1019-1035.

[233] Veizer J. Geologic evolution of the Archean-Early Proterozoic Earth [A]. Schopf J W Earth's Earliest Biosphere [C]. Princeton: Princeton Univer- sity Press, 1983: 240-259.

[234] Wood D A. The application of a ThHfTa diagram to problems of tectonomagmatic classification and to establishing the nature of crustal contamination of basaltic lavas of the British Tertiary Volcanic Province [J]. Earth and planetary science letters, 1980, 50 (1): 11-30.

[235] Westland A D. Inorganic chemistry of the platinum-group elements [J]. Platinum-group elements: mineralogy, geology, recovery, 1981, 23: 5-18.

[236] Woodhead J D. The origin of geochemical variations in Mariana lavas: a general model for petrogenesis in intra-oceanic island arcs? [J]. Journal of Petrology, 1988, 29 (4): 805-830.

[237] Weaver B L. The origin of ocean island basalt end-member compositions: trace element and isotopic constraints [J]. Earth and Planetary Science Letters, 1991, 104 (2-4): 381-397.

[238] Wedepohl K H. The composition of the continental crust [J]. Geochimica et cosmochimica Acta., 1995, 59 (7): 1217-1232.

[239] Williams P J, Barton M D, Johnson D A, et al. Iron oxide copper-gold deposits: Geology, space-time distribution and possible modes of origin [C]. In: Hedenquist J W, Thompson J F H, Goldfarb R J' et al. (Editors), Economic Geology 100th Aniversary Volume. SEG, Denver, 2005: 371-405.

[240] Wieser M E. Atomic weights of the elements 2005 (IUPAC technical report) [J]. Pure and Applied Chemistry, 2006, 78 (11): 2051-2066.

[241] Wu Y B, Gao S, Zhang H, et al. Geochemistics and zircon U-Pb geochronology of Paleoproterozoic arc related granitoid in the Northwestern Yangtze Block and its geological implications [J]. Precambrian Research, 2012 (s 200-203): 26-37.

[242] Wang W, Zhou M F. Provenance and tectonic setting of the Paleo- to Mesoproterozoic Dongchuan Group in the southwestern Yangtze Block, South China: implication for the breakup of the supercontinent Columbia [J]. Tectonophysics, 2014, 610: 110-127.

[243] Wang W, Zhou M F. Provenance and tectonic setting of the Paleo- to Mesoproterozoic Dongchuan Group in the southwestern Yangtze Block, South China: implication for the breakup of the supercontinent Columbia [J]. Tectonophysics , 2014, 610: 110-127.

[244] Wei Terry Chen, Mei-Fu Zhou, Jian-feng, et al. Geochemistry of magnetite from Proterozoic Fe-Cu deposits in the Kangdian metallogenic province, SW China [J]. Miner Deposita, 2015, 50: 795-809.

[245] Xiong Q, Zheng J P, Yu C M, et al. Zircon U-Pb age and Hf isotope of Quanyishang A-type granite in Yichang: signification for the Yangtze continental cratonization in Paleoproterozoic [J]. Chin. Sci. Bull. , 2009, 54: 436-446.

[246] Xu W G, Fan H R, Hu F F, et al. Geochronology of the Guilaizhuang gold deposit, Luxi Block, eastern North China Craton: Constraints from zircon U-Pb and fluorite-calcite Sm-Nd dating [J]. Ore. Geol. Rev. , 2015, 65: 390-399.

[247] Yin C, Lin S, Davis D W, et al. 1～1.85 Ga tectonic events in the Yangtze Block, South China: Petrological and geochronological evidence from the Kongling Complex and implications for the reconstruction of supercontinent Columbia [J]. Lithos, 2012, 3 (12): 200-210.

[248] Zhang S, Zheng Y, Wu Y, et al. Zircon isotope evidence for >3.5Ga continental crust in the Yangtze craton of China [J]. Precambrian Research, 2006, 146 (1-2): 16-34.

[249] Zhang C H, Gao L Z, Wu ZJ, et al. SHRIMP U-Pb zircon age of tuff from the Kunyang group in central Yunnan: evidence for Grenvillian orogeny in south China [J]. Chin. Sci. Bull. , 2007, 52, 1517-1525.

[250] Zhao X F, Zhou M F, Li J W, et al. Association of Neoproterozoic A- and I-type granites in South China: Implications for generation of A-type granites in a subduction-related environment [J]. Chemical Geology, 2008, 257 (1-2): 1-15.

[251] Zhao X F. Paleoproterozoic crustal evolution and Fe-Cumetallogeny of the western Yangtze Block, SW China [D]. The University of Hong Kong, 2010: 130-178.

[252] Zhao X F, Zhou M F, Li J, et al. Late Paleoproterozoic to early Mesoproterozoic Dongchuan Group in Yunnan, SW China: Implications for tectonic evolution of the Yangtze Block [J]. Precambrian Research, 2010, 182 (1-2): 57-69.

[253] Zhao X F. Paleoproterozoic crustal evolution and Fe-Cu metallogeny of the Western Yangtze Block, SW China. Ph. D. Dissertation [D]. Hong Kong: The University of Hong Kong, 2010: 1-192.

[254] Zhao X F, Zhou M F. Fe-Cu deposits in the Kangdian region, SW China: a Proterozoic IOCG (iron-oxide-copper-gold) metallogenic province [J]. Miner Deposita, 2011, 46:

731-747.

[255] Zhao X F, Zhou M F. Fe-Cu deposit in the Kangdian region, SW China: A Proterozoic IOCG (iron-oxide-copper-gold) metallogenic province [J]. Mineralium Deposita, 2011, 46 (7): 731-747.

[256] Zhang L J, Ma C Q, Wang L X, et al. Discovery of Paleoproterozoic rapakivi granite on the northern margin of the Yangtze Block and its geological significance [J]. Chin. Sci. Bull., 2011, 56, 306-318.

[257] Zhou J Y, Mao J W, Liu F Y, et al. SHRIMP U-Pb zircon chronology and geochemistry of albitite from the Hekou Group in the Western Yangtze block [J]. Journal of Mineral and Petrology, 2011, 125: 66-73.

[258] Zhang J R, Wen H J, Qiu Y Z, et al. Ages of sediment-hosted Himalayan Pb-Zn-Cu-Ag polymetallic deposits in the Lanping basin, China: Re-Os geochronology of molybdenite and Sm-Nd dating of calcite [J]. J Asian Earth Sci., 2013, 73: 284-295.

[259] Zhao X F, Zhou M F, Li J W, et al. Sulfide Re-Os and Rb-Sr isotope dating of the Kangdian IOCG metallogenic Province, southwest China: implications for regional metallogenesis [J]. Econ. Geol., 2013, 108: 1489-1498.

[260] Zhou M F, Zhao X F, Chen W T, et al. Proterozoic Fe-Cu metallogeny and supercontinental cycles of the southwestern Yangtze Block, southern China and northern Vietnam [J]. Earth-Science Reviews, 2014, 139: 59-82.

[261] Zhu Zhimin, Sun Yali. Direct Re-Os dating of chalcopyrite from the LaLa IOCG deposit in the kangdian copper bel, China [J]. Economic Geology, 2013, 108: 871-882.

[262] Zou Z C, Hu R Z, Bi X W, et al. Absolute and relative dating of Cu and Pb-Zn mineralization in the Baiyangping area, Yunnan Province, SW China: Sm-Nd geochronology of calcite [J]. Geochem. J., 2015, 49 (1): 103-112.

附录 图 版

图版Ⅰ 矿区钠长石岩微观照片

a（透射正交偏光），b（透射正交偏光），c（透射正交偏光）—样品编号DFe1401B，同一薄片中岩性变化较大，可见钠长石岩、钠长石碳酸岩；

d—样品编号DCu1408，石英晶体或者团块，微粒钠长石-石英-黑云母-磁铁矿组合，局部见铁白云石/白云石；

e（透射正交偏光）—样品编号DFe1470，石英团块，微粒钠长石-石英-磁铁矿组合；

f（透射正交偏光）—样品编号DFe1472，石英团块，微粒钠长石-石英-磁铁矿组合；

g（透射正交偏光），h（透射正交偏光）—样品编号DFe1438，钠长石、黑云母晶体构成的团块，微粒钠长石-石英-黑云母-磁铁矿组合。

图版Ⅱ 矿区铁铝榴石矽卡岩微观照片

a（透射正交偏光）—样品编号DFe1432，钠长石、铁铝榴石晶体，且钠长石晶被熔蚀呈不规则状，而铁铝榴石晶体则不见熔蚀现象，微粒主要为钠长石、铁白云石/白云石、黑云母；

b（透射正交偏光）—样品编号DFe1421，普通角闪石、钠长石晶体，普通角闪石晶体不具被熔蚀现象，钠长石晶体则被熔蚀呈椭圆状，微粒主要为钠长石、铁白云石/白云石；

c（透射正交偏光），d（透射正交偏光），e（透射正交偏光）—样品编号DFe1418，钠长石、铁铝榴石、黑云母晶体，铁铝榴石、黑云母晶形较好，钠长石晶体则被熔蚀呈椭圆状，且内部有极小的磁铁矿呈浸染状分布，微粒主要为黑云母、铁白云石/白云石及钠长石；

f（透射正交偏光）—样品编号DCu1436，绿泥石化的铁铝榴石晶体，微粒为钠长石、黑云母及少量石英；

g（透射正交偏光）—样品编号DCu1435，铁铝榴石晶体和石英团块，前者晶形较好，后者被熔蚀呈椭圆状，微粒为铁白云石/白云石、钠长石、黑云母，且可见围绕铁铝榴石、石英团块分布，并具一定的定向性；

h（透射正交偏光）—样品编号DCu1429，钠长石晶体被熔蚀呈不规则状，微粒主要为铁白云石/白云石、钠长石。

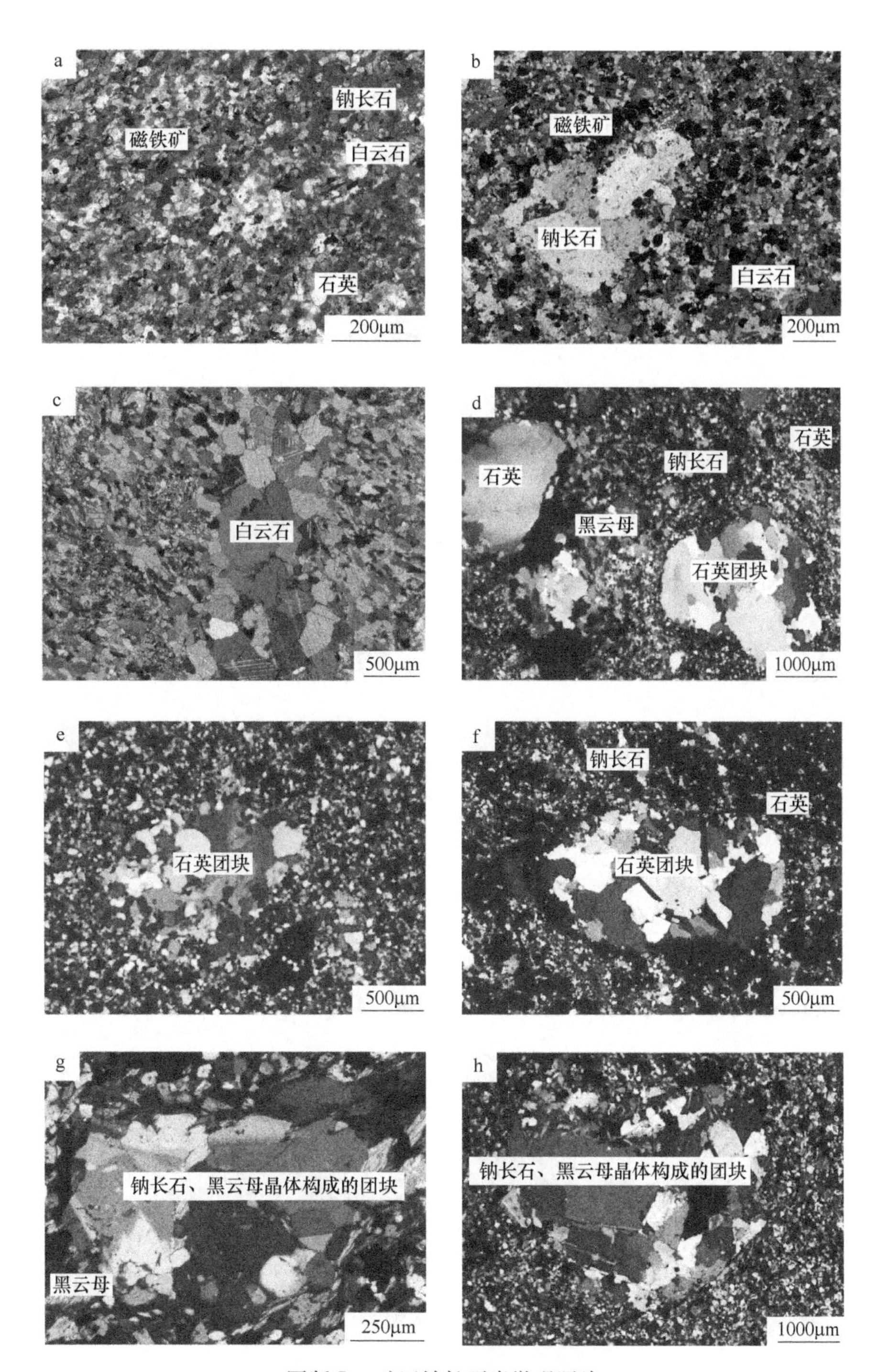

图版Ⅰ 矿区钠长石岩微观照片

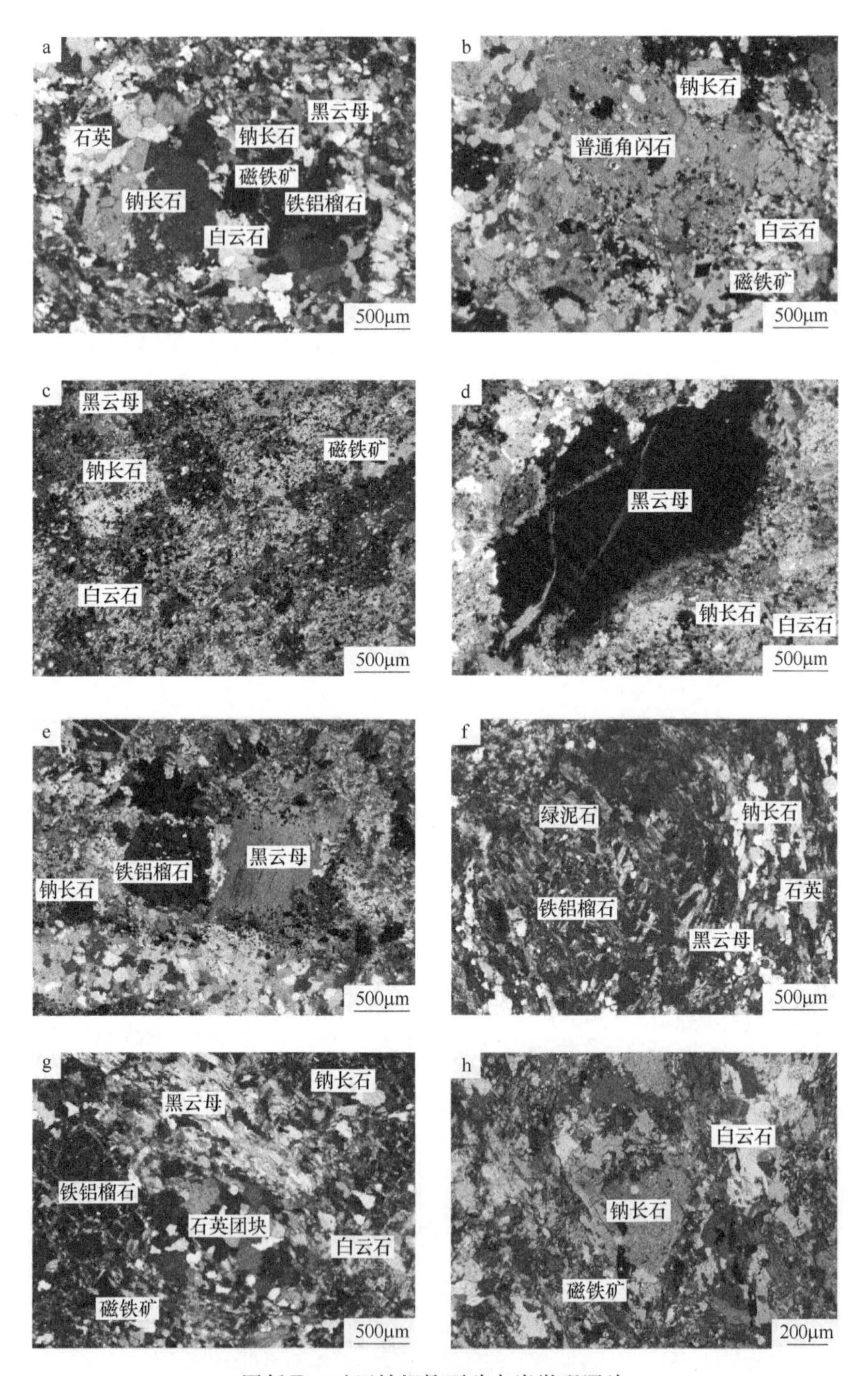

图版Ⅱ 矿区铁铝榴石矽卡岩微观照片